6. Borkheider Seminar zur
Ökophysiologie des Wurzelraumes

W. Merbach (Hrsg.)

Pflanzliche Stoffaufnahme
und mikrobielle Wechselwirkungen
in der Rhizosphäre

Borkheider Seminare zur Ökophysiologie des Wurzelraumes

Der Pflanzenbewuchs, das dazugehörige Wurzelsystem und der durchwurzelte Boden-raum nehmen eine Schlüsselstellung in terrestrischen Ökosystemen ein. Hier vollziehen sich komplizierte Wechselwirkungen zwischen Pflanzenstoffwechsel und Umweltfakto-ren einerseits und (angetrieben durch die C-Lieferung der Pflanzen) zwischen Pflan-zenwurzeln, Mikroben, Bodentieren, organischen C- und N-Verbindungen sowie mine-ralischen Bodenbestandteilen andererseits. Diese haben entscheidende Bedeutung für die Pflanzen- und Bodenentwicklung, die Nettostoff- und Nettoenergieflüsse sowie für die Belastungstoleranz von Pflanzen und Ökosystemen. Ihr Verständnis ist daher eine Voraussetzung für die Prognose, Abpufferung und Indikation von Umweltbelastungen, die Berechnung von Stoffflüssen sowie für ökologisch ausgerichtete Regulationsinstru-mentarien. Trotz vieler Einzelkenntnisse sind aber derzeit Wirkungsgefüge und Regula-tionsmechanismen im Pflanze–Boden–Kontaktraum nur ungenügend bekannt, da in den meisten bisherigen Forschungsansätzen der Mikrobereich als „Nebeneinander" von Einzelelementen (z. B. von Strukturelementen, Nettostoffflüssen zwischen Grenz-flächen, Biozönosepartnern) betrachtet wurde und kaum als Netzwerk funktionaler Kom-partimente wechselnder Zusammensetzung. Abhilfe kann hier nur eine systemare Betrachtungsweise der Pflanze–Boden–Wechselbeziehungen auf der Basis einer *lang-fristig und interdisziplinär angelegten ökophysiologischen Forschung* schaffen, die auf die Aufklärung der mikrobiologischen, physiologischen, (bio)chemischen und geneti-schen Interaktionen im System Pflanze–Wurzel–Boden in Abhängigkeit von natürlichen und anthropogenen Einflußfaktoren ausgerichtet ist.

Die 1990 von der Deutschen Landakademie Borkheide (Krs. Potsdam-Mittelmark) und dem heutigen Institut für Rhizosphärenforschung und Pflanzenernährung des Zentrums für Agrarlandschafts- und Landnutzungsforschung (ZALF) Müncheberg ins Leben geru-fenen *Borkheider Seminare zur Ökophysiologie des Wurzelraumes* wollen daher Wis-senschaftler unterschiedlicher Fachgebiete mit dem Ziel zusammenführen, experimen-telle Ergebnisse ohne Zeitdruck zu diskutieren und die Forschung enger zu verflechten. Das jährlich zunehmende Interesse an der Tagungsreihe – sie hat 1995 bereits zum 6. Mal stattgefunden – spricht für sich. Nachdem die ersten vier Tagungsbände (1990 bis 1993) im Selbstverlag herausgegeben wurden, hat seit dem 5. Band (Mikroökologi-sche Prozesse im System Pflanze–Boden) die B. G. Teubner Verlagsgesellschaft in Leipzig diese Aufgabe übernommen. Dafür gebührt ihr der Dank des Herausgebers.

Wolfgang Merbach

Pflanzliche Stoffaufnahme und mikrobielle Wechselwirkungen in der Rhizosphäre

6. Borkheider Seminar zur Ökophysiologie
des Wurzelraumes

Wissenschaftliche Arbeitstagung in Schmerwitz/Brandenburg
vom 25. bis 27. September 1995

Herausgegeben von

Prof. Dr. Wolfgang Merbach

Leiter des Instituts für Rhizosphärenforschung und Pflanzenernährung
im ZALF Müncheberg
2. Vorsitzender der Deutschen Gesellschaft für Pflanzenernährung

B. G. Teubner Verlagsgesellschaft
Stuttgart · Leipzig 1996

Die Beiträge dieses Bandes wurden von Mitgliedern der Deutschen Gesellschaft für Pflanzenernährung sowie von der Kommission IV der Deutschen Bodenkundlichen Gesellschaft begut-
achtet.

Gedruckt auf chlorfrei gebleichtem Papier.

Die Deutsche Bibliothek – CIP-Einheitsaufnahme

**Pflanzliche Stoffaufnahme und mikrobielle Wechselwirkungen
in der Rhizosphäre** : wissenschaftliche Arbeitstagung in
Schmerwitz/Brandenburg vom 25. bis 27. September 1995 /
6. Borkheider Seminar zur Ökophysiologie des Wurzelraumes.
Hrsg. von Wolfgang Merbach. –
Stuttgart ; Leipzig : Teubner, 1996
   ISBN-13: 978-3-8154-3528-1   e-ISBN-13: 978-3-322-81041-0
   DOI: 10.1007/ 978-3-322-81041-0
NE: Merbach, Wolfgang [Hrsg.]; Borkheider Seminar zur Ökophysiologie
   des Wurzelraumes <6, 1995>

Satz: Druckhaus „Thomas Müntzer" GmbH, Bad Langensalza
Umschlaggestaltung: E. Kretschmer, Leipzig

Vorwort

Voraussetzung für die Berücksichtigung ökologischer Zusammenhänge bei der Einführung neuer Technologien, Verfahren bzw. Produkte sowie für jede ökologisch orientierte Langzeitstrategie mit dem Ziel der Vermeidung bzw. Minimierung von Umweltschäden ist das **Verständnis der Funktionsweise von Ökosystemen und ihrer Kompartimente**. Hierzu gehören insbesondere Kenntnisse über die kausalen naturwissenschaftlichen Zusammenhänge durch Aufklärung der Prozeßabläufe, der Stoffumsätze und der Wechselwirkungen zwischen biotischen und abiotischen Komponenten einschließlich ihrer Regulation und Vernetzung sowie ihrer Reaktion auf natürliche bzw. anthropogene Einflußfaktoren. Dies gilt uneingeschränkt auch für das mikroökologische und ökophysiologische Wirkungsgefüge im System Pflanze/Boden. Das Verständnis dieser Zusammenhänge könnte einerseits mittel- und langfristig dazu beitragen, **ökologisch ausgerichtete Regulationsinstrumentarien** z. B. zur Schadstoffeliminierung, Verminderung von Stoffausträgen, Nährstofferschließung, Phytopathogen-, Unkraut- und Schädlingskontrolle, Bodenstrukturverbesserung sowie zur Abpufferung von Belastungen zu entwickeln. Zum anderen wären entsprechende Kenntnisse **eine** Voraussetzung für die bessere **Prognose** von Stoffflüssen und **Umweltbelastungen**, die Entwicklung von **Bioindikatoren** oder die Erstellung von **Simulations- und Prognosemodellen von Ökosystemen** und ihrer Teile. International gewinnen daher in der pflanzenphysiologischen und bodenkundlichen Forschung mikroökologische, ökophysiologische und ökobiochemische Fragestellungen im System Pflanze-Boden deutlich an Interesse, und es wurden beachtliche Einzelergebnisse erzielt. Von einem umfassenden Verständnis der Rhizosphärenphänomene, ihrer Interaktionen und Mechanismen und ihrer Bedeutung für die durchwurzelte Bodenzone ist man aber noch immer weit entfernt. Abhilfe kann hierbei nur eine langfristig und interdisziplinär angelegte mikroökologische Erforschung des Wurzelraumes bringen. Allerdings waren bisher in der terrestrischen Ökologie entsprechende Ansätze oft unterrepräsentiert. Dies mag an methodischen Schwierigkeiten liegen, die solche Forschungen mit natürlichem Boden und unter **Einbeziehung des pflanzlichen Stoffwechsels** mit sich bringen.

Die im vorliegenden Band enthaltenen Arbeiten sollen die Diskussion über dieses Problem fördern helfen. Sie sind die gekürzten Niederschriften von 23 Vorträgen, die auf dem **6. Borkheider Seminar zur Ökophysiologie des Wurzelraumes** in Schmerwitz (Krs. Potsdam-Mittelmark, Land Brandenburg) vom 25. bis 27. September 1995 gehalten wurden. Ihr Inhalt konzentriert sich auf folgende Schwerpunkte:

1. Einfluß natürlicher und anthropogener Faktoren auf mikrobielle Leistungen und Stoffumsätze im Wurzelraum,
2. Mikroben-Pflanzen-Wechselwirkungen und ihr Einfluß auf das Pflanzenwachstum,
3. Exsudation organischer Substanzen durch Wurzeln und
4. Stoffaufnahme und Stoffumsatz durch Pflanzenwurzeln.

Neben international ausgewiesenen Fachleuten nahmen auch 1995 wiederum viele junge Wissenschaftler/innen an der Tagung teil. Damit wurde eine gute Tradition der vorangegangenen Symposien fortgesetzt. Im Mittelpunkt stand die Vorstellung experimenteller Befunde. Dies geschah aus der Sicht unterschiedlicher Disziplinen. Im einzelnen wurden Beiträge aus den Fachgebieten Biochemie, Ökophysiologie, Pflanzenernährung, Ökotoxikologie, Mikrobengenetik, Mikrobiologie, Bodenbiologie, Bodenschutz, Phytopathologie, Acker- und Pflanzenbau, Gemüse- und Zierpflanzenbau sowie Wald- und Forstökologie dargeboten. Dies ermöglichte eine multi- und interdisziplinäre Diskussion im Sinne einer Einordnung der Einzelergebnisse in das ökosystemare Zusammenspiel im Pflanze-Wurzel-Boden-Kontaktraum.

Träger des Symposiums waren die Deutsche Landakademie „Thomas Müntzer" Borkheide (Krs. Potsdam-Mittelmark) und das Institut für Rhizosphärenforschung und Pflanzenernährung im Zentrum für Agrarlandschafts- und Landnutzungsforschung (ZALF) Müncheberg (Krs. Märkisch-Oderland, Brandenburg) in Verbindung mit der Deutschen Gesellschaft für Pflanzenernährung und der Kommission IV der Deutschen Bodenkundlichen Gesellschaft.

Als Gastgeber fungierte das Seminar- und Tagungszentrum in Schmerwitz, das die Tagungsräume, Unterbringung und Verpflegung zur Verfügung stellte. In diesem Zusammenhang sind wir besonders Frau K. Schmidt und Frau M. Schmidt für die gute organisatorische Abstimmung zu Dank verpflichtet. Ferner danken wir Frau E. Mirus, Frau B. Snelinski und Frau L. Wascher für die Übernahme von Organisations-, Schreib- bzw. Korrekturarbeiten.

Müncheberg/Borkheide/Bad Lauchstädt, Januar 1996

W. Merbach
S. Gerlach
M. Körschens

Inhalt

1

Einfluß natürlicher und anthropogener Faktoren auf mikrobielle Leistungen und Stoffumsätze im Wurzelraum

AUSWIRKUNGEN EINER WIEDERBEFEUCHTUNG AUF DIE C- UND N-MINERALISIERUNG IN DER HUMUSAUFLAGE VON KIEFERNÖKOSYSTEMEN

FISCHER, Th.

Brandenburgische Technische Universität Cottbus, Fakultät für Umweltwissenschaften und Verfahrenstechnik, Zentrales Analytisches Labor, Postfach 10 13 44, 03013 Cottbus[1]

Abstract. The influence of rapid changes in soil water potential on short-term carbon and nitrogen mineralization was examined in the F horizons of three Scots pine ecosystems. Significant effects were observed after rewetting soils with an initial water potential of $pF \geq 3{,}8$ ($\psi \leq -0{,}62$ MPa). Under field conditions, rewetting effects had little practical relevance in the ecosystems investigated in 1994

1. Einleitung

Zum Verständnis des C- und N-Haushalts von Ökosystemen ist die Kenntnis des Einflusses der Wasserverfügbarkeit auf Abbauprozesse im Boden von essentieller Bedeutung. Beschränkt man sich dabei auf einfache funktionale Abhängigkeiten dieser Abbauprozesse vom Wassergehalt oder -potential, besteht die Gefahr, kurzfristige Mineralisationseffekte bei plötzlicher Erhöhung der Wasserverfügbarkeit nicht erklären zu können. Verantwortlich dafür sind Wiederbefeuchtungseffekte, die zu einer kurzfristigen starken Erhöhung der bodenbiologischen Aktivität führen können: Mikroorganismen, die sich passiv dem geringen Wasserpotential der sie umgebenden Bodenlösung angepaßt haben, werden rehydriert. Zellen, die den Austrocknungsprozeß nicht überlebt haben, sind praktisch organische Bodensubstanz. Mikroorganismen, die sich beim Austrocknen aktiv an das geringe Wasserpotential durch eine Akkumulation intrazellulärer Metabolite angepaßt haben, müssen nach einer Wiederbefeuchtung des Bodens ihr intrazelluläres Wasserpotential sehr rasch dem der äußeren Bodenlösung angleichen. Dies kann durch Veratmen oder durch aktives bzw passives Ausscheiden der intrazellulär akkumulierten Metabolite geschehen. Anderenfalls kommt es durch Eindringen von Wasser zu einem erhöhten Zellturgor, der zu ihrem Platzen führen kann. (KIEFT *et al.*, 1987). Da Böden ein typisches C-limitiertes Substrat darstellen (DOMMERGUES *et al.*, 1978), sind ein rascher Verbrauch dieser leicht mineralisierbaren organischen Substanz durch die überlebenden Organismen und damit eine Erhöhung der Atmung und der N-Freisetzung im Boden zu erwarten.

---

[1] seit 01.08.1995. Vorher: Institut für Rhizosphärenforschung und Pflanzenernährung des ZALF Müncheberg

Diese Effekte bilden die Grundlage für die Arbeitshypothese, daß Niederschlagsereignisse, die zu einer plötzlichen Befeuchtung der trockenen Humusauflage führen, kurzfristig hohe Bodenatmungsraten und Stickstoffkonzentrationen in der Bodenlösung zur Folge haben können. Damit besteht die Gefahr, daß die Pflanzen nicht in der Lage sind, die freigesetzten N-Mengen kurzfristig aufzunehmen und daß es deshalb zu einer Verlagerung mineralischer N-Verbindungen in den nicht durchwurzelten Bodenraum kommen kann.

Da die bodenbiologische Aktivität der untersuchten Waldböden in den organischen Horizonten und damit deren Einfluß auf den ökosystemaren Stoffhaushalt am höchsten ist und da bei Regen die Humusauflage zuerst befeuchtet wird, wurden in der vorliegenden Arbeit die Wiederbefeuchtungseffekte im F-Horizont quantifiziert.

2. Material und Methoden

Untersuchungsstandorte

Die untersuchten Ökosysteme sind in Tabelle 1 kurz charakterisiert. Eine genaue Beschreibung der Standorte und des Depositionsregimes erfolgt bei FISCHER *et al.* (1995b).

Tab. 1: Untersuchungsstandorte

	Rosa	Taura	Neuglobsow
geogr. Lage	Kreis Bitterfeld 12°26' O 51°38' N	Kreis Torgau 13°2' O 51°28' N	Kreis Gransee 13°2' O 53°8' N
Depositionsbelastung	hoch	mittel	gering
Bestandesalter	60 Jahre	45 Jahre	60 Jahre
Ökosystemtyp	*Calamagrostio-Culto-pinetum sylvestris*	*Avenello-Cultopinetum sylvestris*	*Myrtillo-Culto-pinetum sylvestris*
jährlicher Niederschlag[1]	566.0 mm	564 6 mm	594.8 mm
Jahresdurchschnitts-temperatur[1]	8.87 °C	8 87 °C	8.18 °C
Boden	Leptic Podzol Sand	Spodi-dystric Cambisol, schluffiger Sand	Dystric Cambisol Sand
Düngung[2]	N (720 kg) 1970-85	N (Harnstoff). 1981	N: 1973, 1974
Humusform	Moder	Moder	rohhumusartiger Moder
F-Horizont			
C-Gehalt (%)	35,6	39,6	43,6
C/N	21	27	30
Tiefe (cm)	10-4	7-2	5-0
pH_{H_2O}	5.16	4.10	3.79
BS (%)[3]	67.75	66.11	48.04

[1]Mittelwerte: Rosa (Station Wittenberg) und Taura (Station Torgau) 1964-1990, Station Neuglobsow 1961-1990; [2]Rösa: Summe 1970-1985, Taura und Neuglobsow· Düngerdosis unbekannt; [3]BS - Basensättigung; pH_{H_2O} und Basensättigung aus SCHAAF *et al* (1995)

Probenentnahme

Tab. 2 Beprobungstermine

Rösa	Taura	Neuglobsow
30.08.1993	30.08.1993	28.04.1993
17.04.1994	18.04.1994	30.09.1993
		08.04.1994

Tabelle 2 gibt eine Übersicht über die Beprobungstermine. Die Proben wurden durch Abstechen von ca. 1 x 1 m² großen Beprobungsflächen mit dem Spaten, Entfernen der Bodenvegetation und des L-Horizonts und Herauspräparieren des F-Horizonts in 3 Wiederholungen gewonnen. Nach Entfernung von Wurzelballen, Rhizomen, Zweigen und Zapfen wurde das F-Material durchmischt und bis zum Beginn der Inkubation bei 4 °C maximal 2 Wochen in PE-Tüten gelagert.

Bestimmung der pF-WG-Charakteristik

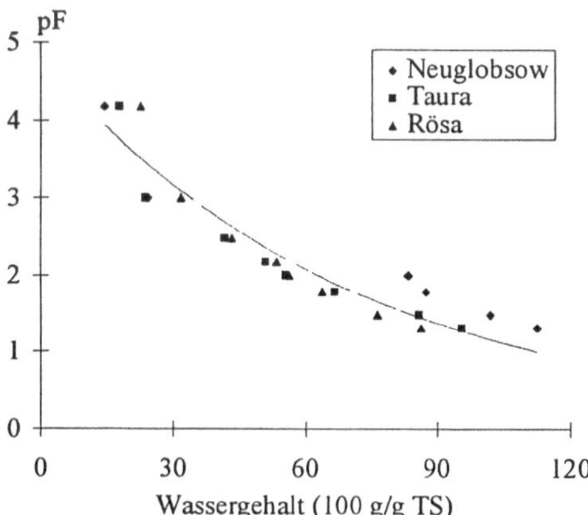

Abb. 1 pF-WG-Charakteristik des untersuchten Probenmaterials

Zur Ermittlung der Abhängigkeit der Bodenatmung vom pF-Wert und zur Berechnung der Wiederbefeuchtungseffekte wurde das Potentialkonzept herangezogen. Ausgangspunkt dieser Überlegung war die Tatsache, daß das Wasserpotential das am besten geeignete Maß zur Kennzeichnung der Wasserverfügbarkeit und deren Änderung ist. Beispielsweise ist nicht zu erwarten, daß im ausreichend wasserversorgten Boden eine mäßige Wasserzugabe zu einem nennenswerten Effekt führt, wohingegen die Zugabe der gleichen Wassermenge zum trockenen Boden deutliche Wiederbefeuchtungseffekte zur Folge haben kann. So führt eine Erhöhung des Wassergehalts (WG) von 100% auf 130% zu einer nur geringen, eine Befeuchtung von 20% auf 50% jedoch zu einer deutlichen Erhöhung des Wasserpotentials. In beiden Fällen beträgt die Änderung des Wassergehalts 30%.

Die pF-WG-Charakteristik wurde durch WEISDORFER (1995) nach SCHLICHTING u.a. (1995) bestimmt (Abb 1). Die gravimetrisch ermittelten Wassergehalte wurden nach der Gleichung

$$pF = 4{,}82 \cdot e^{-0{,}014 \, WG}, \quad r^2 = 0{,}89{***}$$

in pF-Werte umgerechnet. Zur Berechnung der Änderung des Wasserpotentials bei Wiederbefeuchtung wurden die pF-Werte des Bodens vor und nach

16

der Befeuchtung in cm WS umgerechnet, zur Darstellung der Wiederbefeuchtungseffekte wurden diese Ergebnisse erneut logarithmiert.

Analytische Verfahren

Die CO_2-Produktion einer Bodeneinwaage entsprechend 10 g Trockensubstanz wurde täglich in einem Gaskreislaufverfahren nach KLIMANEK (1994) bestimmt. Als IR-Analysator diente ein BINOS 100 der Fisher-Rosemount GmbH mit einem Meßbereich von 0 bis 5000 Vol.-ppm. Das Meßverfahren wurde dahingehend modifiziert, daß nach Beendigung der Messung die Gefäße mit Raumluft gespült und danach der CO_2-Absorber in den Gaskreislauf geschaltet wurden. Damit wurde das CO_2 gleichzeitig aus Meßwegen und Inkubationsgefäßen entfernt. Den Inkubationsgefäßen wurde in diesem Schritt eine Gaswaschflasche mit destilliertem Wasser zur Befeuchtung und dem Analysator eine Gaswaschflasche mit konzentrierter H_2SO_4 zur Trocknung der Luft vorgeschaltet.

Im 1 M KCl-Extrakt wurden NH_4^+ nach der Indophenolblaumethode und NO_3^- nach Hydrazinreduktion mit Naphthylamin kolorimetrisch bestimmt.

Durchführung der Wiederbefeuchtung

Vor Inkubationsbeginn wurde in repräsentativen Stichproben der Wassergehalt des Probenmaterials gravimetrisch (in g H_2O · 100/g TS) ermittelt Diese Daten bildeten die Grundlage zur Berechnung des notwendigen Wasserverlusts (in g) der Bodeneinwaage zum Erreichen eines definierten Wassergehalts Die Trocknung der Proben erfolgte in den Inkubationsgefäßen bei Raumtemperatur und begann nach dem Erreichen einer konstanten Atmungsrate Dazu wurden die Gefäße tagsüber für 2-8 Stunden (je nach notwendigem Wasserverlust) geöffnet. Über Nacht wurde die CO_2-Produktion gemessen und am darauffolgenden Morgen erfolgte durch Wägung der Inkubationsgefäße die Bestimmung der diesen Atmungsraten entsprechenden Wassergehalte. Diese Vorgehensweise sicherte einen kontrollierten Trocknungsprozeß und die exakte Ermittlung des Wassergehalts der Proben. Nach dem Erreichen des Ausgangswassergehalts für die Wiederbefeuchtung wurde

Tab. 3 Wiederbefeuchtungsstufen

Wassergehalt nach der Wiederbefeuchtung	Wassergehalt vor der Wiederbefeuchtung		
	lufttrocken	50 %	100 %
50 %	✓		
100 %	-	✓	
150 %	✓	✓	✓

dem Probenmaterial eine definierte Menge destillierten Wassers zugesetzt. Tabelle 3 gibt eine Übersicht über die verwendeten Wiederbefeuchtungsstufen.

Der Wiederbefeuchtungseffekt (*WBE*) ergibt sich als

$$WBE = \sum_{i=1}^{n} AR_i - n \cdot AR(WP)$$

mit AR_i - tägliche Atmungsrate, n - Anzahl der aufeinanderfolgenden Tage, an denen ein Wiederbefeuchtungseffekt beobachtet wurde und $AR(WP)$ - Menge der nach dem Erreichen einer konstanten Atmungsrate täglich produzierten CO_2-Menge. $AR(WP)$ wurde in der Regel am 4. Tag nach Wiederbefeuchtung erreicht und entspricht der für den Wassergehalt nach Wiederbefeuchtung charakteristischen Atmung (vgl. Abb. 2). Zur Auswertung wurde der Mittelwert dreier zeitlich aufeinanderfolgender Werte $AR(WP)$ verwendet.

Zur Bestimmung des Wiederbefeuchtungseffekts auf die N-Mineralisation wurde analog verfahren. Auf eine Messung der CO_2-Freisetzung während der Trocknung wurde hier verzichtet. In einem Teil der durchmischten und dann wiederbefeuchteten jeweiligen Probe wurde der N_{min}-Gehalt sofort bestimmt, im Rest der Probe erfolgte die N_{min}-Bestimmung in Anlehnung an die Ergebnisse zur C-Mineralisierung 4 Tage nach der Wiederbefeuchtung. Zur Ermittlung der Wiederbefeuchtungseffekte auf die N-Mineralisierung wurden ausschließlich lufttrockene Proben verwendet. Zur Interpretation der Freilanddaten wurden die Ergebnisse anhand der Humusvorräte im Boden (FISCHER *et al.*, 1995a, b) in kg N/ha umgerechnet.

Die Inkubationstemperatur betrug generell 22 °C

3. Ergebnisse und Diskussion

Abhängigkeit der Bodenatmung vom Wasserpotential

Wie erwartet nahm mit sinkendem Wasserpotential (steigendem pF-Wert) die Atmungsrate ab und kam im Bereich zwischen pF = 4,7 und pF = 5,3 (Wassergehalt der Proben ca. 10%, vgl. Abb. 1) praktisch zum Erliegen. Diese Werte liegen oberhalb des Permenentwelkepunkts (PWP; pF = 4,2) und werden für den mikrobiellen Abbau organischer Substanz durch die Literatur bestätigt (MOORE, 1986; O'CONNELL, 1990, WILHELMI and ROTHE, 1990).

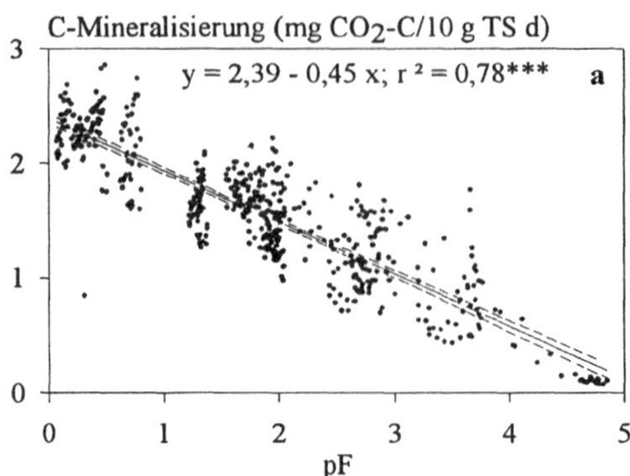

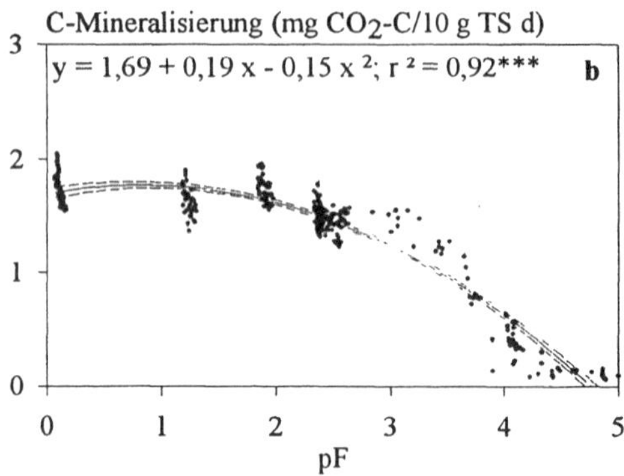

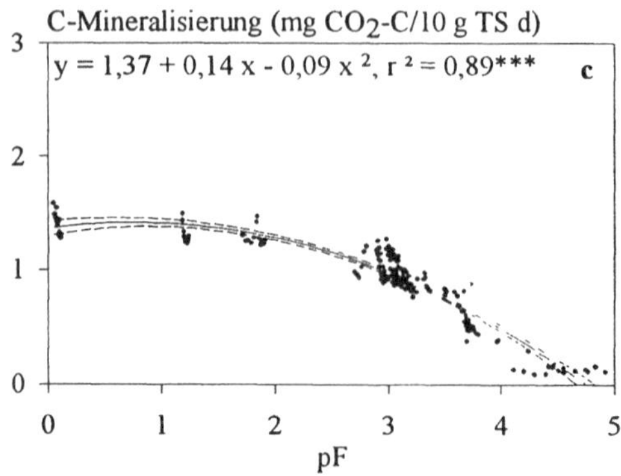

Abb. 2 Abhängigkeit der Bodenatmung vom pF-Wert, a - Neuglobsow, b - Taura, c - Rösa; gestrichelte Linie - 95% Konfidenzintervall, gepunktete Linie - 95% Vorhersageintervall

In Neuglobsow besteht eine lineare Abhängigkeit der Bodenatmung vom pF-Wert (Abb. 2a), in Taura und Rösa wird die maximale Atmungsrate bei pF $\approx$ 2,0 erreicht und bleibt bis zur Wassersättigung nahezu konstant (Abb. 2b, c). Die unterschiedliche Höhe der maximalen Atmungsrate muß im Zusammenhang mit den geringeren C-Gehalten im F-Horizonts in Taura und Rösa gesehen werden (Tab. 1), die auf eine Anreicherung mit mineralischen Komponenten im Ergebnis der Deposition basischer Stäube hindeuten. Auf C-Basis sind die maximalen Atmungsraten nahezu gleich (18.42 ±3.41, 17.88±1.51 und 17.43±1.34 μg CO_2-C/g C · h in Neuglobsow, Taura und Rösa) und weisen damit auf eine vergleichbare Mineralisierbarkeit des C-Substrats unabhängig von der Depositionsbelastung hin.

Wiederbefeuchtungseffekte

Die C-Wiederbefeuchtungseffekte nehmen mit steigender Änderung des Wasserpotentials zu, wobei signifikante Effekte erst bei log (ΔWP [cm WS]) $\geq$ 3,8 zu beobachten sind (Abb. 3).

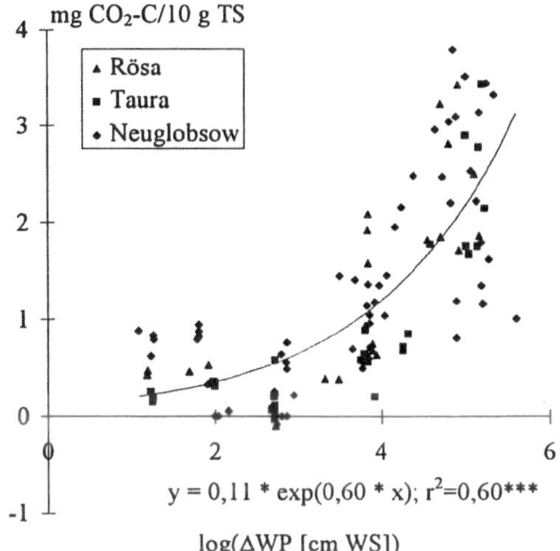

Abb. 3 Wiederbefeuchtungseffekt der C-Mineralisierung; ΔWP - Änderung des Wasserpotentials (in cm WS)

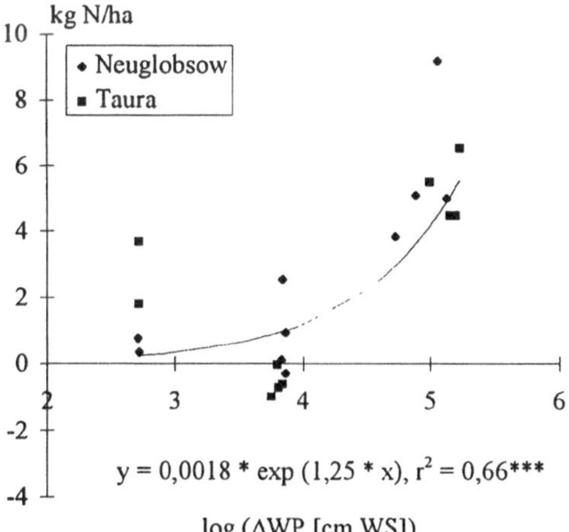

Abb. 4 Wiederbefeuchtungseffekt der N-Mineralisierung in kg N/ha, ΔWP - Änderung des Wasserpotentials (in cm WS)

Da die gewählte Einheit log (ΔWP [cm WS]) direkt mit den pF-Einheiten vergleichbar ist, sind nennenswerte Wiederbefeuchtungseffekte erst zu erwarten, wenn sich der Wassergehalt des Bodens im Bereich des PWP oder darunter befindet. Gleichzeitig kann keine Abhängigkeit der Wiederbefeuchtungseffekte von der Depositionsbelastung der Bestände nachgewiesen werden. Offenbar wird das Substrat im F-Horizont durch seine Zuordnung zur Humusform „Moder"hinsichtlich seines Abbauverhaltens zumindest für Kiefernökosysteme ausreichend charakterisiert.

Das gleiche gilt für den Stickstoff, wobei signifikante Wiederbefeuchtungseffekte erst bei pF ≈ 5,0 beobachtet wurden (Abb. 4). Für den Standort Rösa konnten keine plausiblen Ergebnisse gewonnen werden. Aufgrund des hohen Nitrifikationspotentials (FISCHER *et al.*, 1995a) kommt es dort offenbar zu gasförmigen N-Verlusten, insbesondere durch Denitrifikation im wiederbefeuchteten Boden.

Obwohl der maximale Wiederbefeuchtungseffekt ca 9 kg N/ha betrug, ist unter Freilandbedingungen kaum mit einer kurzfristigen Freisetzung hoher N_{min}-Mengen nach Niederschlagsereignissen zu rechnen. Selbst im trockenen Sommer 1994 wurden im F-Horizont aller drei Standorte Wassergehalte von 67% nie unterschritten. Damit beträgt die aus dem vorliegenden Datenmaterial im Freiland maximal zu erwartende kurzfristige N-Mineralisierung 0,5 kg N/ha und kann für praktische Belange vernachlässigt werden.

20

Danksagung

Die Untersuchungen wurden im Rahmen des BMBF-Verbundvorhabens SANA (Sanierung der Atmosphäre über den neuen Bundesländern) gefördert und am Institut für Wald- und Forstökologie des Zentrums für Agrarlandschafts- und Landnutzungsforschung e.V. Müncheberg durchgeführt. Mein besonderer Dank gilt Frau S. Remus für die Einsatzbereitschaft bei der Durchführung der zeitraubenden experimentellen Arbeiten und Frau Ch. Bergmann für die Unterstützung bei der Flächenbeprobung.

Literatur

O'CONNELL, A.M.: Microbial decomposition (respiration) of litter in Eucalypt forests of south-western Australia: An empirical model based on laboratory incubations. Soil Biol. Biochem. **22**, 153-160 (1990).
DOMMERGUES, Y.L.; BELSER, L.W.; SCHMIDT E.L.: Limiting factors for microbial growth and activity in soil. Advances in Microbial Ecology 2, 49-104 (1978).
FISCHER, Th.; BERGMANN Ch.; HÜTTL, R.F.: Auswirkungen sich zeitlich ändernder Schadstoffdepositionen auf Prozesse des Kohlenstoff- und Stickstoffumsatzes im Boden. In: HÜTTL, R.F., BELLMANN, K., SEILER, W. (Hrsg.). Atmosphärensanierung und Waldökosysteme. Eberhard Blottner Verlag Taunusstein, ISBN 3-89367-053-X, S. 144-160 (1995a).
FISCHER, Th.; BERGMANN, Ch.; HÜTTL, R.F.: Soil carbon and nitrogen budget in Scots pine (*Pinus sylvestris* L.) stands along an air pollution gradient in eastern Germany. Water, Air and Soil Pollution (1995b, im Druck).
KIEFT, Th.L ; SOROKER, E.; FIRESTONE, M.K.: Microbial biomass response to a rapid increase in water potential when dry soil is wetted. Soil Biol. Biochem. **19**, 119-126 (1987).
KLIMANEK, E.-M.: Messung der CO_2-Freisetzung aus Bodenproben von Laborinkubationsversuchen im Gaskreislaufverfahren Agribiol. Res. **47**, 280-283 (1994).
MOORE, A.M.: Temperature and moisture dependence of decomposition rates of hardwood and coniferous leaf litter. Soil Biol. Biochem **18**, 427-435 (1986).
SCHAAF, W ;WEISDORFER, M and HÜTTL, R.F . Auswirkungen sich zeitlich ändernder Schadstoffdepositionen auf Stofftransport und -umsetzung im Boden, Vorschungsverbundvorhaben SANA, Beitrag E 1.3, Jahresbericht 1994 (1995)
SCHLICHTING, E.; BLUME, H -P.; STAHR, K.: Bodenkundliches Praktikum. 2., neub. Aufl., Berlin, Wien [u.a.], Blackwell Wissenschaft (1995)
WEISDORFER, M.: persönliche Mitteilung (1995)
WILHELMI, V; ROTHE, G.M.: The effect of acid rain, soil temperature and humidity on C-mineralization rates in organic soil layers under spruce Plant and Soil **121**, 197-202 (1990).

DETEKTION EINES RHIZOSPHÄREN-INOKULUMS MIT HILFE ANTIBIOTIKARESISTENTER MUTANTEN UND IMMUNOLOGISCHER METHODEN

WIEHE, W.[1], SCHLOTER, M.[2]

[1] Brandenburgische Technische Universität Cottus, Fakultät Umweltwissenschaften und Verfahrenstechnik, Zentrales Analytisches Labor, PF 1013 44, 03013 Cottbus[1)]

[2] GSF Forschungszentrum für Umwelt und Gesundheit GmbH; Institut für Bodenökologie, Ingolstädter Landstr. 1, 85758 Oberschleißheim

Summary

The associative *Rhizobium leguminosarum* bv. *trifolii* strain R39, isolated from red clover nodules, and a corresponding rifampicin resistant, selected mutant R39rif were tested for rhizosphere colonization (rhizosphere soil, washed root, endorhizosphere) with different crops (*Pisum sativum, Lupinus albus, Sorghum triticale, Zea mays*) in greenhouse experiments using a strain-specific purified monospecific polyclonal antiserum and a sensitive chemoluminescence immunoassay in comparision to the common selection-agar technique. There was a good correlation between the two used strains and the two detection methodes. The *Rhizobium*-strain R39 was able to colonize different legumes and nonleguminous plants associatively very effectively. Quantified 8 weeks after inoculation, under non sterile greenhouse conditions, about 1 % of the total bacterial population in the rhizosphere of the inoculated plants was identified as *Rhizobium*-strain R39. Furthermore the strain was detected in the root tissue of all inoculated plants. In a long term experiment the colonization of *Zea mays* was studied in more detail. The microbial wild population was nearly completely replaced by strain R39 during the vegetative plant development. This indicates a microbial succession process especially in the endorhizosphere.

Einleitung

Seit einigen Jahren gewinnen mikrobiologische Inokula in der Landwirtschaft immer mehr an Bedeutung, einerseits als natürliche Schädlingsbekämpfer, andererseits als „plant growth

---

[1)] Frühere Arbeitsstelle und Durchführung der Arbeiten im Institut für Ökophysiologie der Primärproduktion des ZALF Müncheberg

22

promoting rhizobacteria". Eines der Hauptprobleme solcher Produkte liegt in der meist geringen Überlebensfähigkeit der eingesetzten Mikroorganismen in der Rhizosphäre, da die Konkurrenz zur autochtonen Mikroflora meist dazu führt, daß die eingebrachten Mikroorganismen relativ schnell absterben und so ihre Wirkung nicht zur Geltung kommen kann. Die zu erwartende Ertragssteigerung durch mikrobiologische Präparate ist daher mit der Überlebensrate der Mikroorganismen in der sich entwickelnden Rhizosphäre eng verknüpft.

Um die Überlebensrate von Bakterienstämmen, die in ein komplexes Ökosystem eingebracht wurden, zu untersuchen, sind bisher haupsächlich antibiotika-resistente Mutanten des entsprechenden Wildtypstammes verwendet worden (KLOEPPER and BEAUCHAMPS, 1992, COMPEAU *et al.* 1988, GLANDORF *et al.* 1992, DEFREITAS *et al.* 1992 a,b). Diese Technik erlaubt es jedoch nicht, den Orginalstamm selbst auf seine Fitness zu untersuchen. Die Unterschiede zwischen Mutante und Wildtyp beruhen auf der Expression zusätzlicher Proteine und anderer physiologischer Resistenzmechanismen, die in einem Ökosystem mit Nährstofflimitierung die Fitness der Mutante gegenüber dem Wildtyp erniedrigen können (LENSKI 1993). Darüber hinaus wird durch natürliche Resistenzen vieler Bodenmikroorganismen gegen Antibiotika (JAKEMAN *et al.* 1993, GILBERT *et al.* 1993) und die Instabilität der Antibiotikaresistenz der eingebrachten Mutante eine Detektion im Ökosystem schwierig Außerdem ist eine *in situ*-Lokalisation über eine antibiotika-resistente Mutante in dem natürlichen Habitat nicht möglich.

Im Gegensatz dazu ermöglichen immunologische Detektionsmethoden, die Überlebensrate des eingebrachten Wildtyps sowohl quantitativ zu erfassen als auch *in situ* den entsprechenden Organismus zu lokalisieren. Die Bedingungen, die entsprechende Antikörper erfüllen müssen, sind von SCHLOTER *et al.* (1994) publiziert worden.

Im Rahmen dieser Arbeit werden beide Methoden verglichen. Dabei wurde ein assoziativer, nicht nodulierender *Rhizobium*-Stamm bzw. eine rif-Mutante des Wildtyp in der Rhizosphäre unterschiedlicher Leguminosen und Graser eingebracht.

Material und Methoden

<u>Bakterielle Inokulation und Pflanzenanzucht</u>

Mit dem aus Rotklee-Knöllchen isolierten *Rhizobium leguminosarum* bv. *trifolii* Stamm R39 (HÖFLICH 1989) wurden im Vergleich zu einer korrespondierenden selektierten rifampicin-resistenten Mutante (R39rif) Inokulationsexperimente (Saatgutinokulation, log 5 cfu/Samen) mit Weißlupine ('Lublanc'), Erbse ('Grapis'), Sommerweizen ('Naxos') und Mais ('Felix') durchgeführt.

Nach 8-wöchiger Kultivierung der Pflanzen im Gewächshaus auf lehmigem Sand (Müncheberg) wurde die Besiedlung der Rhizosphäre mit den inokulierten Bakterienstämmen untersucht im Vergleich zur nativen Bakterienflora. Der zeitliche Verlauf der Rhizosphärenbesiedlung durch den Stamm R39 wurde in einem Mikrokosmosexperiment mit Mais untersucht.

<u>Bakterien-Extraktion</u>

Die Extraktion der Bakterien erfolgte durch Ultraschallbehandlung der Wurzeln (WIEHE et al. in press). Folgende Fraktionen wurden unterschieden:

(A)	Waschwasser geschüttelter Wurzeln	= Rhizosphärenboden
(B)	gewaschene Wurzel, mazeriert	= Gesamtwurzel
(C)	oberflächensterilisierte Wurzel, mazeriert	= Endorhizosphäre

<u>Immunologische Detektion</u>.

Das polyklonale Antiserum pK200 wurde von SCHOLZ *et al.* (1991) hergestellt. Die Aufreinigung erfolgte durch Protein A-Chromatographie (HARLOW and LANE, 1988) und Affinitätschromatographie mittels *Rhizobium meliloti* DSM 1021 und einem Lipopolysaccharidextrakt des Stammes R39 Das so gewonnene Serum war ein monospezifisches polyklonales Antiserum, das nur mit Stamm R39 bzw. R39rif reagierte. Die Antigendeterminante war ein 80 kD großes Protein, das unter Umweltbedingungen eine hohe Stabilität aufwies. Es ergaben sich keine Bindungsunterschiede zwischen Wildtyp und Mutante. Die Quantifizierung des Stammes R39 erfolgte mittels Chemolumineszenz-Immuno-Assay (CIA) (SCHLOTER *et al.* 1992)

<u>Detektion auf Selektivagar</u>

Die Detektion der rifampicinresistenten Mutante erfolgte auf Glycerin-Pepton-Agar nach HIRTE (1966) unter Zusatz von 120 ppm Rifampicin und Fungiziden (WIEHE and HOFLICH 1995 a, b). Zusätzlich wurde in jeder Fraktion die Gesamtkeimzahl (GKZ) auf R_2A-Medium (REASONER and GELDREICH 1985) bestimmt.

Ergebnisse und Diskussion

<u>Methodenvergleich: CIA / Selektivagar</u>

Die Besiedlungsdichten (12 Wertepaare aus 3 Fraktionen und 4 Pflanzenarten), die mit den beiden gewählten Detektionsmethoden bestimmt wurden, decken sich (Abb. 1). Beide Methoden sind geeignet zur Ermittlung der Rhizosphärenbesiedlung.

24

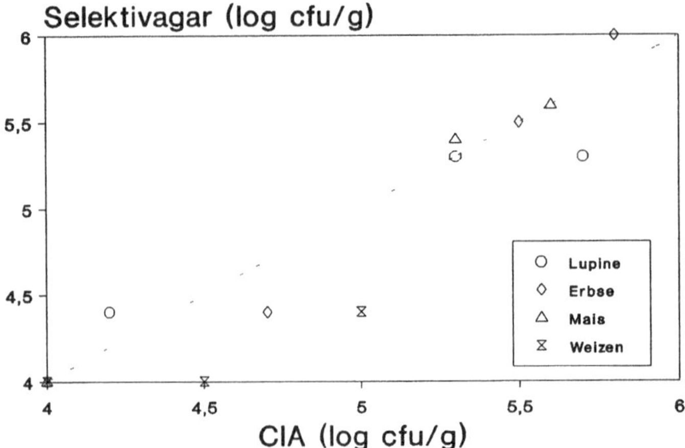

Abb. 1: *Bestimmung der Rhizosphärenbesiedlung mit dem Rhizobium-Stamm R39rif durch CIA im Vergleich zu Selektivagar; y = 0,83 + 0,85x, r = 0,93, n = 12*

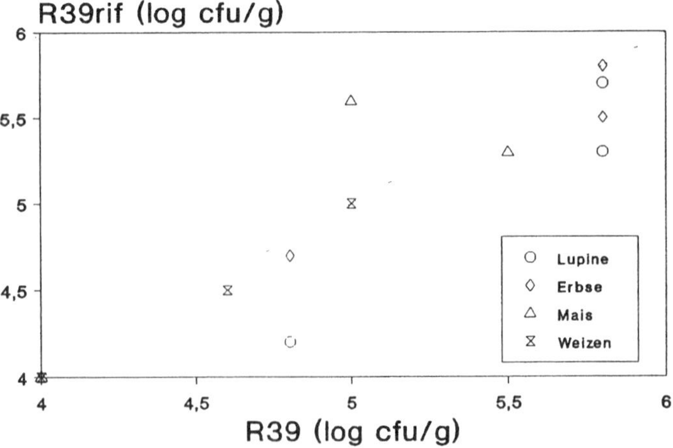

Abb. 2: *Beziehung zwischen R39- und R39rif-Besiedlung von Pflanzenwurzeln; die Bestimmung erfolgte mittels CIA; y = 0,56 + 0,91x, r = 0,90, n = 12*

<u>Stammvergleich: R39 / R39rif</u>

Abbildung 2 zeigt, daß der rifampicinresistente Stamm R39rif das Besiedlungsverhalten des Isolates R39 im wesentlichen widerspiegelt. Tendentiell liegen die Besiedlungsdaten geringfügig unter denen des Wildstammes.

<u>Pflanzenspezifität der Wurzelraumbesiedlung durch *Rh. leg.* bv. *trifolii* R39</u>

Die Daten (Abb. 3) deuten auf eine unterschiedliche Rhizosphärenbesiedlung der untersuchten Pflanzenarten in allen Wurzelkompartimenten hin. Ähnliche Ergebnisse wurden schon in Freilandexperimenten mit Hilfe der rifampizinresistenten Mutante gewonnen (WIEHE und HÖFLICH 1995 a, b). Besondere Unterschiede ergaben sich bei der Besiedlung der Endorhizosphäre. Da die Gesamtkeimzahl bei allen untersuchten Pflanzenarten etwa gleich groß war, ergibt sich daher für die Leguminosen ein hoher Anteil von R39 an der Gesamtkeimzahl.

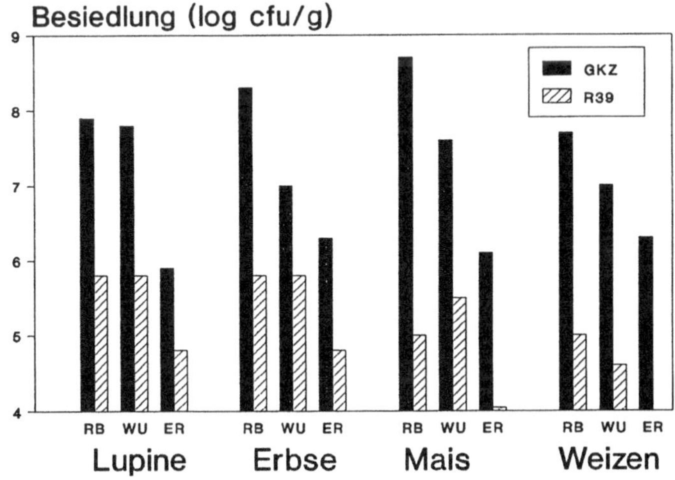

Abb. 3: Rhizosphärenbesiedlung unterschiedlicher Pflanzen durch den Rhizobium-Stamm R39 im Vergleich zur Gesamtkeimzahl 8 Wochen nach Aufgang (RB = Rhizosphärenboden, WU = gewaschene Wurzel, ER = Endorhizosphäre); die Bestimmung des inokulierten Stammes erfolgte über CIA

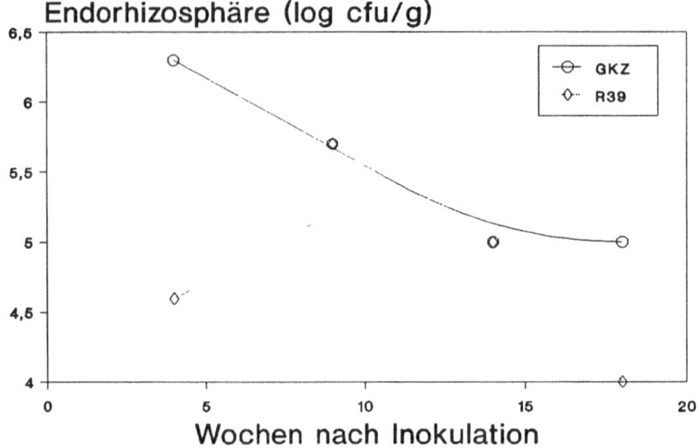

Abb. 4: *Zeitlicher Verlauf der Endorhizosphärenbesiedlung durch Stamm R39 im Vergleich zur Gesamtkeimzahl (GKZ)-Entwicklung bei Mais; die Bestimmung erfolgte mittels CIA*

<u>Zeitlicher Verlauf der Endorhizosphärenbesiedlung durch de Stamm R39 im Vergleich zur GKZ</u>

In einem Mikrokosmosversuch mit Mais zeigte sich eine deutliche Besiedlungsverschiebung der Gesamtkeimzahl zum inokulierten Stamm R39 während der 18-wöchigen Versuchsphase (Abb. 4). Dies ist ein wichtiger Hinweis auf mikrobiologische Sukzessionsprozesse, der in Abhängigkeit zu den veränderten Exsudatausscheidungen und Alterungsprozessen der Wurzel zu sehen ist und bei kommenden Untersuchungen stärker berücksichtigt werden sollte.

Der *Rhizobium*-Stamm R39 wurde bisher auf seine wachstumsfördernden Eigenschaften und sein Besiedlungsverhalten (über R39rif) in Gewächshaus- und Feldversuchen hin untersucht (HOFLICH *et al.* 1994, 1995, WIEHE *et al.* 1995a, 1995b) sowie in elektronenmikroskopischen in situ-Untersuchungen unter gnotobiotischen Bedingungen (WIEHE *et al.* 1994). Die nun vorliegende Untersuchung zeigt die Eignung der Rif-Mutante für Besiedlungs- und Überlebensversuche und bestätigt über den CIA die Ergebnisse, die bisher schon vorliegen. Damit ist sowohl ein quantitativer als auch über laser-scanning-mikroskopische Untersuchungen (nicht dargestellt) eine Lokalisation von *Rhizobium leguminosarum* bv. *trifolii* R39 in einem unsterilen System erfolgt, der die Kenntnisse zum Besiedlungsverhalten dieses Stammes erweitert.

Danksagung

Wir danken an dieser Stelle Herrn PD Dr. A. Hartmann (GSF Neuherberg) und Frau Prof. Dr. G. Höflich (ZALF Müncheberg) für die Unterstützung dieser Zusammenarbeit.

Literatur

COMPEAU, G., AL-ACHI, B.J., PLATSOUKA, E., LEVY, S.B.: Survival of rifampicin-resistant mutants of *Pseudomonas fluorescens* and *Pseudomonas putida* in soil systems. Appl. Environ. Microbiol. **54**, 2432-2438 (1988).

DEFREITAS, J.R., GERMIDA, J.J.: Growth promotion of winter wheat by fluorescent *Pseudomonas* under growth chamber conditions. Soil Biol. Biochem. **24**, 1127-1135 (1992).

DEFREITAS, J.R., GERMIDA, J.J.: Growth promotion of winter wheat by fluorescent *Pseudomonas* under field conditions Soil Biol Biochem. **24**, 1137-1146 (1992).

GILBERT, G.S., PARKE, J L., CLAYTON, M.K., HANDELSMAN, J.: Effects of an introduced bacterium on bacterial communities on roots. Ecology **74**: 840-854 (1993).

GLANDORF, D.C.M., BRAND, I., BAKKER, P.A.H.M., SCHIPPERS, B.: Stability of rifampicin resistance as a marker for root colonization studies *Pseudomonas putida* in the field. Plant Soil **147**, 135-142 (1992).

HARLOW, E., LANE, D · Antibodies a Laboratory Manual. Cols Spring Harbour, New York (1988).

HIRTE, W.F.: Glycerin-Pepton-Agar, ein vorteilhafter Nährboden für bodenbakteriologische Arbeiten. Zbl. Bakt Abt. II **114**, 141-146 (1961).

HÖFLICH, G.: Influence of inoculation of *Rhizobium*-bacteria on growth of cereals. Zbl. Mikrobiol. **144**, 77-79 (1989)

HOFLICH, G., WIEHE, W., HECHT-BUCHHOLZ, C.· Rhizosphere colonization of different crops with growth promoting *Pseudomonas* and *Rhizobium* bacteria. Microbiol. Res. **150**, 139-147 (1995)

HÖFLICH, G., WIEHE, W., KUHN, G.· Plant growth stimulation by inoculation with symbiotic and associative rhizosphere microorganisms. Experientia **50**, 897-905 (1994).

JAKEMAN, S., LEE, H., TREVORS, J.· Survival, detection and containment of bacteria. Microbiol. Releases **2**· 237-252 (1993).

KLOEPPER, J.W., BEAUCHAMP, C.J.: A review of issues related to measuring colonization of plant roots by bacteria. Can J Microbiol **38**, 1219-1232 (1992)

LENSKI, R.E.: Evaluating the fate of genetically modified microorganisms in the environment: Are they inherently less fit? Experientia **49**: 201-209 (1993).

REASONER, F., GELDREICH, K.: A new medium for enumeration and subculture of bacteria from potable water. Appl. Environ. Microbiol. **49**: 1-7 (1985).

SCHLOTER, M., BODE, W., HARTMANN, A., BEESE, F.: Sensitive chemoluminescens-based immunological quantification of bacteria in soil extracts with monoclonal antibodies. Soil Biol. Biochem. **24**: 399-403 (1992).

SCHLOTER, M., AßMUS, B., HARTMANN, A.: The use of immunological methods to detect and identify bacteria in the environment. Biotech. Adv. **13**: 75-90 (1994).

SCHOLZ, C., REMUS, R., ZIELKE, R.: Development of DAS-ELISA for some selected bacteria from the rhizosphere. Zbl. Mikrobiol. **146**: 197-207 (1991).

WIEHE, W., HECHT-BUCHHOLZ, HÖFLICH, G.: Electron microscopic investigations on root colonization of *Lupinus albus* and *Pisum sativum* with two associative plant growth promoting rhizobacteria, *Pseudomonas fluorescens* and *Rhizobium leguminosarum* bv.*trifolii*. Symbiosis **17** 15-31 (1994).

WIEHE, W., HÖFLICH, G.: Survival of plant growth promoting rhizosphere bacteria in the rhizosphere of different crops and migration to non-inoculated plants under field conditions in north-east Germany. Microbiol. Res. **150**: 201-206 (1995a).

WIEHE, W., HÖFLICH, G.: Establishment of plant growth promoting bacteria in the rhizosphere of subsequent plants after harvest of the inoculated precrops. Microbiol. Res. **150**: 331-336 (1995b)

WIEHE, W., SCHLOTER, M., HARTMANN, A., HÖFLICH, G.: Detection of colonization by *Pseudomonas* PsIA12 of inoculated roots of *Lupinus albus* and *Pisum sativum* in greenhouse experiments with immunological techniques. Symbiosis (in press).

SELEKTION UND ANWENDUNG VON WIRTSSPEZIFITÄTS-GENEN ZUM NACHWEIS VON *RHIZOBIUM*-SPEZIES IM BODEN

LABES, G.; LENTZSCH, P.
Zentrum für Agrarlandschafts- und Landnutzungsforschung (ZALF e.V.)
Institut für Mikrobielle Ökologie und Bodenbiologie[1]
Eberswalder Str. 84
15374 Müncheberg

Summary

To study the dynamic of bacterial soil population it is necessary to detect and quantify different species and strains. The last hundred years *Rhizobium* are released in the environment to enhance nitrogen fixation, but until now nothing is known about any ecological effect on microbial communities. Identification of possible effects requires quantitative and qualitative analysis of the bacterial soil population

Our aim was to test species-specific genes especially of *Rhizobium* useful for their direct identification and quantification in soil. Based on the host-specifity genes *nodH* of *R. meliloti* and *nodO* of *R. leguminosarum* bv. *viciae*, respectively, DNA probes have been constructed by PCR amplification. After optimizing colony hybridization techniques both probes have been applied to detect and quantify *Rhizobium* in two different soils. The estimated amount of nodulating *Rhizobium* determined by MPN tests has been compared with average bacteria numbers determined by colony hybridizations During rehybridizations we could find soil bacteria showing a positive signal with both gene probes The amount of those $nodH^+/O^+$ colonies, which has been analysed by ARDRA, depended on soil type used for the study. In summary the selected genes are in fact useful to quantify *R. meliloti* and *R. leguminosarum* bv. *viciae* in different soils, but the amount of $nodH^+/O^+$ colonies has to be determined by rehybridization experiments.

Einleitung

Die Rhizosphäre der Pflanze sowie der freie Bodenraum beherbergen eine Vielzahl von Bodenmikroorganismen, die u.a. eine wichtige Funktion nicht nur bei der Versorgung der Pflanze mit Nährstoffen und ihrem Schutz vor Krankheitserregern oder Schadstoffen besitzen, sondern auch zur Aufrechterhaltung der Stoffflüsse notwendig sind. Eine große Bedeutung z.B. hinsichtlich des Stickstoffkreislaufes haben Bakterien der Gattung Rhizobiaceae, die in Symbiose mit ihrer entsprechenden Wirtspflanze (Leguminosen) in der Lage sind, molekularen Stickstoff in sog. Wurzelknöllchen zu fixieren und ihn in Form von Aminosäuren der Pflanze zugänglich zu machen (VAN RHIJN and VANDERLEYDEN, 1995). Diese Eigenschaft wird seit mehreren Jahrzehnten in der Landwirtschaft zur Erhöhung der Ernteerträge genutzt, indem großflächig

---

[1]Konzipierung und Durchführung der Arbeiten: Institut für Ökophysiologie der Primärproduktion des ZALF Muncheberg

Impfpräparate ausgebracht werden, die mit einer hohen Anzahl geeigneter *Rhizobium*-Kulturen versetzt sind. Neben den erwähnten Vorteilen könnte die großflächige Anwendung von Rhizobien Auswirkungen auf das Ökosystem zeigen - speziell auf die mikrobielle Gemeinschaft im Boden. Für entsprechende Untersuchungen sollte u.a. die quantitative Erfassung des freigesetzten Organismus sowie anderer Bodenmikroorganismen (Arten/Spezies) möglich sein. Durch Anwendung von Markergenen (SELBITSCHKA et al., 1992; SELENSKA-POBELL, 1994) oder art- bzw. spezies-spezifischen DNA-Sequenzen als Sonden (Beispiele in: STREIT et al.,1993; TAS et al., 1994) ist es möglich, entsprechende Bodenbakterien aufzufinden. Im Rahmen dieser Arbeit wurden die als spezies-spezifisch beschriebenen Gene *nodH* (DEBELLÉ et al., 1986) und *nodO* (DeMAAGD et al., 1989; DOWNIE et al., 1983; ECONOMOU et al., 1990) der Symbioseplasmide aus *Rhizobium meliloti* bzw. *R. leguminosarum* bv. *viciae* getestet und zur quantitativen Bestimmung des jeweiligen endogenen Bakterientiters in zwei unterschiedlichen Böden angewendet.

Material und Methoden
Boden
Niedermoortorf: Geologische Bildung: Niedermoortorf/ Talsand; Hauptbodenform: Mächtige Torfe Nto Ib; Lokalbodenform: sandunterlagerter Torf Nto Ib/S; Profilbeschreibung: I T_p (T_{hl}) [0- 20 cm] SchwBr. (5YR2/1), stark humifizierter (H 9) Niedermoortorf, dicht gelagert durch Bearbeitung geringer Mineralstoffgehalt (Sand) zugeführt, gut durchwurzelt, Feinkorngefüge, scharf begrenzt; I T_{h2} [- 39 cm] dunkelbr. (%YR2/2), stark humifiziert (H 7-8), Humifizierung nimmt nach unten ab, Niedermoortorf, große, lebhaft glänzende Gefügeflächen, körniges Subgefüge, im unteren Teil noch Grobreste (Schilf- und Seggenrhizome) und Reste der waagerechten Torfstruktur vorhanden.
Parabraunerde: anlehmiger Sand mit Übergang zu schluffigem Sand; Bodentyp: Bänder-Parabraunerde auf Sand; Horizontgliederung: Ap 0-30cm. mullartiger Humus, schluffiger Sand mit niedrigem Anteil an organischer Substanz Typische Profilbeschreibung fehlt.
Bakterienstämme
Die in dieser Arbeit verwendeten Bakterienstamme wurden bezogen von:
R meliloti-Stämme: Stammsammlung Universität Bielefeld; *R. leguminosarum* bv. *viciae* A31 (pRL1JI-frei) und A34 (pRL1JI): Dr A. Downie, JII Norwich; andere *R. leguminosarum* bv. *viciae*-Stämme: Stammsammlung ZALF Muncheberg; *R leguminosarum* bv. *phaseoli*-Stämme: Stammsammlung Universität Marburg); *A. tumefaciens, A. rhizogenes, P. putida, P. fluoreszens, B. subtilis, B. sphaericus, B. fusiformis*: TÜV Energie und Umwelt GmbH, Freiburg; *S. lividans, S. viridochromogenes*: Stammsammlung Universität Tübingen Die Vermehrung der Stämme erfolgte auf TY (BERINGER, 1975).
Oligonukleotide
Die in dieser Arbeit als Primer verwendeten Oligonukleotide nodH1,H2,O1 und O2 wurden von der Firma MWG-BIOTECH GmbH synthetisiert und weisen folgende DNA-Sequenz auf:
nodO1: 5´- TCC CCT GAA AAC GAC ATA ATC - 3´; nodO2: 5´- CCG TGA GTT TCG CCA TCT TGA - 3´; nodH1: 5´- CCTCAGCCATTTGCAATCCT - 3´, nodH2. 5´- CAGTCGTTAGCAAGCTCAA - 3´
Isolierung von Bakterien aus Bodenproben
Die Isolierung von Bakterien aus gesiebten Bodenproben (der 0-20cm Schicht) erfolgte durch 1:1 Zugabe von sterilem Kiesel, 1:10 Aufschwemmung mit 0,8%NaCl/0,1% Na-Pyrophosphat-Lösung, 2-4 stündigem starken Schütteln mit nachfolgendem Ausplattieren geeigneter Verdünnungsstufen (hergestellt in 0,3% NaCl) auf VMM- (VINCENT, 1970) oder AS-Festmedium (BROMFIELD et al., 1994) mit 100µg/ml Cycloheximidzusatz.
Lyse von Bakterien für Koloniehybridisierungen
Es wurde eine von PALL für BiodyneA-Membranen (1,2 µm) beschriebene Methode verwendet.
DNA-Isolierung
DNA wurde nach SAMBROOK et al (1989) isoliert

DNA-Hybridisierungen
Im Dot-Blot-Verfahren werden Aliquots von isolierter DNA nach vorheriger Denaturierung in 6xSSC durch Erhitzen auf eine Nylonmembran N⁺ (AMERSHAM) aufgetropft. Die Fixierung der DNA erfolgt grundsätzlich durch 5 minütiges Bestrahlen mit UV-Licht.
Die Hybridisierungs- und Chemilumineszenznachweismethodiken wurden der BOEHRINGER-Arbeitsvorschrift entnommen. Die Hybridisierungs- und Waschtemperaturen betrugen für beide Sonden (*nodH/nodO*) 68°C, wobei die Konzentration der markierten DNA-Sonden 0,1-0,5 µg/ml Hybridisierungslösung betrugen. Für Koloniehybridisierungen mit BiodyneA-Filtern wurden die vorbereiteten Membranen mit 2xSSC getränkt, anschließend o/n mit Proteinase inkubiert und weiter nach der PALL-Vorschrift verfahren. Die Vorhybridisierung erfolgte für mindestens 4 Std. bei 68°C (nach BOEHRINGER). Die Rehybridisierungen erfolgten nach BOEHRINGER-Vorschrift, wobei aber der Waschschritt mit NaOH/SDS-Lösung um 15 Min. verlängert wurde.

DNA-Amplifizierung und Digoxygenin-11-dUTP-Markierung mittels der PCR
Für die Sondenherstellung (DIG-11-dUTP-*nodH*; -*nodO*) sowie die Amplifizierung der jeweiligen Gene *nodH* und *nodO* wurde nach GASSEN et al. (1994) verfahren, wobei jeweils 30 Zyklen gewählt und die PCR-Bedingungen in Abhängigkeit von den eingesetzten Primern optimiert wurden. Bei Verwendung des nodH1/H2-Primerpaares wurde eine "annealing"-Temperatur von 54°C und des nodO1/O2-Primerpaares von 58°C gewählt. Jedem 100 µl-PCR-Ansatz wurden die Substanzen in Standardkonzentrationen zugesetzt. Die Amplifizierung erfolgte je nach Arbeitsziel aus isolierter Gesamt-DNA oder lysierten Kolonien. Für die Herstellung von Sonden mit Hilfe der PCR-Reaktion wurde einem 100 µl-PCR-Ansatz 3 µl des 10fach konzentrierten "DIG-DNA Labeling Mixes" von BOEHRINGER zugesetzt.

Most-probably-number (MPN)-Methode
Zur Bestimmung des endogenen Titers an nodulationsfähigen Rhizobien wurde nach der bei SOMASEGARAN und HOBEN (1994) beschriebenen MPN-Methode verfahren. Für den *R. leguminosarum* bv. *viciae*-Pflanzentest wurde *Pisum sativum* "Grapis", für den Nachweis von *R. meliloti Medicago sativa* "Verko" verwendet

Ergebnisse
Selektion, Test und Anwendung spezies-spezifischer DNA-Sequenzen zur direkten Detektion von *R. leguminosarum* bv. *viciae* und *R. meliloti* in Bodenproben
Mittels Literaturdaten wurde eine Vorauswahl von *R. leguminosarum* bv. *viciae*-spezifischen Genen getroffen, die dann auf ihre Sequenzspezifität hin durch aktuelle Genbankanalysen (EMBL Heidelberg; GENEbank) überprüft wurden. Da keine Homologien zu bisher bekannten DNA-Sequenzen für das von DeMAAGD *et al.* (1989) aus dem Symbioseplasmid pRL1JI aus *R. leguminosarum* bv. *viciae* isolierte Gen *nodO* gefunden werden konnten, wurde dieses Gen als potentielle *R. leguminosarum* bv. *viciae*-spezifische Sonde ausgewählt. Das für die Hybridisierungen verwendete 695 bp lange DNA-Fragment (*nodO*) wurde aus dem Chromosom des *R. leguminosarum* bv. *viciae*-Stammes A34 unter Verwendung des Primerpaares nodO1/O2 amplifiziert und Digoxygenin-markiert. Als *R. meliloti*-spezifische Sonde wurde das Wirtsspezifitätsgen *nodH* (DEBELLÉ *et al.*, 1986) ausgewählt (in Kooperation mit Universität Bielefeld), welches auf dem Symbioseplasmid von *R. meliloti* lokalisiert ist. Die Herstellung des DIG-11-dUTP-markierten 721 bp langen DNA-Fragmentes erfolgte durch Verwendung von *R. meliloti* 2011 Gesamt-DNA und dem Primerpaar nodH1/H2.
Um zu überprüfen, ob typische Vertreter von Bodenbakterien (*Rhizobium sp.*, *Streptomyces sp.*, *Bacillus sp.*, *Pseudomonas sp.*, *Agrobakterium sp*) Homologien zu den hergestellten Gensonden aufweisen, wurden zunächst mit Gesamt-DNA aus Laborstämmen von 12 verschiedenen, definierten Bodenbakterienspezies Dot-Blot-Analysen durchgeführt. Es konnte gezeigt werden, daß bei Verwendung der *nodO*-Sonde nur DNA aus *R. leguminosarum* bv. *viciae*- und bei

Verwendung der *nodH*-Sonde nur DNA aus *R. meliloti*-Stämmen hybridisierte. Allerdings konnte diese hohe Spezifität nicht in Standard-Koloniehybridisierungen erreicht werden. Unspezifische Hybridisierungssignale konnten nach dem Test und der Optimierung verschiedener Lyse- und Hybridisierungstechniken weitgehend eliminiert werden.

Beide Gensonden wurden parallel im Rahmen von Koloniehybridisierungen angewendet, um den jeweiligen Titer der endogenen *R. meliloti*- und *R. leguminosarum* bv. *viciae*-Bakterien in zwei unterschiedlichen Bodentypen (Niedermoortorf, Parabraunerde) zu bestimmen.

Die statistische Auswertung der einzelnen Daten ergab, daß im Niedermoortorf (NM) eine etwa 4,5fach höhere Anzahl an endogenen $nodH^+$- und ein etwa 2,5facher Anteil an $nodO^+$-Bakterien vorhanden sind als in Parabraunerde (PB). Da die ermittelten durchschnittlichen Titer beider Spezies mit 10^5-10^6/g (kein Luzerneanbau über mehrere Jahre) außerhalb des erwarteten Bereiches lag, wurden weitere Tests zur Sondenspezifität durchgeführt.

Identifizierung und Charakterisierung von $nodH^+/O^+$-Bakterien: endogene Titerbestimmungen von $nodH^+$-, $nodO^+$- und $nodH^+/O^+$- Bakterien per Rehybridisierungen

Die Aufarbeitung der einzelnen Bodenproben wurde wiederholt, wobei aber anstatt der parallel durchgeführten Hybridisierungen gegen beide Sonden Rehybridisierungen vorgenommen wurden. Vorab durchgeführte Tests hinsichtlich der vollständigen Entfernung der Primär-markierung verliefen positiv. Die Rehybridisierungsexperimente führten zum Auffinden von Bodenbakterien, die sowohl mit der *nodH*- als auch mit der *nodO*-Sonde reagierten. Diese im weiteren als $nodH^+/O^+$-Bakterien bezeichneten Kolonien konnten in beiden Bodentypen identifiziert werden Um Anhaltspunkte darüber zu bekommen, ob es sich bei den $nodH^+/O^+$-Kolonien um Rhizobiaceaen und/oder moglicherweise auch einer anderen Bakterienart handelt, wurden die Einzelkolonien mehrerer Platten, die von -4- bzw -5-Verdünnungen eines Niedermoortorfeluates angelegt wurden, genauer charakterisiert. Insgesamt wurden 1.126 Kolonien parallel gegen *nodH* und *nodO* hybridisiert. Die Bakterienkolonien, die nach den Hybridisierungen eindeutig nur mit *nodH* (2%), nur mit *nodO* (6,9%) oder mit beiden Sonden (1,6%) reagierten, wurden gereinigt und rehybridisiert, bevor sich weitere Analysen anschlossen. Einige der eindeutig als $nodH^+/O^+$-, $nodH^+$- sowie $nodO^+$-identifizierten Bakterienkolonien wurden anschließend für Pflanzen-Nodulationstests und für PCR-Analysen mit den Primerpaaren nodH1/H2 und/oder nodO1/O2 eingesetzt. Dabei konnte festgestellt werden, daß

- keine der getesteten $nodH^+/O^+$-Kolonien weder bei *Pisum sativum* (Sorte "Grapis") noch bei *Medicago sativa* (Sorte "Verko") Knöllchen induzierte. Es konnte weder ein Amplifikat bei Verwendung des nodH1/2- noch des nodO1/2-Primerpaares identifiziert werden.

- von den getesteten $nodH^+$-Kolonien 10% ein Amplifikat erwarteter Länge, 20% ein verkürztes Amplifikat, 40% kein Amplifikat und 30% ein DNA-Fragment, welches größer als die erwartete Länge von 721 bp war, aufwiesen. Hybridisierungen der PCR-Produkte gegen die *nodH*-Sonde zeigte, daß weder die verkürzten, noch die verlängerten Amplifikate eine positive Reaktion aufwiesen. Der mit den einzelnen Stämmen durchgeführte Pflanzentest (Sorte "Verko") verlief bislang in allen Fällen negativ.

- nach den PCR-Analysen von $nodO^+$-Kolonien nur zu 8,6% ein DNA-Produkt identifiziert werden konnte. Diese DNA-Fragmente wiesen untereinander gleiche Längen auf; verglichen mit dem erwarteten Amplifikat waren sie aber verkürzt. Die mit *Pisum sativum* durchgeführten Pflanzentests zeigten, daß nur ca. 9% der bisher getesteten Bakterienstämme Wurzelknöllchen bildeten, wobei bei keinem dieser Stämme ein DNA-Amplifikat identifiziert werden konnte.

Eine Voraussetzung für den Einsatz beider Sonden zur quantitativen Bestimmung des endogenen *R. meliloti*- und *R. leguminosarum* bv. *viciae*-Titers im Boden ist die eindeutige Zuordbarkeit der positiv reagierenden Bodenbakterien. Da weder die Nodulationstests noch die PCR-Analysen dazu Aussagen liefern konnten, wurden in Zusammenarbeit mit dem TÜV Energie und Umwelt GmbH (Freiburg) zunächst *nodH⁺/O⁺*-Bakterien über Restriktionsanalysen amplifizierter rDNA-Regionen (ARDRA) charakterisiert. Die entstehenden Muster sind strikt spezies-spezifisch und können unter der Voraussetzung, daß geeignete Referenzstämme zur Verfügung stehen, zu einer eindeutigen Zuordnung von Mikroorganismen-Isolaten führen (TICHY und SIMON, 1994). Die mit dem Enzym *Hha*I entstandenen ARDRA-Muster von insgesamt 30 *nodH⁺/O⁺*-Stämmen wurden mit dem GelCompar-Programm analysiert, was zum Auffinden von zwei Hauptklassen führte. Zusätzliche Spaltungen (*Pal*I (Abb.1) und *Alu*I) von 24 typischen Vertretern dieser Hauptklassen sowie die Ansequenzierung der 16S rDNA (von Freiburg durchgeführt) konnten zeigen, daß es sich bei den *nodH⁺/O⁺*-Kolonien eindeutig nicht um *Rhizobium*-Spezies, sondern um gram-positive Bodenbakterien der Gattung *Arthrobacter* handelt. Daher sind zur Ermittlung des Realtiters an *nodH⁺*-Kolonien (vermutlich *R. meliloti*) und an *nodO⁺*-Kolonien (vermutlich *R. leguminosarum* bv. *viciae*) grundsätzlich Rehybridisierungen zur Bestimmung des zu substrahierenden Anteils an *nodH⁺/O⁺*-Bakterien notwendig. Unter diesem Aspekt wurden erneut Quantifizierungen mit Eluat beider Böden durchgeführt: Zum einen erfolgten Kolonie-Rehybridisierungen (Tab.1), zum anderen MPN-Tests zur Bestimmung des minimalsten endogenen Titers an nodulierenden *R. meliloti*- und *R. leguminosarum* bv. *viciae*-Bakterien. Der Vergleich mit den erhaltenen MPN-Werten zeigt bezüglich der Anzahl an *R. meliloti*- und *R. leguminosarum* bv. *viciae*-Bakterien in Parabraunerde jeweils eine Diskrepanz um den Faktor 10, während sich die Werte im Niedermoortorf dagegen um einen Faktor bis zu 100 unterscheiden. Hinsichtlich des relativen prozentualen Anteils der *nodH⁺/O⁺*-Bakterien bezogen auf die Summe der *nodH⁺*- und *nodO⁺*-Bakterien gibt es Unterschiede zwischen beiden Testböden: Während die Teilmenge in Niedermoortorf 7,6% ausmacht, beträgt sie in Parabraunerde 13,5%

Tab.1: Durchschnittswerte der endogenen *nodH⁺*, *nodO⁺*- und *nodH⁺/O⁺*-Bakterientiter in einem Gramm Parabraunerde (PB) bzw Niedermoortorf (NM)

Boden	Gesamttiter *nodH⁺*-Bakterien*	Realtiter *nodH⁺*-Bakterien*	Gesamttiter *nodO⁺*-Bakterien*	Realtiter *nodO⁺*-Bakterien*	Realtiter *nodH⁺/O⁺*-Bakterien*
PB	2,70 (±0,66)	2,10 (±0,60)	6,45 (±1,57)	5,85 (±1,47)	0,60 (±0,19)
NM	14,40 (±2,83)	12,24 (±2,65)	13,37 (±2,17)	11,19 (±1,88)	2,16 (±0,38)

* x 10⁵, Angaben mit Standardabweichung, es wurden je 15 unabhängige Hybridisierungen ausgewertet

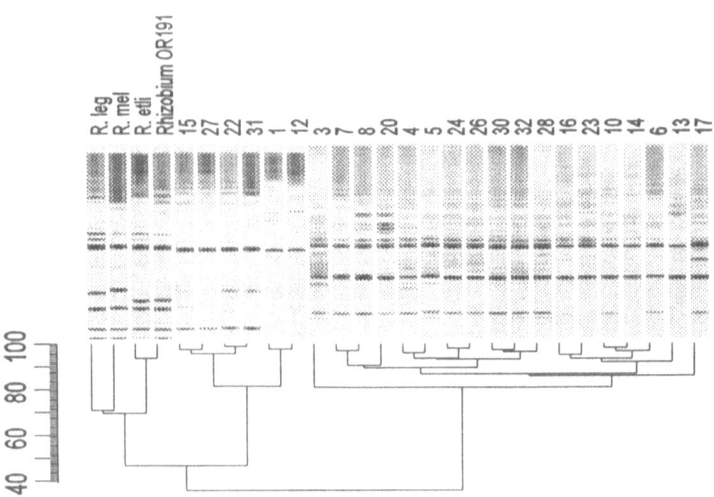

Abb.1:   *Pal*I-ARDRA-Muster von *nodH⁺/O⁺*-Isolaten aus Niedermoortorf

Dargestellt sind die *Pal*I-Restriktionsmuster amplifizierter rDNA von 24 typischen Vertretern der durch *Hha*I-Spaltung primär identifizierten beiden Hauptgruppen von *nodH⁺/O⁺*-Stämmen aus Niedermoortorf. Die Ähnlichkeit der Isolate ist dem Dendogramm zu entnehmen (in %), wobei eine Ähnlichkeit von >92% identischen Spezies entsprechen. Pos. 1-4: *Rhizobium*-Referenzstämme, Pos 5-28: verschiedene *nodH⁺/O⁺*-Isolate

Diskussion

Die hier dargestellten Ergebnisse zeigen, daß die Anwendung der in der Literatur als spezies-spezifisch beschriebenen Gene *nodH* und *nodO* (HIGASHI, 1993; VAN RHIJN and VANDERLEYDEN, 1995) nur mit Einschränkung zur Differenzierung und Quantifizierung von *R. meliloti*- und *R. leguminosarum* im natürlichen Boden angewendet werden können. Die Identifizierung von Bodenbakterien in Parabraunerde sowie Niedermoortorf, die gegen beide Sonden auf Kolonieebene hybridisieren, aber nicht zur Gattung Rhizobiaceae gehören, macht Rehybridisierungen mit anschließenden Vergleichen positiv reagierender Kolonien notwendig. Bezüglich der Anzahl *nodH⁺/O⁺*-Kolonien, für die - soweit analysiert - gezeigt werden konnte, daß es sich um *Arthrobacter*-Spezies handelt, gibt es signifikante Unterschiede zwischen den beiden hier verwendeten Bodentypen und ist Ausdruck dafür, daß es sich auch mikrobiologisch um verschiedene Boden handelt. Zur exakten Bestimmung des *R. meliloti*- und *R. leguminosarum* bv. *viciae*-Titers sollte noch geklärt werden, ob es sich bei den *nodH⁺*-Kolonien wirklich nur um *R. meliloti*, bei den *nodO⁺*-Kolonien nur um *R. leguminosarum* bv. *viciae* handelt. Die dazu durchgeführten Pflanzentests und PCR-Analysen lassen noch keine eindeutigen Aussagen zu. Einerseits können Rhizobien, die entscheidende Gene für den Nodulationsprozeß oder Teile dieser Gene verloren haben, mittels des Pflanzentests nicht identifiziert werden. Die Diskrepanz zwischen den MPN-Werten und den Hybridisierungstitern (Faktor 10-100) kann aber nicht nur durch nodulationsdefekte Rhizobien erklärt werden. Es ist auch denkbar, daß für die Pflanzentests Sorten eingesetzt worden sind, die nicht der idealen Wirtspflanze der jeweils endogenen Stämme im Boden entsprechen. Um weitere Hinweise über die $nodH^+$- und $nodO^+$- Kolonien zu erhalten, wurden Einzelkolonie-Hybridisierungen unter Verwendung eines markierten, internen DNA-Fragmentes aus der Stickstoff-Fixierungsregion ($nifA$) durchgeführt. Nur 1/3 der Isolate reagierten positiv. Das Ergebnis (Daten nicht gezeigt) kann als Indiz dafür gewertet werden, daß möglicherweise ca. 60-70% der aus Niedermoortorf isolierten $nodH^+$- bzw. $nodO^+$-Bakterien nicht-symbiontisch sind. Obwohl die detaillierten Analysen von Einzelkolonien noch nicht abgeschlossen sind, besteht zwischen diesen primären Ergebnissen und Literaturdaten eine gute Korrelation: so konnte gezeigt werden, daß 8 von 13 aus Boden isolierte *R. leguminosarum*-Stämme nicht in der Lage waren, Knöllchen zu induzieren (LAGUERRE et al., 1993). Bezüglich der PCR-Analysen kann das Nichtauftreten von DNA-Amplifikaten bedeuten, daß einerseits die identifizierten $nodH^+$- bzw. $nodO^+$-Bodenbakterien nicht zu Rhizobiaceaen gehören, aber homologe Sequenzen zu den verwendeten Sonden aufweisen, andererseits zwar Rhizobien sind, deren homologe Regionen zumindest zu den Primersequenzen aber deletiert sind oder die Primer trotz Vorhandenseins eines intakten *nod*-Gens nicht binden, da sie zu stamm-spezifisch sind Hinweise gibt es bezüglich des selektierten nodO1/O2-Primerpaares, denn einer von drei getesteten, nodulierenden *R. leguminosarum* bv. *viciae*-Laborstämmen zeigte in Vorversuchen kein PCR-Amplifikat. Das Auftreten von verkürzten oder verlängerten Amplifikaten läßt ebenfalls keine eindeutige Klassifizierung zu. DNA-DNA-Hybridisierungen von nodH1/H2-Amplifikaten gegen die *nodH*-Sonde zeigten, daß - soweit bisher analysiert - die in der Länge veränderten PCR-Produkte kein positives Signal hervorriefen. Somit haben diese Amplifikate keine nachweisbaren Homologien zum *nodH*-Gen aus *R. meliloti* 2011 Eine zuverlassige Speziesbestimmung von $nodH^+$- und $nodO^+$-Bakterien z.B. mittels ARDRA-Muster (TICHY und SIMON, 1994) ist geplant, um den nur mit einer Sonde reagierenden Anteil an moglichen "Falsch-Positiven" zu ermitteln, ebenso der Test von *nod*-Gen internen DNA-Regionen als Primer. Sobald diese Analysen abgeschlossen sind, sollten beide Sonden in Kombination mit der hier beschriebenen Technik sehr gut zur schnellen Differenzierung und genauen Quantifizierung von endogenen *R. meliloti*- und *R. leguminosarum* bv. *viciae*-Bakterien direkt im Boden geeignet sein Damit sind Untersuchungen zu ökologischen Auswirkungen von Beimpfungen zumindest auf diese Bakterienspezies möglich.

Danksagung

Unser besonderer Dank gilt Fr B Dannowski und Fr R Pfau für die sehr gute technische Assistenz. Die Arbeiten wurden durch das BMBF gefordert (0310548A).

Literatur

BERINGER, J.E. (1974). R factor transfer in *R. leguminosarum*. J. Gen. Microbiol. 84: 188-198

BROMFIELD, E.S.P., WHEATCROFT, R. and BARRAN, L.R. (1994). Medium for direct isolation of *Rhizobium meliloti* from soils. Soil Biol. Biochem. 26: 423-428

DEBELLÉ, F., ROSENBERG, C., VASSE, J., MAILLET, F., MARTINEZ, E., DÉNARIE, J., and TRUCHET, G. (1986). Assignment of symbiotic developmental phenotypes to common and specific nodulation (*nod*) genetic loci of *Rhizobium meliloti*. J. Bacteriol. 168: 1075-1086

DeMAAGD, R., WIJFJES, H., SPAINK, H., RUIZ-SAINTZ, J., WIJFFELMAN, C., OKKER, R., and LUGTENBERG, B. (1989). *NodO*, a new *nod* gene of the *Rhizobium leguminosarum* bv. *viciae* Sym plasmid encodes a secreted protein. J. Bacteriol. 171: 6764-6770

DOWNIE, J.A., HOMBRECHER, G., MA Q.-S., KNIGHT, C.D., WELLS, B., and JOHNSTON, A.W.B. (1983). Cloned nodulation genes of *Rhizobium leguminosarum* determine host-range specificity. Mol. Gen. Genet. 190: 359-365

ECONOMOU, A., HAMILTON, W., JOHNSTON, A., and DOWNIE, A. (1990). The *Rhizobium* nodulation gene *nodO* encodes a Ca^{2+}-binding protein that is exported through without N-terminal cleavage and is homologous to haemolysin and related proteins. EMBO J 9: 349-354

GASSEN, H.G., SACHSE, G.E. and SCHULTE, A. (1994). PCR-Grundlagen und Anwendung der Polymerase-Kettenreaktion. Gustav Fischer Verlag Stuttgart. ISBN 3-437-20509-9.

HIGASHI, S. (1993). (*Brady*)*Rhizobium*-plant communications involved in infection and nodulation. J. Plant Res. 106: 201-211

LAGUERRE, G., BARDIN, M. and AMAGER, N. (1993). Isolation from soil of symbiotic and nonsymbiotic *R. leguminosarum* by DNA hybridization Can. J. Microbiol. 39: 1142-1149

SAMBROOK, J., FRITSCH, E F. and MANIATIS, T (1989). Molecular cloning: A Laboratory Manual, second edition, CSH Laboratory N.Y.

SELBITSCHKA, W., PÜHLER, A., and SIMON, R. (1992). Bioluminescent RecA mutants of *Rhizobium* as modell organisms in risk assessment studies. In: Release of Genetically Modified Microorgamisms-REGEM 2. Eds. D.S. Stewart-Tull and M. Sussman: 225-227

SELENSKA-POBELL, S (1994) How to monitor released rhizobia Plant and Soil 166: 187-191

SOMASEGARAN, P and HOBEN, H J (1994). Handbook for Rhizobia Gustav Springer Verlag Berlin ISBN 0-387-94134: 58-64

STREIT, W., BJOURSON, A., COPPER, J., and WERNER, D. (1993). Application of substraction hybridization for the development of a *Rhizobium leguminosarum* biovar *phaseoli* and *Rhizobium tropici* group specific DNA probe. FEMS Microbiol.Ecol. 13 59-68

TAS, É., KAIJALAINEN, S., SAANO, A., and LINDSTROM, K. (1994). Isolation of a *Rhizobium galegae* strain-specific DNA probe. Microb. Releases 2. 231-237

TICHY, H -V. und SIMON, R. (1994). Effiziente Analyse von Mikroorganismen mit PCR-Fingerprint-Verfahren. BIOforum 12: 499-505

VINCENT, J.M. (1970).A Manual for the practical study of root-nodule bacteria (IBP Handbook 15) Blackwell Scientific Publications, LTD Oxford

VAN RHIJN, P. and VANDERLEYDEN, J. (1995) The *Rhizobium*-Plant Symbiosis Microbiol. Reviews 59: 124-142

EINFLUß VERSCHIEDENER BEWIRTSCHAFTUNGSMAßNAHMEN AUF DIE PHYSIOLOGISCHE LEISTUNGSFÄHIGKEIT DER NODULIERENDEN *RHIZOBIUM*POPULATION

TAUSCHKE, M.; LENTZSCH, P.

Zentrum für Agrarlandschafts- und Landnutzungsforschung (ZALF) e.V.
Institut für Ökophysiologie der Primärproduktion [1)]
Eberswalder Straße 84
15 374 Müncheberg

Summary

The leghemoglobin content of nodules is correlated with the activity of nitrogenase and can be used as relative measure for nitrogen fixation activity of the nodulating *Rhizobium* population. Leghemoglobin (lb) content of legume nodules was tested as possible indicator for the assessment of effects of tillage and landscape position.

In a three years study the influence of deposition of bovine slurry in a grasscovered arid region, "Galower Hills", on the leghemoglobin content of legume nodules at the northern and southern slopes was analysed. Pea plants were grown under controlled conditions and inoculated with soil samples from polluted and unpolluted sites in order to isolate the influence of slurry on the nodulating population from climatic and exposition influences.

The effect of slurry on the leghemoglobin content was greater at the northern slope compared to the southern slope. Whereas significant differences between the leghemoglobin content per mg nodule weight from soils with/out slurry treatment of the northern slope were found in 1992 and 1994, no differences were detected at the southern slope. These results were correlated with plant growth.

Einleitung

Bodenmikrobenpopulationen können auf anthropogene Einflüsse mit der Veränderung ihrer Populationsstruktur, aber auch mit der Veränderung ihrer physiologischen Leistungsfähigkeit reagieren. Für die Bestimmung von Struktur und Dynamik von Bodenmikroorganismenpopulationen sind eine Reihe von genetischen Methoden entwickelt worden, die aber keine Aussage über die konkreteVariabilität der physiologischen Eigenschaften der Bodenbakterien liefern.

[1)] jetzt: Institut für Mikrobielle Ökologie und Bodenbiologie

38

Will man Aussagen über die Anpassungsfähigkeit von Bodenmikroben an veränderte Einflußfaktoren erzielen, so sind zusätzlich zu den Strukturmerkmalen auch biochemische Parameter
zu bestimmen. Für die nodulierende *Rhizobium* Population bietet sich die symbiontische Stickstoffixierung als charakteristisches Merkmal an.

Nach eigenen umfangreichen Pflanzentesten in Klimakammern und nach Literaturdaten (LA
RA et al.1983) korrelieren die Werte der Acetylenreduktionsmessung mit dem Leghämoglobingehalt der Wurzelknöllchen, der somit als Maß für die Aktivität der Nitrogenase angenommen
werden kann. Leghämoglobin ist ein symbiosespezifisches Nodulin, daß von beiden Symbiosepartnern gebildet wird. Der Proteinanteil wird durch die Leguminose kodiert und das Prohäm
durch die nodulierenden *Rhizobium*. Das Leghämoglobin ist im pflanzlichen Zytoplasma lokalisiert und erleichtert zum einen die Diffusion von Sauerstoff zur Oberfläche der Bacteroide,
so daß den Bacteroiden genügend Sauerstoff für ihren Energiestoffwechsel zur Verfügung
steht. Zum anderen wird ein Schutz der Sauerstoff empfindlichen Nitrogenase vor zu hohen
Sauerstoffpartialdrücken erreicht. In sogenannten tauben , nicht fixierenden Knöllchen konnte
das Pigment Leghämoglobin nicht nachgewiesen werden (SCHLEGEL, 1985).

Vor dem Hintergrund, daß die Symbiose zwischen Leguminosen und *Rhizobium* sensitiv auf
veränderte Stickstoffwerte im Boden reagiert und sich der Ernährungsstatus der Wirtspflanze
in der Effektivität und dem Niveau der Stickstoffixierung widerspiegelt, wurde ein Verfahren
zur Bestimmung des Leghämoglobingehaltes von Wurzelknöllchen für mögliche landschaftsrelevante Indikationen weiterentwickelt und getestet.

Ziel der vorliegenden Arbeit war es, den Einfluß von Gülle auf die Leghämoglobingehalte der
Wurzelknöllchen von Leguminosen zu untersuchen. Zunächst erfolgten die Untersuchungen am
Beispiel der Futtererbse der Sorte "Grapis" . Für eine gezielte Analyse des Parameters Gülle,
unabhängig von Witterungseinflüssen, wurden die Erbsen mit Bodenproben des Untersuchungsgebietes beimpft und in Klimakammern unter standardisierten Bedingungen kultiviert.

Die Analysen wurden im Rahmen eines Trockenrasen -Modellversuches durchgeführt. Dieser
landschaftsökologische Großversuch wurde von der Gruppe um Dr. Schalitz (ZALF Müncheberg, Forschungsstation Paulinenaue) in einem Talkessel bei Galow für mehrere Jahre angelegt
und betreut. In diesem Talkessel entstanden durch jahrelange Gülleausbringung (50-100m^3/ha/
Jahr) stark eutrophierte Teilflächen, die sich in ihrem Pflanzenbewuchs und ihrem Nährstoffgehalt stark von den nicht eutrophierten Teilflächen unterschieden.

Eine Zustandsanalyse von begüllten und nichtbegüllten Teilflächen des Nord- und Südhanges
des Talkessels erfolgte 1992 , zwei Jahre nach der letzten Gülleausbringung. Zusätzlich zur
Exposition unterscheiden sich Nord (Süd exponiert) - und Südhang (Nord exponiert) durch die
Bearbeitungsvarianten, mit denen eine Renaturierung der Trockenrasenlandschaft unterstützt

werden soll. Während durch Aushagerung der Flächen (dreimaliges Mähen und Abfahren des Erntegutes) am Nordhang versucht wird, die Eutrophierung zu beseitigen und die natürlichen Trockenrasengemeinschaften zu etablieren, wird am Südhang die natürliche Sukzession der belasteten Flächen beurteilt.

Material und Methoden

Bodenprobennahme:

Bodenproben wurden jeweils im Frühjahr der Jahre 1992, 1994 und 1995 am Nord- (max. Aushagerung) und Südhang (natürliche Sukzession) aus dem Oberboden von güllebelasteten und unbelasteten Teilflächen entnommen.

Pflanzenanzucht und Beimpfung:

Erbsensamen der Sorte" Grapis" wurden nach GIBSON (1980) sterilisiert, auf Wasseragar vorgekeimt und anschließend in einem Sterilsystem in Klimakammern kultiviert. Die Beimpfung der Erbsenkeimlinge erfolgte mit 500 µl Bodensuspension der jeweiligen begüllten und unbegüllen Probeflächen, die folgendermaßen aufgearbeitet wurden: Zehn Gramm Boden wurden mit 5 g Kiesel in 40 ml Na - Pyrophosphat aufgeschwemmt und anschließend für 1h geschüttelt.

In der 5. Woche der Pflanzenontogenese wurden die Nitrogenaseaktivität, der Leghämoglobingehalt der Wurzelknöllchen und die Pflanzentrockenmassen ermittelt.

Bestimmung der Nitrogenaseaktivität:

Die Messung der Nitrogenaseaktivität erfolgte mittels Acetylenreduktionstest (Gesamtelektronenfluß durch die Nitrogenase). Hierfür wurde das Wurzelsystem der Erbsenpflanzen mit Acetylen in einer Endkonzentration von 10 V% für eine Stunde inkubiert und nach dieser Inkubationszeit die Menge des reduzierten Acetylens gaschromatographisch bestimmt.

Bestimmung der Gesamtleghämoglobingehalte:

Zur Quantifizierung des Gesamtleghämoglobingehaltes der Wurzelknöllchen adaptierten wir eine Methode zur photometrischen Bestimmung von Hämoglobin, die auf der Absorption der Häm- Gruppe beruht (APPLEBY et al., 1980). Die Wurzelknöllchen wurden in einem 2M TRIS- HCl Puffer (pH 8,0) homogenisiert, abzentrifugiert und anschließend mit Dithionit reduziert, um eine einheitliche Absorption der unterschiedlichen Lb- Formen zu erzielen. Die Quantifizierung erfolgte in einem Spectrophotomer Uvikon 931 (Hereaus Industrietechnik) bei einer Wellenlänge von 416 nm. Die nach der Zentrifugation noch auftretende unspezifische Absorbtion durch Streuungseffekte von Partikeln konnte durch eine Normierung bei 405 nm und 450 nm ausgeglichen werden. Die Berechnung des Lb- Gehaltes erfolgte anhand einer Eichkurve 0,1% iger Hämoglobinlösung.

Ergebnisse und Diskussion

<u>Zustandsanalyse der Leghämoglobingehalte am Nord und Südhang</u>

Auf Grund der sehr homogenen Entwicklung der Wurzelknöllchen von Erbsenpflanzen unter standardisierten Bedingungen und einer vorhergehenden vergleichenden Analyse des Lb-Gehaltes von einzelnen Erbsenknöllchen mit dem der Gesamtknöllchen einer Pflanze, wurden die Leghämoglobinbestimmungen an Einzelknöllchen durchgeführt. Drei unabhängige Messungen ergaben nach einer multifaktoriellen Analyse die gleichen signifikanten Unterschiede und Abhängigkeiten. Vergleicht man dabei zunächst die unbelasteten Böden von Nord- und Südhang miteinander, so sind im ersten Probenjahr deutliche Unterschiede im Leghämoglobingehalt der Erbsenknöllchen unterschiedlicher Hangexposition festzustellen. In Knöllchen von Südhangböden sind die Leghämoglobingehalte pro mg Frischknöllchengewicht signifikant höher als vom Nordhang (Abb.1).

Abb. 1: Zustandsanalyse der Leghämoglobingehalte von Leguminosenknöllchen in Abhängigkeit von Hanglage und Eutrophierung

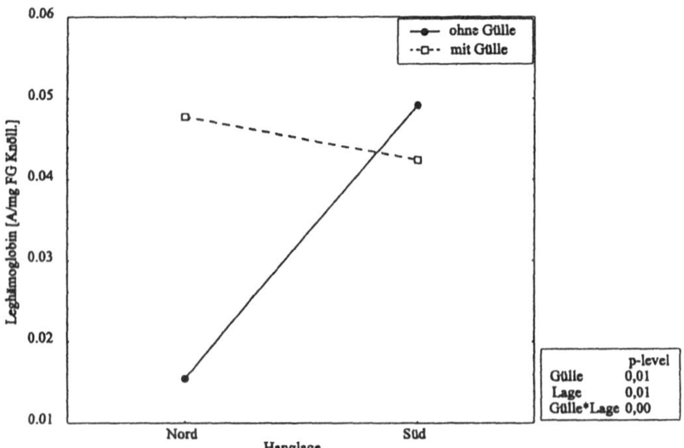

Diese Ergebnisse ergänzen Untersuchungen zur pflanzlichen Biomassse und der natürlichen mikrobiellen Aktivität, die ebenfalls am Südhang im Vergleich zum Nordhang erhöht waren, was auf den verbesserten C/N Status und höhere Nährstoffvorräte der Südhangböden zurückgeführt wird. (MERBACH et al., 1994)

In den mit organischen C- und N- Verbindungen angereicherten Südhangböden gab es zwei Jahre nach Gülleausbringung keine Unterschiede im Leghämoglobingehalt der Knöllchen von begüllten und unbegüllten Flächen. Im Gegensatz dazu war in den Nordhangböden ein signifikanter Einfluß von Gülle nachweisbar. Entgegen der Hypothese, daß die Ausbringung von Gülle auf Grund der dadurch erhöhten Boden Stickstoffwerte (N_{min} ohne Gülle 1,3 mg N/ kg Boden ; mit Gülle 18,4 mg N/kg Boden) (MERBACH et al. 1994) eine Verringerung der Stickstoffixierung und damit auch des Leghämoglobingehaltes zur Folge hat, waren am Nordhang (Südexposition) die Lb Werte unter Gülleeinfluß um ein Mehrfaches erhöht und vergleichbar mit den am Südhang gemessenen Leghämoglobinwerten. (Abb.1)

Differenzierung des Leghämoglobingehaltes nach Hangdeposition und Gülleeinfluß in den Folgejahren

Auf Grund der Ergebnisse der 1992 durchgeführten Zustandsanalyse, zum einen der sehr unterschiedlichen Leghämoglobingehalte von Knöllchen der unbelasteten Böden des Nord- und Südhanges und zum anderen der nur am Nordhang nachweisbaren Konzentrationsunterschiede unter Gülleeinfluß, wurden die Untersuchungen in den Folgejahren weitergeführt. Im Jahr 1994 konnten im Gegensatz zur ersten Probenahme auf den unbelasteten Standorten keine Unterschiede im Leghämoglobingehalt pro mg Knöllchenfrischgewicht nachgewiesen werden (Abb. 2).

Abb. 2: Einfluß von Eutrophierung und Hanglage auf die Leghämoglobingehalte von Erbsenknöllchen / Probenahme 1994

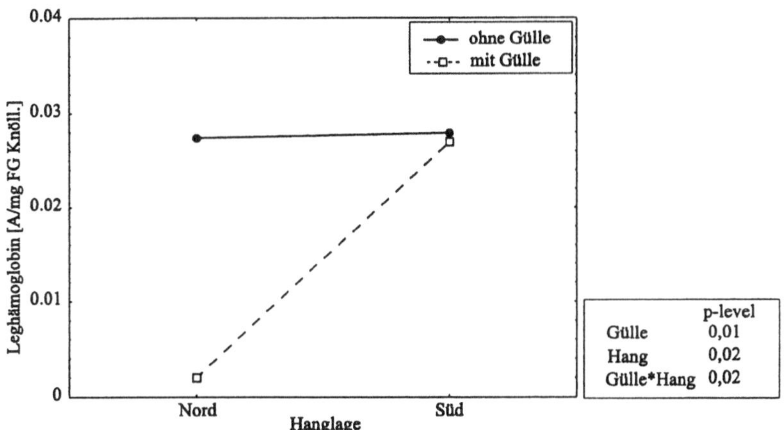

42

Am Südhang besteht darüber hinaus, wie schon 1992, kein Unterschied zwischen eutrophierten und nichteutrophierten Böden, während am Nordhang eine deutliche Verringerung der Leg-
hämoglobinkonzentrationen pro mg Knöllchenfrischgewicht unter Gülleeinfluß zu verzeichnen
ist. (Abb. 2) Entgegen der 1992 beschriebenen Förderung der Leghämoglobingehalte von
Knöllchen des begüllten Nordhanges, waren die Lb- Gehalte auf dem gleichen Standort zwei
Jahre später reduziert. Gleichgerichtet war auch die Entwicklung der Pflanzentrockenmassen.
Ein Vergleich dieser Daten mit bodenchemischen Parametern liefert keinen Ansatz für eine Erklärung der entgegengesetzten Reaktion in den beiden Probejahren.

Zur Abschätzung einer möglichen Langzeitwirkung von Gülle auf den Leghämoglobingehalt
von Erbsenknöllchen und somit die Stickstoffixierungsaktivität von Erbse, wurden die Analysen 1995 auf den in den Vorjahren bereits untersuchten Standorten fortgeführt. Ein Vergleich
der Proben der unbegüllten Flächen von Nord- und Südhang ergibt wie bereits 1994 keine Unterschiede in der Leghämoglobinkonzentration der Wurzelknöllchen von Erbse. (Abb. 3)

Abb. 3: Leghämoglobingehalt von Erbsenknöllchen unter dem Einfluß von Gülle und
Hanglage im Probejahr 1995

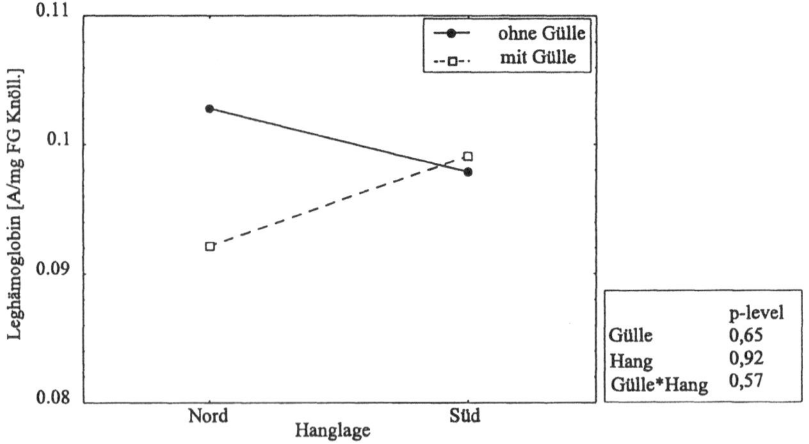

Im Unterschied zu den Vorjahren konnten 1995 sowohl am Süd- als auch am Nordhang keine
Differenzen der Leghämoglobingehalte pro mg Knöllchenfrischgewicht zwischen begüllten
und unbegüllten Flächen gemessen werden. Somit erreichen die Gesamtleghämoglobinkonzen-
trationen vom Nordhang (begüllt und unbegüllt) die am Südhang ermittelten Werte. (Abb. 3)

Zusammenfassung

Die Leghämoglobingehalte der Wurzelknöllchen von Futtererbse bestätigen die Ergebnisse der Nodulationstests von HÖFLICH et al. (1994), daß *Rhizobium leguminosarum* - Bakterien im Trockenrasen ohne gezielten Erbsenanbau überleben können und ihre physiologischen Funktionen beibehalten.

Der Einfluß von Gülle auf den Leghämoglobingehalt von Erbsenknöllchen ist am Nordhang stärker als am Südhang. Während am Nordhang in den ersten zwei Probejahren signifikante Unterschiede zwischen begüllten und unbegüllten Flächen nachweisbar sind, sind am Südhang über den gesamten Probezeitraum und am Nordhang im letzten Probejahr keine Differenzen zwischen begüllt und unbegüllt aufzuzeigen. (Abb.4)

Abb. 4 : Veränderung der Leghämoglobingehalte von Erbsenknöllchen im Probezeitraum
1992- 1995

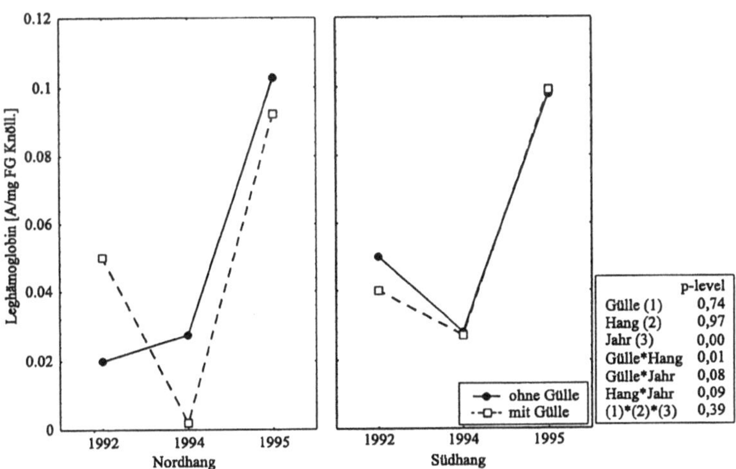

Die in den Knöllchen aus begüllten Böden vom Nordhang gemessenen Leghämoglobinwerte verdeutlichen, daß die Gülle sowohl stimulierend (Nordhang 1992) als auch hemmend (Nordhang 1994) auf den Leghämoglobingehalt der Wurzelknöllchen wirken kann. Die erhöhten Leghämoglobinwerte nach Gülleausbringung im Jahr 1992 korellieren mit erhöhter Nodulation, erhöhten Bakterien und Pilzzahlen (HÖFLICH et al. 1994). Im Gegensatz dazu sind die auf den unbegüllten Flächen am Nordhang im Vergleich zum Südhang verringerten Lb- Werte in Verbindung zu bringen mit niedriger Nodulation, Bodenatmung und Bakterienbesiedlung.

Im Ergebnis der dreijährigen Untersuchungen kann festgestellt werden, daß die Bestimmung

44

der Leghämoglobingehalte in den Knöllchen der Erbsensymbiose in Kombination mit anderen biotischen und abiotischen Parametern als Indikationsmaßstab für bekannte Einflüsse, wie z.B. Eutrophierung und Hanglage, geeignet ist. Dabei stellen die Leghämoglobinwerte eine Abschätzung des Stickstoffixierungspotentials und dessen Beeinflussung dar. Eine breite Anwendung dieser Methode bei der Charakterisierung von Stickstoffixierungspotentialen in unterschiedlichen Landschaften erfordert zunächst die Übertragung auf Leguminosenarten, die für das jeweilige Untersuchungsgebiet von Bedeutung sind (Klee, Luzerne, Wildleguminosen) und eine Validierung der Methode unter Freilandbedingungen.

Literatur

APPLEBY, C.A; BERGERSEN, F.J: Preparation and experimental use of leghemoglobin, in BERGERSEN, F. J: Methods for Evaluating Biological Nitrogen Fixation. 314- 333 (1980).

GIBSON, A.H: Methodes for legumes in glasshouses and controlled environment cabinets, in BERGERSEN, F.J: Methods for Evaluating Biological Nitrogen Fixation. 138 (1980).

LARA, M.; CULLIMORE, J.V.; LEA, P.J.; MIFLIN, B.J.; JOHNSTON, A.W.; LAMB, J. W.: Appearance of a novel form of plant glutamine synthetase during nodule development in Phaseolus vulgaris L. Planta **157** , 254- 258 (1983).

HÖFLICH, G.; LENTZSCH, P.: Untersuchungen von Trockenrasen hinsichtlich des Einflusses von Hangdeposition und Eutrophierung mit Gülle auf mikrobielle Prozesse im Boden, Rhizosphärenmikroflora und die Entwicklung pflanzlicher Biomassen. Die Bodenkultur **2**, 113- 123 (1994).

MERBACH, W; HÖFLICH, G; AUGUSTIN, J; KNOF, G; LENTZSCH, P: Auswirkungen einer güllebedingten Eutrophierung auf ausgewählte Bodenparameter und ökophysiologische Prozesse des Standortes "Galower Berge", in SCHALITZ, G.; MERBACH, W; HIEROLD, W: Analyse eutrophierter Grünlandstandorte in nordostdeutschen Jungmoränengebieten mit dem Ziel der Renaturierung und Landschaftssanierung. ZALF- Bericht Nr.11, Müncheberg, 64- 88 (1994)

SCHLEGEL, H.G.: Allgemeine Mikrobiologie /6. Auflage. Georg Thieme Verlag Stuttgart - New York, 571S. (1985).

EINFLUSS DER ERNTE-UND WURZELRÜCKSTÄNDE NACHWACHSENDER ROHSTOFFE AUF DIE BIOLOGISCHE AKTIVITÄT DES BODENS

KLIMANEK, EVA-MARIA

Umweltforschungszentrum Leipzig-Halle GmbH (UFZ)
Sektion Bodenforschung
Hallesche Straße 44, D-06246 Bad Lauchstädt

Einleitung

Eine Alternative zur Lösung des Problems der Überproduktion an Nahrungsmitteln in der Landwirtschaft ist u.a. die Produktion nachwachsender Rohstoffe. Mit ihrem Anbau werden die klassischen landwirtschaftlichen Fruchtfolgen verändert. Es gelangen Ernte-und Wurzelrückstände (EWR) von Pflanzen in den Boden, die in den vergangenen Jahren in der Hauptsache als Zwischenfrüchte oder Futterpflanzen bzw. in unseren Regionen noch nicht angebaut wurden. Diese EWR werden wie alles andere organische Material im Boden mineralisiert. Über die Wirkung auf den Boden hinsichtlich der biologischen Aktivität und den C-und N-Eintrag (Mineralisierung/Immobilisierung) liegen von diesen EWR im Gegensatz zu anderen landwirtschaftlich genutzten Kulturen (KLIMANEK, 1990 a, b, 1991, 1992) kaum Kenntnisse vor. In Laborinkubationsversuchen wurden unter optimalen Bedingungen Verlauf und Grad der Mineralisierung der EWR nachwachsender Rohstoffe im Vergleich zu Winterweizen sowie die bei der Mineralisierung ablaufenden N-Transformationen, die mikrobiellen Sukzessionen und Enzymaktivitäten untersucht.

Material und Methoden

Boden: Lößschwarzerde des Standortes Bad Lauchstädt
Pflanzenmaterial: Sproß und Wurzel der Industriepflanzen *Winterraps, Sonnenblume, Öllein, Miscanthus, Sachalinknöterich* im Vergleich zu *Winterweizen* in verschiedenen Vegetationsstadien.
Im Laborinkubationsversuch wird die Bodenfauna, die zur Zerkleinerung und Aufbereitung des Pflanzenmaterials beiträgt, methodisch bedingt, ausgeschaltet. Die Umsetzungen sind rein mikrobieller Art. Um den Mikroorganismen eine Angriffsfläche für ihre Mineralisierungstätigkeit zu bieten, wurden Sproß und Wurzel der Pflanzen in gemahlener Form (2 mm) dem Boden zugemischt und unter optimalen Bedingungen (25°C, 60% Wk_{max}) solange inkubiert, bis zwischen den Proben mit und ohne Pflanzenzusatz keine Differenzen mehr auftraten (72 Tage).

46

Methoden:

- Bodenatmung mit Hilfe des Gaskreislaufverfahrens (KLIMANEK, 1994)
- Keimzahlen (Bakterien, Eiweißzersetzer, Aktinomyceten, Pilze) nach dem KOCH' schen
  Plattengußverfahren mit Hilfe selektiver Nährböden
- Enzymaktivitäten: alkalische Phosphatase, ß-Glucosidase
- anorganische Stickstoff N_{an} (NO_3^-, NH_4^+) mit Hilfe ionenselektiver Elektroden

Ergebnisse und Schlußfolgerungen:

Nach einer Inkubationszeit von 72 Tagen war die Mineralisierung der leicht abbaubaren
C-Verbindungen abgeschlossen. Wie die Ergebnisse in Tab.1 zeigen, konnte bis zu 45% der
eingesetzten C-Menge mineralisiert werden. Zwischen den geprüften Pflanzenarten bestanden
nur geringe, wenn auch teilweise signifikante Unterschiede. Der Mineralisierungsgrad der
EWR des Sachalinknöterichs war am geringsten. Sproß und Wurzel unterschieden sich signifikant voneinander. Die oberirdische Pflanzensubstanz wurde stärker als die Wurzeln mineralisiert.

Tabelle 1: Prozentualer Abbau der EWR im Reifestadium nach 72 Tagen Inkubationsdauer
bei 25°C und 60% WK_{max}

Pflanzenart	Pflanzenteile				
	Wurzel	C/N	Sproß	C/N	LSD (a=5%)
Winterweizen	36,95	48,3	44,33	129,6	4,20 *
Winterraps	40,19	82,1	44,70	79,0	3,08 *
Sonnenblume	35,16	72,8	39,62	69,1	4,50
Öllein	33,71	88,6	39,08	88,4	4,23 *
Miscanthus	34,50	67,4	43,75	44,8	5,84 *
Sachalinknöterich	28,07	55,9	36,44	158,8	3,24 *
LSD a=5%	2,67		4,71	(Newman-Keuls-Test)	

Bei der Betrachtung des Abbauverlaufes (Abb.1) zeigte sich, daß die stärkste Mineralisierung
in den ersten 14 Tagen abläuft. Nach 21 Tagen waren mehr als 50% der insgesamt minerali-
sierten C- Menge als CO_2 freigesetzt worden.

Die in verschiedenen Vegetationsstadien inkubierten Pflanzenteile lassen in Tab. 2 erkennen,
daß mit zunehmendem Alter die Mineralisierbarkeit abnahm. Der stärkste Abbau erfolgte im
Jugendstadium, der geringste zum Zeitpunkt der Reife. Bis zu 20% des eingebrachten Kohlen-
stoffs des reifen Pflanzenmaterials wurde zu CO_2 veratmet. Eine Ausnahme stellte der Sproß

von Sonnenblumen dar. Eine Differenzierung bestand nur zwischen Blüte und Reife. Sie war jedoch nicht signifikant.

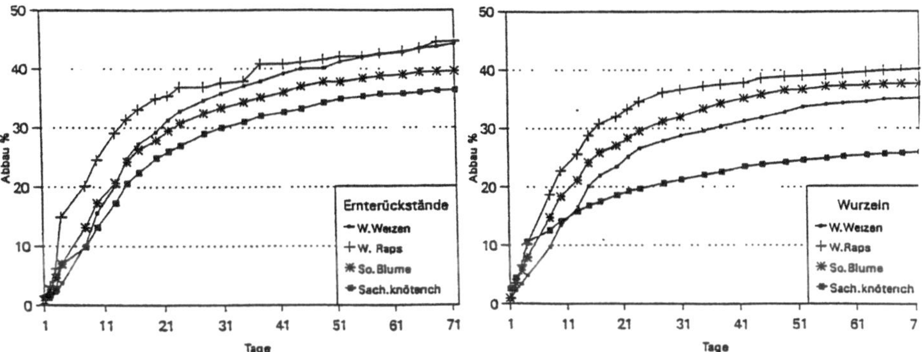

Abb. 1: Mineralisierungsverlauf der EWR ausgewählter Industriepflanzen

Tabelle 2: Prozentualer Abbau der Kohlenstoffverbindungen der Wurzeln und Ernterück-
stände ausgewählter Industriepflanzen in Abhängigkeit vom Vegetationsstadium der
Pflanze nach einer Vegetationsdauer von 72 Tagen bei 25°C und 60% der WK_{max}

Vegetationsstadium	Winterraps		Sonnenblume		Winterweizen
	Wurzel	Sproß	Wurzel	Sproß	Wurzel
Jugendstadium	50,19	67,38	54.85	40,17	54,48
Blüte	47,79	47,11	42,26	39,25	41,56
Reife	40,19	44,70	35,16	35,17	36,95
LSD α=5% (Newman-Keuls-Test)	2,43	4,44	2,04	4,77	2,80

Mit der C- Mineralisierung der EWR ist ebenfalls eine N-Mineralisierung verbunden.

Infolge der sehr weiten C/N-Verhältnisse der reifen Pflanzen wurde Boden-N festgelegt (Abb.2). Bei den oberirdischen Rückständen führte lediglich der Korb der Sonnenblume zu einer N-Freisetzung. Vermutlich bleibt der Blütenboden länger aktiv als die Wurzeln und der Sproß, da über ihn die Nährstoffe in den Samen transportiert werden.

Bei den Wurzeln traten zwischen den geprüften Pflanzenarten nur geringe Unterschiede in der N-Immobilisierung auf. Miscanthus- und Sachalinknöterichwurzeln legten etwas weniger N fest, bei ihnen handelt es sich im Gegensatz zu den anderen Pflanzenarten um mehrjährige Pflanzen, deren Wurzeln am Ende der Vegetationsperiode nicht absterben

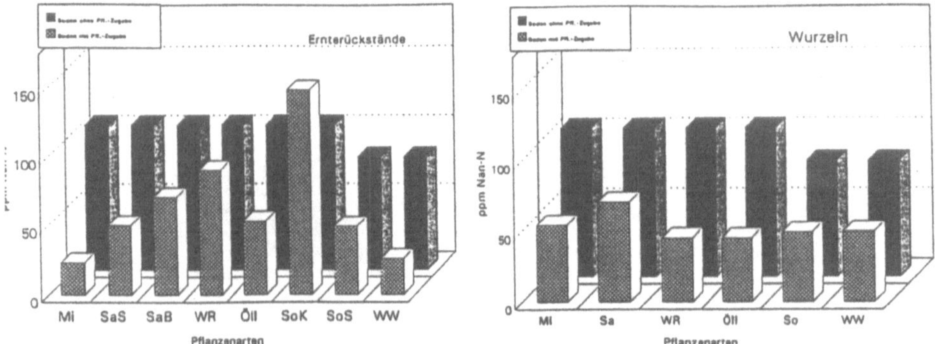

Abb 2: N-Mineralisierung aus EWR von Industriepflanzen nach einer Inkubationszeit von
72 Tagen bei 25°C und 60 % Wk$_{max}$ (Mi=Miscanthus, SaS=Sachalinknöterich -Sproß,
SaB=Sachalinknöterich-Blatt, WR=Winterraps, Öll=Öllein, SoK=Sonnenblume-Korb,
SoS=Sonnenblume-Sproß, WW=Winterweizen)

Der Verlauf der N-Mineralisierung in Abb.3 läßt erkennen, daß die stärkste N-Immobilisierung nach 21 Tagen erfolgte. Im weitern Verlauf der Inkubation setzte eine allmähliche Remineralisierung des Stickstoffs ein, die aber nach 72 Tagen noch nicht das N-Niveau des Aus-
gangsbodens erreicht hatte.

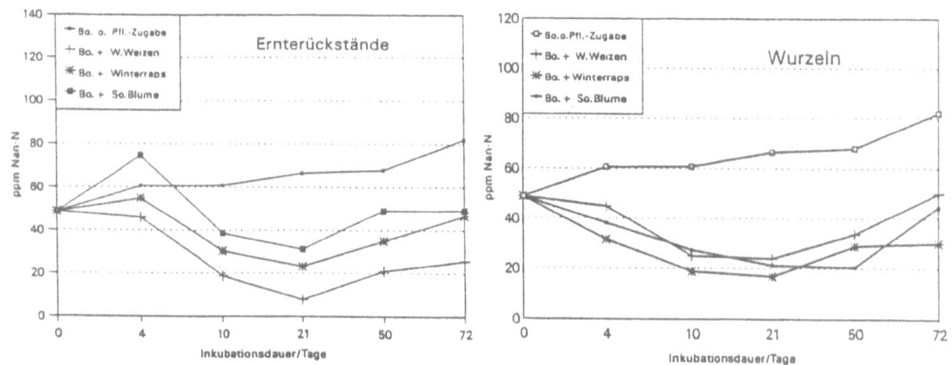

Abb. 3: Verlauf der N-Mineralisierung der EWR von Industriepflanzen während einer
Inkubationszeit von 72 Tagen bei 25°C und 60 % Wk$_{max}$

Mit zunehmendem Alter der Pflanze nahm die N-Immobilisierung bei der Inkubation der
EWR zu. Beim Abbau der Wurzeln war schon im Stadium der Blüte eine Festlegung von
Boden-N (Abb 4) nachzuweisen. In diesem Stadium konnte beim Sproßmaterial noch eine
leichte N-Mineralisierung festgestellt werden. Im Reifestadium erfolgte auch hier eine
Immobilisierung von Boden-N.

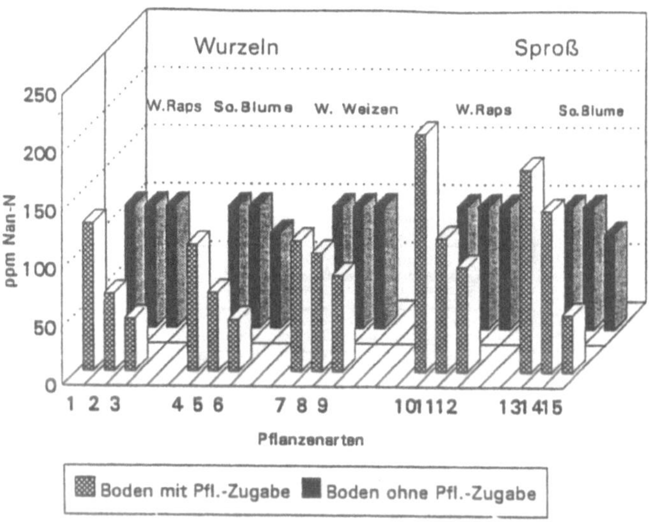

Abb. 4: N-Mineralisierung aus EWR von Industriepflanzen nach 72 Tagen Inkubation in Abhängigkeit vom Vegetationsstadium
(1,4,7,10,13 Jugendstadium, 2,5,8,11,14 Blüte, 3,6,9,12,15 Reife)

Zur Beurteilung der mikrobiellen Aktivität von Böden werden Enzymaktivitäten herangezogen, die charakteristisch für bestimmte Stoffkreisläufe sind. Für die Pflanzenernährung spielen die alkalischen Phosphatasen eine bedeutende Rolle, da sie aus organischen Verbindungen Orthophosphat freisetzen. Die alkalische Phosphatasen sind unter Laborbedingungen rein mikrobiellen Ursprungs.

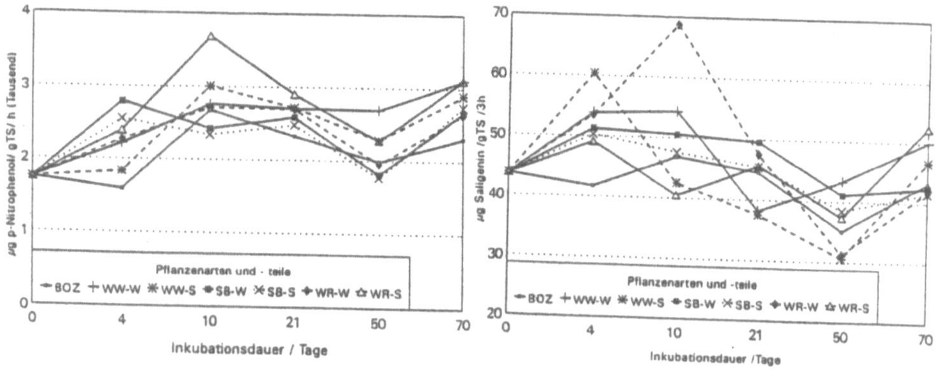

Abb. 5: Verlauf der Enzymaktivitäten alkalische Phosphatase und ß-Glucosidase während der geprüften Mineralisierungszeit der EWR von Industriepflanzen (BOZ= Boden ohne Zusatz, WW-W= Winterweizen-Wurzel, WW-S=Winterweizen-Sproß, SB-W=Sonnenblumen-Wurzel, SB-S=Sonnenblumen-Sproß, WR-W=Winterraps-Wurzel, WR-S=Winterraps-Sproß)

Die Ergebnisse in Abb 5 zeigen, daß mit Zugabe des Pflanzenmaterials nach 4 Tagen Inkubation ein deutlicher Anstieg der Aktivität gegenüber dem Boden ohne Zusatz erfolgt ist.

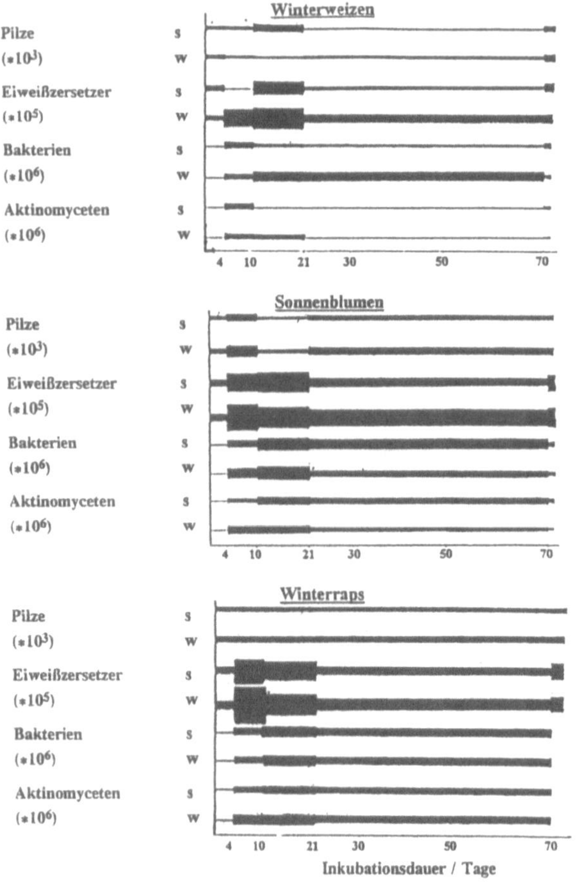

Abb. 6: Mikrobielle Sukzessionen bei der Mineralisierung der EWR (S=Sproß; W=Wurzel)

Zum Nachweis der bei der Mineralisierung der EWR ablaufenden mikrobiellen Sukzessionen wurden die zwei Hauptgruppen Pilze und Bakterien erfaßt. Bei letzteren erfolgte neben der Gesamtzahl eine Selektierung von Eiweißzersetzern und Aktinomyceten. Die in der Abb. 6 dargestellten mikrobiellen Sukzessionen bei der Mineralisierung der EWR von drei ausgewählten Pflanzenarten lassen erkennen, daß gegenüber Winterweizen (WW) bei Winterraps (WR) und Sonnenblume (SB) höhere Keimgehalte auftraten. Die höchsten Aktivitäten waren bis zum 21. Inkubationstag festzustellen. Dann nahmen die Keimzahlen wieder ab bzw. blieben bis zum Versuchsende annähernd gleich. Die mikrobiellen Sukzessionen waren bei der Mineralisierung der EWR der nachwachsenden Rohstoffe denen des Weizens ähnlich, lagen aber auf einem höheren Niveau.

Aus den Ergebnissen ist abzuleiten, daß die EWR der geprüften Industriepflanzen sich in ihrem Mineralisierungsverhalten und in ihrer Wirkung auf die biologische Aktivität des Bodens wie die EWR des Winterweizens verhalten. Es sind keine negativen Wirkungen zu erwarten.

Die hohe Immobilisierung von Boden-N bei der Mineralisierung reifer Pflanzenrückstände könnte für die Stickstoffabschöpfung stark N-belasteter Flächen, wie Gülle-Lastflächen, genutzt werden. Weitere Untersuchungen zum Zeitablauf der Remineralisierung des immobilisierten Stickstoffs müßten hierzu noch durchgeführt werden.

Summary

In incubation experiments the mineralization behavior of crop and root residues from the plant Brassica napus oleifera, Helianthus annus, Linum usitatissimum, Miscanthus sinensis and Polygonum sachalinense, wich are used as industrial plant, was testet in comparision to Triticum sativum was investigated.

The residues of examined industrial plants behaved in their mineralization capacity like agricultural used plant species. After an incubation of 72 days under optimum conditions (25°C, 60% WK_{max}) 55 % of the C-input remained in the soil. Between the plant species and their parts partly significant differences in the mineralization behaviour were found. The above ground plant parts were decomposed more rapidly than the roots. The crop and root residues of the industrial plants fixated due to their wide C/N-ratio soil nitrogen. After 21 days inserted a slow remineralization. The crop and root residues of the examined plant species led to an increase in the enzyme content of the alkaline phosphatase and ß-glucosidase. Between the plant species consisted only small differences. The microbial successionen during the mineralization of the crop and root residues from industrial plants was similar to winter wheat but on a higher level.

Literatur

KLIMANEK, E.-M.: Umsetzungsverhalten von Ernterückständen. Arch. Acker-Pflanzenbau, Bodenkd Berlin 34, 8, 559-567 (1990a)

KLIMANEK; E.-M.: Umsetzungsverhalten der Wurzeln landwirtschaftlich genuzter Pflanzenarten. Arch Acker-Pflanzenbau, Bodenkd. Berlin 34, 8, 569-577 (1990b)

KLIMANEK, E -M.: Umsetzungsverhalten der Wurzeln landwirtschaftlich genuzter Pflanzenarten in Abhängigkeit vom Vegetationsstadium. Arch. Acker-Pflanzenbau, Bodenkd. Berlin 35, 2, 121-128 (1991)

KLIMANEK, E.- M.: Messung der CO_2-Freisetzung aus Bodenproben von Laborinkubationsversuchen im Gaskreislaufverfahren. Agribiol. Res. 47, 3-4 (1994)

2

Mikroben - Pflanze - Wechselwirkungen und ihr Einfluß auf das Pflanzenwachstum

MYKORRHIZA IN DER KRAUTSCHICHT VON KIPPENFORSTEN IN DER NIEDERLAUSITZ
-METHODISCHE VORUNTERSUCHUNGEN UND ERSTE ERGEBNISSE-

WEBER; E.; SCHMINCKE, B.; FRENS, A.; HÜTTL, R.F.

Brandenburgische Technische Universität Cottbus
Innovationskolleg Bergbaufolgelandschaften
Lehrstuhl für Bodenschutz und Rekultivierung
Postfach 10 13 44
03013 Cottbus

tel   0355 7811 64
fax   0355 7811 70
e-mail innov@umwelt.tu-cottbus.de

Einleitung

Die Region Niederlausitz im Süden Brandenburgs ist geprägt durch den Braunkohletagebau. Tagebau bedeutet den völligen Abtrag des Deckgebirges über den kohleführenden Schichten. Dieses bis zu 100 m mächtige Material, im unteren Teil noch aus der Zeit des Tertiär, wird dann vermischt und neu geschüttet. Der Oberboden geht dabei in der Regel verloren.

Die so geschaffenen Rohböden sind frei von Mykorrhizapilzen. Man geht davon aus, daß diese Pilze nur langsam wieder einwandern (MILLER 1987).

Auf solchen (nährstoffarmen) Extremstandorten sind Reproduktions- und Überlebensrate die kritischen Eigenschaften von Pflanzenarten (READ 1994), und gerade diese können, wie GRIME et al. (1987) zeigten, durch die Symbiose mit Mykorrhizapilzen gefördert werden. Für die Etablierung vieler Pflanzenarten auf Kippenstandorten ist die Mykorrhiza deshalb unabdingbar (z.B. DANIELSON 1985; BRADSHAW 1992).

Nach langjährigen Beobachtungen von PIETSCH (pers. Mitteilg.) werden typische mit Kiefern aufgeforstete Standorte der Bergbaufolgelandschaften im Verlauf der Sukzession zuerst von Ruderalpflanzen besiedelt.

In der Folge erscheinen erste Elemente der krautigen Waldflora, bis (an einem Teil der Standorte) schließlich Ericaceen beginnen, die Kraut- und Strauchschicht zu dominieren. Diese Bestände ähneln damit Beerkraut- bzw. Heidekraut-Kiefernwäldern/forsten (HOFMANN 1994). Diese Ökosytem-Typen sind charakteristisch für die Landschaft der Niederlausitz und damit auch eines der potentiellen Leitbilder für die Rekultivierung ehemaliger Tagebaue in der Niederlausitz.

Die Bedeutung der Mykorrhiza für die Sukzession der Kraut- und Strauchschicht auf aufgeforsteten Kippenflächen im Lausitzer Braunkohlerevier ist nicht bekannt. Deshalb ist bisher auch nicht bekannt, ob man Mykorrhizierung berücksichtigen muß bzw. benutzen kann, um Sukzession in Richtung eines Leitbilds zu beschleunigen oder lenken zu können.

Die nach PIETSCH oben skizzierte Sukzession ist ähnlich der Sukzession auf stark gestörten Waldstandorten, auf deren Basis READ (1994) seine Hypothese zur Sukzession von Mykorrhizen als Schlüsselstrategie der Sukzession postuliert hat. In dieser Hypothese wird die Abfolge der Mykorrhizen aus der Verfügbarkeit von Nährstoffen im Boden abgeleitet: Mykorhiza als entscheidende Anpassungsstrategie auf nährstoffarmen Standorten.
Daraus leiten wir unsere zentrale Arbeitshypothese ab: Vorkommen und Sukzession von Mykorrhizen in der Krautschicht von Kippenforsten sind eine Funktion der Nährstoffverfügbarkeit bzw. Nährstoffdynamik im Substrat/Boden.

In der Krautschicht von Kippenforsten dominieren Pflanzenarten, die fakultativ mykotroph sind (z.B. *Calamagrostis epigejos*). Im Gegensatz zu obligat mykotrophen Pflanzenarten (in Kippenforsten obligate arbuskuläre Mykorrhizen, Pyrolaceen, Orchideen) muß der Mykorrhizierungsstatus (sensu mykorrhiziert/nicht mykorrhiziert) bzw. die Mykorrhizierung (sensu Anteil mykorrhizierter Wurzellänge an Gesamtwurzellänge) der fakultativ mykotrophen Pflanzenarten der Krautschicht erst bestimmt werden. In den Kippenforsten sind dies praktisch ausschließlich Pflanzenarten, die potentiell arbuskuläre Mykorrhizen (AM) ausbilden.
Bevor die Mykorrhizierung sinnvoll mit Bodenparametern in Beziehung gesetzt werden kann, mußte zunächst eine Voruntersuchung zur Bestimmung der Flächengröße erfolgen, innerhalb der die Mykorrhizierung hinreichend ähnlich ist (geringe räumliche Variabilität) bzw. die eine räumliche Differenzierung der Mykorrhizierung zuläßt („Mykorrhizierung der Krautschicht").

Besonderes Interesse galt zudem auf jungen Standorten dem Vorkommen und der Ausdehnung mykorrhizafreier Flächen, um dort unter Feldbedingungen experimentell arbeiten zu können (Inokulationsversuche).

READ (1994) geht in seiner Hypothese davon aus, daß das Vorkommen der Mykorrhizapilze im Boden die Sukzession nicht begrenzt. Gerade dieser Punkt ist aber auf den Kippenflächen noch zu klären: Könnte das Fehlen der Mykorrhizapilze - nicht die Nährstoffverfügbarkeit - das Auftreten von Mykorrhizen in der frühen Sukzession der Krautschicht in Kippenwäldern verzögern? Um dies zu klären, wurde das Infektionspotential von AM-Pilzen auf typischen Standorten einer Kippenwald-Chronosequenz untersucht („Infektionspotential von AM-Pilzen").

Material und Methoden

Diese Arbeiten wurden im Rahmen des BTUC Innovationskolleg Bergbaufolgelandschaften durchgeführt. Die übergeordnete Zielsetzung des Innovationskollegs liegt in der Erarbeitung ökologischer Grundlagen zur Einschätzung des Entwicklungspotentials terrestrischer und aquatischer Ökosysteme der Bergbaufolgelandschaften des Lausitzer Braunkohlenreviers. Aufbauend auf diesen Ergebnissen und unter Berücksichtigung vorliegender Befunde und Erfahrungen sollen leitbildorientierte Handlungskonzepte zur Gestaltung und Nutzung der Bergbaufolgelandschaften insbesondere mit Blick auf die künftige Anwendung von Rekultivierungsmaßnahmen bzw. von Maßnahmen zur Veränderung bereits rekultivierter Flächen erarbeitet werden.

Auf der Hierarchiestufe Ökosystem werden verschiedene terrestrische und aquatische Ökosysteme als Mosaiksteine bzw. Segmente der Landschaft betrachtet. Zeitliche Entwicklungen lassen sich aus der Betrachtung von Chronosequenzen gleicher Ökosystemtypen unterschiedlichen Alters bzw. Entwicklungsgrades und aus Studien zur pflanzlichen und faunistischen Sukzession (terrestrisch und aquatisch) durch Dauerbeobachtungen ableiten. Begleitende Studien zur Prozessaufklärung dienen dem Verständnis der ökologischen Grundlagen und der komplexen Wechselbeziehungen zwischen Pedo-, Hydro- und Biosphäre sowie als Ausgangspunkt für mögliche steuernde Eingriffe (HÜTTL et al. 1994).

Die vorgestellten Untersuchungen wurden in einer Kiefernforst-Chronosequenz durchgeführt.

58

Charakterisierung der Versuchsflächen (Kiefernforst-Chronosequenz)

Das Alter der ausgewählten Kiefernbestände liegt zwischen 3 und 32 Jahren. Im einzelnen handelt es sich um die Standorte Cottbus-Nord (3 Jahre), Greifenhain (4 Jahre), Bärenbrück (11 Jahre), Meuro (20 Jahre), Schlabendorf (20 Jahre) und Domsdorf (32 Jahre). In der Regel erfolgte die Aufforstung nach Schüttung, Planierung, Melioration und einem Jahr Testsaat zur Beurteilung der Melioration und ersten Strukturierung des Bodens. Das geschüttete Substrat ist in jedem Fall ein Gemenge von Quartär- und Tertiärmaterial aus den Abraummassen über dem Braunkohleflöz. Die zur Abpufferung der im Kippsubstrat entstehenden Schwefelsäure unerläßliche Melioration mit basischen Meliorationsmittel erfolgte in Cottbus-Nord, Greifenhain und Schlabendorf mit Kalk; in Bärenbrück, Meuro und Domsdorf wurde für die Melioration Kraftwerksasche verwendet.

Charakterisierung der Krautschichten

Auf dem jüngsten Standort Cottbus-Nord ist eine flächendeckende Krautschicht vorhanden. Sie zeigt einen ausgeprägten Ruderalaspekt und ist geprägt von Silbergras (*Corynephorus canescens*).

Auf der 4-jährigen Fläche Greifenhain ist die Krautschicht in 2 Teilaspekten strukturiert. Ein Aspekt ist charakterisiert durch eine nahezu flächendeckende krautige Vegetation (überwiegend *Festuca* sp.), während der benachbarte Aspekt frei von krautigen Pflanzen ist.

In dem 11-jährigen Bestand bei Bärenbrück wird die Krautschicht von der behaarten Segge (*Carex hirsuta*) und dem Landreitgras (*Calamagrostis epigejos*) dominiert.

Die beiden 20-jährigen Bestände Meuro und Schlabendorf besitzen eine extrem lückige Krautschicht, in der vorwiegend *Calamagrostis epigejos* auftritt.

In der Krautschicht des 32-jährigen Bestands bei Domsdorf ist *Calamagrostis epigejos* ebenfalls die dominante Art. Auf dieser Untersuchungsfläche sind neben dicht bewachsenen Bereichen auch solche ohne krautige Vegetation zu finden.

Die Biomasse der Krautschicht auf den untersuchten Flächen zur Zeit der Probenahme betrug in Bärenbrück 63 g Trockengewicht m^{-2}, in Meuro 18 g m^{-2} und in Domsdorf 56 g m^{-2} (DAGEFÖRDE, pers. Mittlg.).

Tabelle 1 gibt eine Übersicht der gemessenen Bodenparameter. Die Bodenproben waren luftgetrocknet und auf 2 mm gesiebt. Leitfähigkeit und pH-Wert wurden im 1:2,5-Wasserextrakt gemessen. Im 1:10-Wasserextrakt wurde N und P am Ionenchromatograph bestimmt.

Tabelle 1: Bodenparameter der untersuchten Kippenstandorte (0-10 cm)

Melioration	Standort	pH $_{H2O}$	EC (μS cm^{-1})	N (mg kg^{-1})	P (mg kg^{-1})
Kalk	**Cottbus-Nord (3-jährige Kiefer)**	5,4-6,9	54	0,1-0,3	0,9
Kalk	**Greifenhain (4-jährige Kiefer)**				
	mit Unterwuchs	5,6-7,6	164	0,1	<0,5
	ohne Unterwuchs	4,3-5,5	381	<0,1	<0,5
Kalk	**Schlabendorf (20-jährige Kiefer)**	4,3-6,6	72	<0,1	<0,5
Asche	**Bärenbrück (11-jährige Kiefer)**	4,0-6,8	622	0,5	<0,5
Asche	**Meuro (20-jährige Kiefer)**	5,7-7,2	92	0,2	<0,5
Asche	**Domsdorf (32-jährige Kiefer)**				
	mit Unterwuchs	4,2-4,6	142	1,2-6,7	0,5
	ohne Unterwuchs	5,8-6,6	151	3,8-6,6	<0,5

<u>Mykorrhizierung der Krautschicht</u>

Probenahme (Einzelpflanze)

Angestrebt ist eine repräsentative Probe des Wurzelsystems der beprobten Pflanzenarten zur Bestimmung der Mykorrhizierung. Außerdem soll die Wurzellängendichte unter den beprobten Pflanzen bestimmt werden, um die Erschließung des Bodenvolumens durch die Wurzeln, und damit die potentielle Abhängigkeit von der Strategie der Mykorrhizierung abzuschätzen.

In Anlehnung an BELLGARD (1991) wurde zunächst das gesamte Wurzelsystem einzelner Pflanzen mit dem Spaten ausgegraben. Der offensichtliche Vorteil dieser Methode ist, daß alle Teile des Wurzelsystems erfaßt werden. Die Nachteile dieser Methode wurden im Verlauf der Arbeiten deutlich: Starke Beschädigung der Wurzeln bei Trennen von Wurzelsystemen verschiedener Pflanzen, d.h. schlechte Voraussetzungen für Untersuchung der Mykorrhizierung. Außerdem ist die Zuordnung der Wurzeln im Wurzelfilz zu Einzelpflanzen im Bestand praktisch unmöglich. Insbesondere eine volumentreue Probenahme und damit Bestimmung der Wurzellängedichte war nicht möglich.

Im Rahmen dieser Voruntersuchungen wurde festgestellt, daß typische Pflanzenarten der Kippenforste regelmäßig in Einartdominanzbeständen auftreten. Außerdem beobachteten wir, daß zumeist ein Großteil der Wurzeln in O_F und Mineralboden < 10 cm Tiefe zu finden ist.

Die Wurzelproben in den vorgestellten Untersuchungen wurden darum innerhalb von Einartdominanzbeständen gezogen. Dadurch entfällt das Trennen von Wurzeln verschiedener Pflanzenarten. Die Probenahme erfolgte bis 10 cm Tiefe (gemessen ab Oberkante O_F) mit dem zweiteiligen Eijkelkamp-Wurzelbohrer mit einem Bohrkronendurchmesser von 8 cm, was in der Größenordnung des Standraums einer Einzelpflanze liegt. In jeder Fläche wurden je 2 Proben in/an bzw. zwischen Kiefernreihen gezogen.

Bestimmung der Mykorrhizierung

Die Aufhellung und Färbung der Wurzelproben erfolgte nach KORMANIK & McGRAW (1982). Die Quantifizierung der Mykorrhizierung (sensu intraradikale AM-Infektion als Anteil der Wurzellänge) erfolgte mit der Intersektionsmethode angelehnt an GIOVANETTI & MOSSE (1980).

Zusätzlich wurden an allen Proben folgende Parameter abgeschätzt: Intensiv durchwurzelte Bodentiefe, Wurzellängendichte (nach TENNANT 1975), sowie der Anteil morphologisch nicht intakter Wurzellänge.

Die folgende Übersicht (Tab. 2) gibt einen exemplarischen Eindruck der Größenordnungen der an Einzelpflanzen geschätzten Parameter am Beispiel von Silbergras (*Corynephorus canescens*), einer typischen Pionierpflanze auf Kippenstandorten.

Tabelle 2: Parameter des Wurzelsystems von Silbergras (*Corynephorus canescens*) am Standort Cottbus-Nord (Einzelpflanzen; n=80)

Dicht durchwurzelter Bereich	(cm Mineralbodentiefe)	3-7
Wurzellängendichte	(cm cm^{-3})	3-15
Anteil nicht intakter Wurzeln	(% Wurzellänge)	31- 84
Mykorrhizierung	(% Wurzellänge)	4- 46

Das Fehlen nicht mykorrhizierter Pflanzen ist bemerkenswert, da *Corynephorus canescens* an anderen Standorten i.d.R. nicht mykorrhiziert ist (HARLEY & HARLEY 1987).

Räumliche Variabilität der Mykorrhizierung

Zur Abschätzung der räumlichen Variabilität der Mykorrhizierung wurde ein Nested-Plot-Ansatz verwendet. Ausgehend von der minimalen Probenahmefläche wird dabei die beprobte Fläche in einem Standard-Design (s. Skizze) sukzessive verdoppelt.

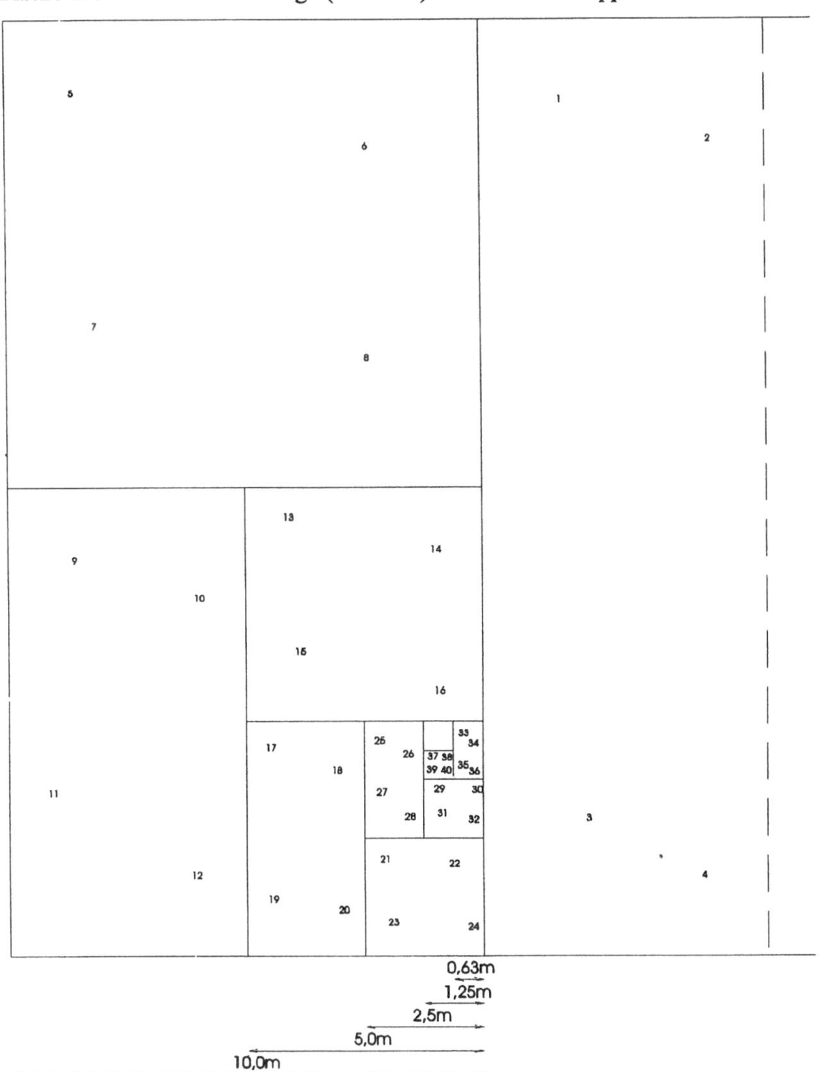

Die minimale Fläche in unserem Ansatz war die Fläche, auf der die beprobte Pflanzenart in Einartdominanzbeständen mindestens 4 (Zahl der minimalen Wiederholung zur Abschätzung der Variabilität) mal zufällig beprobt werden kann.

Die Untersuchungen wurden in einem 3-jährigen (Cottbus-Nord) und in einem 32-jährigen (Domsdorf) Kippenforst durchgeführt. An jedem Standort wurden 2 Nested Plots angelegt.

62

<u>Infektionspotential von AM-Pilzen</u>

Das Infektionspotential in Böden geht von Sporen, infizierten Wurzelfragmenten sowie von den Hyphen im Boden aus (SMITH & GIANINAZZI-PEARSON 1988). Sporen können durch Naßsieben des Bodens isoliert und bestimmt werden. Mit dieser Methode bleiben jedoch die übrigen Infektionsquellen (propagules) unberücksichtigt.

Ein Bioassay ermöglicht die indirekte Quantifizierung des Infektionspotentials von AM-Pilzen eines Bodens. Die Infektion einer in dem Boden unter standardisierten Bedingungen gekeimten und gewachsenen Wirtspflanze dient dabei als Größenordnung für das Infektionspotential des Bodens. Der Boden wird dabei in der Regel mit sterilisiertem Substrat verdünnt, um erstens vergleichbare Bedingungen für die Wirtspflanze zu schaffen und zweitens die Differenzierung der Größe des Infektionspotentials zu gewährleisten. Diese Methode erfaßt die Infektion durch Sporen und infizierte Wurzelfragmente, jedoch nicht das Infektionspotential, das von Hyphen ausgeht, da diese bei der Durchmischung des Bodens zerstört werden.

Vorversuch 1: Test verschiedener Wirtspflanzen im Bioassay
Die Anforderungen an die Wirtspflanze sind Streßtoleranz im Verlauf des Bioassays (insbesondere eine geringe Krankheitsanfälligkeit), ein möglichst geringer Arbeitsaufwand bei der Ernte der Wurzeln und eine möglichst sicher erkennbare und schnell quantifizierbare Infektion mit AM-Pilzen.

Als Wirtspflanzen wurden Gurke, Klee, Mais,Rotschwingel, und Zwiebel (vgl. Bioassays von MOORMAN & REEVES 1979, PLENCHETTE et al. 1989, JASPER et al. 1991) mit 5 Parallelen getestet. Bodenmischproben von der Fläche Cottbus-Nord wurden im Verhältnis 1:1 und 1:8 mit sterilem Sand (γ-bestrahlt, 25 kGy) verdünnt (vgl. AN et al. 1990, JASPER et al. 1991), in Rosenanzuchttöpfe (Fa. Poeppelmann GmbH, Lohne) gefüllt und auf ca. 50% Feldkapazität angefeuchtet. Das Testsaatgut wurde nach 3-minütiger Oberflächensterilisation in 3% H_2O_2 und anschließendem Spülen mit Wasser in die vorbereiteten Gefäße ausgelegt (Saattiefe ca. 0,5 cm). Die Anzahl ausgelegter Samen richtete sich nach der jeweiligen Größe der Einzelpflanze (Gurke 2, Klee 10, Mais 2, Rotschwingel 20, Zwiebel 10). Bei Mais und Gurke wurde nach der Keimung auf eine Pflanze pro Gefäß vereinzelt, die übrigen Pflanzen wurden vollständig belassen. Die Bewässerung strebte 50% Feldkapazität an. Der Versuch wurde im luftgekühlten Gewächshaus (Temperaturbereich 10-40°C) durchgeführt und dauerte 6 Wochen. Die Bestimmung der Mykorrhizierung erfolgte wie in den Proben des Nested-Plot-Ansatzes. Es wurden 200 Schnittpunkte pro Wurzelsystem auf Mykorrhizierung untersucht.

Die Gurke erwies sich unter den gegebenen Versuchsbedingungen als geeigneteste Wirtspflanze. Das Wurzelsystem war leicht zu ernten und die Mykorrhizierung war wegen des relativ großen Wurzeldurchmessers deutlich erkennbar. Die Mykorrhizierungsrate zeigte außerdem die erwartungsgemäße Abnahme mit Zunahme des Verdünnungsverhältnisses. Bei der 1:1-Verdünnung betrug sie 45-55%, bei der 1:8-Verdünnung 10-25%. Die Differenzierung verbesserte sich also mit der Verdünnung. Solche klaren Differenzierungen der Mykorrhizierung fehlten bei Mais und Klee. Die Wurzeln von Rotschwingel waren sehr fein und erforderten einen gesteigerten Ernteaufwand. Die Zwiebeln sind unter den Versuchsbedingungen nicht gekeimt.

Vorversuch 2: Test verschiedener Böden im Bioassay

Getestet wurden außerdem verschiedene Kippenböden, um die Eignung unseres Systems für die Differenzierung von Kippsubstraten unterschiedlichen Alters zu bestimmen. Die Bodenproben stammten von einer Neuanpflanzung mit und ohne Waldbodenauftrag (Reichwalde) sowie von den Untersuchungsflächen Meuro und Domsdorf. Für das Bioassay wurde als Wirtspflanze Gurke und eine 1:10-Verdünnung mit 5 Parallelen gewählt (luftgekühltes Gewächshaus; 8-45°C). Die Pflanzen wurden 7 Wochen angezogen.

Wie zu erwarten, war die Mykorrhizierung der Wirtspflanze bei der Neuanpflanzung mit Waldboden höher als ohne Waldboden (Tab. 3). Die Mykorrhizierungsrate im Bioassay stieg fast linear mit dem Alter der Standorte. Aufgrund des Auftretens von N-bzw. P-Mangelsymptomen wurde für den Hauptversuch eine Düngung geplant.

Tabelle 3: Mykorrhizierung von 48 Tage alten Gurkepflanzen auf Kippsubstraten im Vorversuch zum Bioassay

Kippsubstrat	Mykorrhizierung (% Wurzellänge)
Kontrolle	0
Reichwalde (Neupflzg.) - ohne Waldboden	0,1
Reichwalde (Neupflzg.) - mit Waldboden	0,4
Meuro (20-jährige Kiefer)	1,5
Domsdorf (32-jährige Kiefer)	2,3

Für die Erfassung des Infektionspotentials der verschieden alten Kippenforste wurden an jedem beprobten Punkt (s. Tab. 4) 4 Bodenproben auf einer Fläche von etwa $1m^2$ gezogen

Tabelle 4: Untersuchte Probenahmepunkte auf Kippenforststandorten

Standort	In der Reihe	Zwischen der Reihe	Mit Unterwuchs	Ohne Unterwuchs
Cottbus-Nord (3-jährige Kiefer)	4x		X	
		4x	X	
Greifenhain (4-jährige Kiefer)	2x		X	
		2x	X	
	2x			X
		2x		X
Bärenbrück (11-jährige Kiefer)	4x		X	
		4x	X	
Meuro (20-jährige Kiefer)	4x		X	
		4x	X	
Schlabendorf (20-jährige Kiefer)	4x		X	
		4x	X	
Domsdorf (32-jährige Kiefer)	2x		X	
		2x	X	
	2x			X
		2x		X

und zu einer Mischprobe vereinigt. Die Beprobungspunkte wurden in und zwischen den Baumreihen gewählt, um den Einfluß von Pilzmaterial, das mit Pflanzung der Bäume möglicherweise eingetragen wurde, einschätzen zu können. An jedem Standort wurden jeweils 2 Beprobungspunkte in/an bzw. zwischen den Baumreihen auf 2 ca. 20 m voneinander entfernte Teilflächen der jeweiligen Standorte beprobt.

Das Bioassay erfolgte gemäß dem Vorversuch. Die Gefäße wurden im Gewächshaus in einer vollständig randomisierten Blockanlage aufgestellt. Eine einmalige Düngergabe (N-P-K-Mg-B-Zn: 40-6-40-3-0,05-0,02 ppm) erfolgte 2 Wochen nach Versuchsbeginn. Nach einer Versuchsdauer von 5 Wochen (13.08.-19.09.1995) wurden Sprosse und Wurzeln geerntet und aufgearbeitet.

Ergebnisse und Diskussion

<u>Mykorrhizierung der Krautschicht</u>

Auf den jungen Flächen am Standort Cottbus-Nord schwankte der Variationskoeffizient der Mykorrhizierung zwischen 10 und 100% (s. Abb. 1). Der Trend zeigt steigende Variationskoeffizienten mit der Vergrößerung der Beprobungsflächen. Die niedrigsten Variationskoeffizienten (< 40%) wurden auf Probenahmeflächen < 2 m^2 gemessen.
Mit einer Ausnahme die höchsten Variationskoeffizienten wurden auf Probenahmeflächen > 20 m^2 gemessen.

Abbildung 1: Variationskoeffizienten der Mykorrhizierung von *Corynephorus canescens* Einzelpflanzen (n=4) auf 2 Probenahmeflächen (CBN1, CBN2) steigender Größe (Nested Plots) am Standort Cottbus-Nord

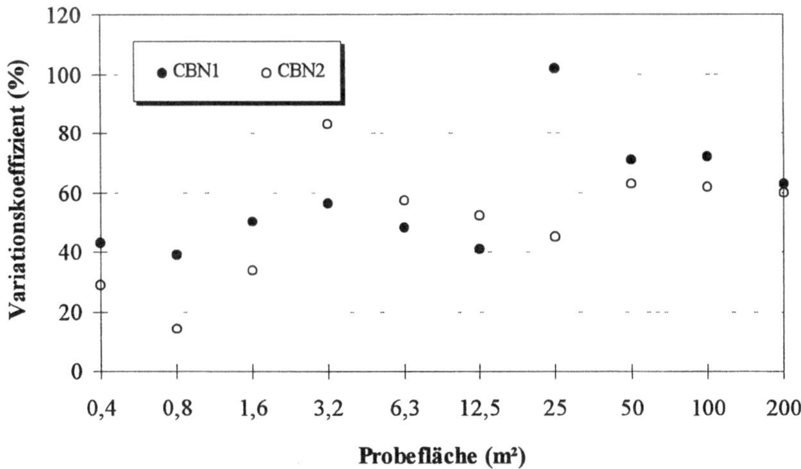

Auf den älteren, 32-jährigen Flächen bewegten sich die Variationskoeffizienten nur zwischen 10 und 40%, d.h. in einer Größenordnung, die auf den jungen Flächen nur bei einer Beprobung auf Flächen < 2 m^2 erreicht wurde. Die Ergebnisse zeigten keine Abhängigkeit der Variationskoeffizienten von der beprobten Fläche.
Zwei Nested Plots pro Standort geben nur ein beschränktes Bild der räumlichen Variabilität wieder. Dennoch läßt sich aus den Ergebnissen ableiten, daß erst bei Probenahmen auf Flächen < 2 m^2 ähnliche Mykorrhizierungsraten erwartet werden können.

Die beprobten kleinen Einartdominanzbestände sind also der (Flächen)maßstab, auf dem in einem nächsten Schritt versucht wird, die Mykorrhizierung mit Bodenparametern in Beziehung zu setzen.

Auf keiner der untersuchten Nested Plot-Flächen (je 20x20 m) fanden wir mykorrhizafreie Pflanzen, alle hatten den gleichen Mykorrhizastatus „mykorrhiziert". Auf der Suche nach mykorrhizafreien Flächen legten wir deshalb, ausgehend von diesen in sich homogenen „Punkten" der Nested Plots, ein 20x20 m-Raster auf die umliegenden (vergleichbaren) Flächen der Nested Plots am jungen, 3-jährigen Standort in Cottbus-Nord (ca. 0,3 ha). Nur an 3 von 24 Probepunkten fanden wir nicht mykorrhizierte Pflanzen (2 davon benachbarte Punkte). Die räumliche Variabilität innerhalb dieser Flächen wird weiter untersucht.

Die Mykorrhizierung krautiger Pflanzen in/an den Kiefernreihen war nicht verschieden von der Mykorrhizierung zwischen den Reihen. Das spricht gegen einen Eintrag von AM-Pilzen mit dem Kiefern-Pflanzmaterial aus der Baumschule.

Infektionspotential

Beim Vergleich der Infektionspotentiale (Tab. 5) der Kippenböden bestätigte sich die Erwartung (vgl. Vorversuch), daß das Infektionspotential mit zunehmendem Alter der Böden ansteigt, nicht.

Auf der jüngsten Fläche Cottbus-Nord (3 Jahre) liegt die mittlere Infektionsrate bei 3,4% (0-9%) und auf der bewachsenen Teilfläche in Greifenhain (4 Jahre) im Mittel bei 2,4% (0-6%). Im Vergleich mit der nächsten Altersstufe ließe sich folgern, daß sich beide Standorte erst in einem frühen Stadium der Entwicklung eines AM-Infektionspotentials befinden.

Auf der unbewachsenen Fläche in Greifenhain war das Infektionspotential deutlich geringer als auf den bewachsenen Flächen, wahrscheinlich aufgrund der fehlenden Wirtspflanzen.

Die höchste Infektionsrate besitzt dann aber bereits der 11-jährige Bestand bei Bärenbrück mit 28,5% (4-60%). Dieser Bestand hat gleichzeitig die höchste oberirdische Biomasse der krautigen Vegetation pro Fläche (DAGEFÖRDE, pers. Mittlg.) und damit die größten Resourcen für die Versorgung der Mykorrhizapilzpartner.

In den beiden 20-jährigen Beständen Meuro und Schlabendorf liegen die mittleren Mykorrhizierungsraten mit 2,5% und 1,8% jedoch wieder weit unter dem für Bärenbrück ermittelten Wert. Eine Erklärung für diese niedrigen Infektionspotentiale ist der schüttere Bewuchs mit Wirtspflanzen (im wesentlichen *Calamagrostis epigejos*), was die Vermehrung der AM-Pilze deutlich verringern kann. Nach Untersuchungen von DAGEFÖRDE beträgt die Biomasse der krautigen Vegetation pro Fläche in Meuro nur ein Viertel der in Bärenbrück vorhandenen Biomasse (vgl. Material und Methoden). Die Bodenproben waren z.T. auch nicht durchwurzelt. Fehlen Wirtspflanzen an einem Standort für mehrere Jahre, so kann die Mykorrhizapilzpopulation signifikant zurückgehen (THOMPSON 1987).

Einen deutlicher Einfluß der Meliorationen in Meuro (Asche) und Schlabendorf (Kalk) auf das Infektionspotential war nicht feststellbar.

Tabelle 5: Mykorrhizierung von Gurke im Bioassay (1:10 verdünntes Substrat)

		Mykorrhizierung (% infizierte Wurzellänge)	
Melioration	**Standort**	**Bereich**	**Mittelwert**
Kalk	**Cottbus-Nord** (3-jährige Kiefer)	0-9	3,4
Kalk	**Greifenhain** (4-jährige Kiefer) **mit** Unterwuchs **ohne** Unterwuchs	0-6 0-4	2,4 0,7
Kalk	**Schlabendorf** (20-jährige Kiefer)	0-4	1,8
Asche	**Bärenbrück** (11-jährige Kiefer)	4-60	28,5
Asche	**Meuro** (20-jährige Kiefer)	0-7	2,5
Asche	**Domsdorf** (32-jährige Kiefer) **mit** Unterwuchs **ohne** Unterwuchs	0-3 0-2	0,7 0,8

Das Infektionspotential der 32-jährigen Fläche bei Domsdorf ist mit 0,7% im Mittel genauso hoch wie das des 4-jährigen Bestands ohne Krautschicht in Greifenhain. Die bewachsenen und unbewachsenen Teilflächen in Domsdorf unterscheiden sich bezüglich ihres Infektionspotentials im Gegensatz zum Standort Greifenhain (s.o.) nicht. Die Biomasse der

68

Flächen mit Krautschicht war in Domsdorf fast so hoch wie in Bärenbrück. Im Rahmen der Nested-Plot-Untersuchungen fanden wir, daß die Wurzeln von *Calamagrostis epigejos* an diesem Standort flächendeckend bis zu 50% mykorrhiziert waren. Am Standort Bärenbrück mit dem höchsten gemessenen Infektionspotential ware dieselbe Art nicht stärker mykorrhiziert. Eine Limitierung von seiten der weitgehend gleichen Wirtspflanzen war hier deshalb wahrscheinlich nicht der entscheidende Faktor.

Das spricht für eine Fehleinschätzung des Bioassays zumindest für diesen Standort. In weiteren Untersuchungen (vgl. JASPER et al. 1991) sollte geprüft werden, ob das im ungestörten Boden vorhandene Infektionspotential im wesentlichen von Hyphen ausgeht, die durch die Art der Bodenaufbereitung für das Bioassay zerstört werden.

Der Vergleich der Proben in und zwischen den Baumreihen zeigte keine konsistenten Unterschiede und bestätigte damit die Schlußfolgerung aus den Untersuchungen zur räumlichen Variabilität der Mykorrhizierung: Mykorrhizapilze werden durch das Kiefern-Pflanzmaterial wahrscheinlich nicht eingeschleppt.

Summary

In severely disturbed environments, mycorrhizae are hypothesized to play a key role in succession of reestablishing plant species as strategies adapted to particular plant nutrient-limited soil environments.

Methodological studies are presented on the appropriate sampling scale to characterize mycorrhization of typical plant species

Virgin substrates created by open-cast coal mining are free of mycorrhizal fungi. The absence of (particularly arbuscular) mycorrhizal fungi in the soil could limit plant succession. First results indicate, that arbuscular-mycorrhizal fungi invade post-mining substrates quite rapidly. However, infectivity of AM fungi estimated in a bioassay did not systematically build up with stand age or coincide strictly with the presence or biomass of host plant species.

Diese Arbeit wurde aus Mitteln der DFG gefördert.

Literatur

AN, Z.Q.; GUO, B.Z.; HENDRIX, J.W.: Populations of spores and propagules of mycorrhizal fungi in relation to the life cycles of tall fescue and tobacco. Soil Biol. Biochem.Vol. 25, 813-817 (1993).

BELLGARD, S.E.: Mycorrhizal associations of plant species in Hawkesbury sandstone vegetation. Australian Journal of Botany 39, 357-364 (1991).

BRADSHAW, A.D.: The biology of land restoration. In: JAIN, S.K. & BOTSFORD, L.W. (eds.), *Applied Population Biology.* 25-44 (1992).

DANIELSON, R.M.: Mycorrhizae and reclamation of stressed terrestrial environments. In: TATE III, R.L. & KLEIN, D.A. (eds.), *Soil Reclamation Processes*, Marcel Dekker, New York, 173-201 (1985).

GIOVANETTI, M; MOSSE, B.: An evaluation of techniques for measuring vesicular arbuscular mycorrhizal infection in roots. New Phytol. 84, 489-500 (1980).

GRIME, J.P.; MACKEY, J.M.; HILLIER, S.H.; READ, D.J.: Floristic diversity in a model system using experimental microcosms. Nature 328, 420-422 (1987).

HARLEY, J.L.; HARLEY, E.L.: A check-list of mycorrhiza in the British flora. New Phytol. 105, Supplement (1987).

HOFMANN, G.: Mitteleuropäische Wald- und Forst-Ökosystemtypen in Wort und Bild. Der Wald, Sonderheft Waldökosystem-Katalog (1994).

HÜTTL, R.F., HEINKELE, Th., KLEM, D., SCHAAF, W., WEBER, E.: Ökologisches Entwicklungspotential der Bergbaufolgelandschaften im Lausitzer Braunkohlerevier - ein interdisziplinärer Forschungsschwerpunkt an der BTU Cottbus. Forum der Forschung 1: 5-10 (1994).

JASPER, D.A.; ABBOTT, L.K.; ROBSON, A.D.: The effect of soil disturbance on mycorrhizal fungi in soils from different vegetation types. New Phytol. **118**, 471-476 (1991).

KORMANIK, P.P.; McGRAW, A.C.: Quantification of vesicular-arbuscular mycorrhizae in plant roots. In: SCHENCK, N.C. (ed.), *Methods and Principles of Mycorrhizal Research.* The American Phytopathological Society, St. Paul, Minnesota, 37-45 (1982).

MILLER, R.M.: The ecology of vesicular-arbuscular mycorrhizae in grass- and shrublands. In: SAFIR, G.R. (ed.), *The Ecophysiology of VA Mycorrhizal Plants*, CRC Press, Boca Raton, 135-170 (1987).

MOORMAN, T; REEVES F.B.: The role of endomycorrhizae in revegetation practices in the semi-arid West. II. A bioassay to determine the effect of land disturbance on endomycorrhizal populations. Amer. J. Bot. **66**, 14-17 (1979).

PLENCHETTE, C.; PERRIN, R.; DUVERT P.: The concept of soil infectivity and a method for its determination as applied to endomycorrhizas. Can. J. Bot. **67**, 112-115 (1989).

READ, D.J.: Plant-Microbe Mutualisms and Community Structure. In: SCHULZE, E.D. & MOONEY, H.A. (eds.), *Biodiversity and Ecosystem Function*, Springer Verlag, Berlin, 183-209 (1994).

SMITH, S.E.; GIANINAZZI-PEARSON, V.: Physiological interactions between symbionats in vesicular-arbuscular mycorrhizal fungi. Ann. Rev. Plant Mol. Biol. **39**: 221-244 (1988)

TENNANT, D.: A test of a modified line intersect method of estimating root length. Journal of Ecology **63**, 995-1001 (1975).

THOMPSON, J.P.: Decline of vesicular-arbuscular mycorrhizae in long fallow disorder of field crops and its expression in phosphorus deficiency of sunflower. Australian Journal for Agricultural Research **38**, 847-867 (1987).

EINSATZ DER ARBUSKULÄREN MYKORRHIZA IM ANBAU LANDWIRT-SCHAFTLICHER KULTURPFLANZEN IN THAILAND

RICKEN, B. [1]; W. HÖFNER [1]; C LEYVAl [2]; I. WEISSENHORN [2]; P. SUWANARIT [3]; S. ASCHARAKUL [3]; A. SUWANARIT [4]; S. BURANAKARN [4]; A. BHROMSIRI [5]

[1] Institut für Pflanzenernährung, Justus-Liebig Universität, Südanlage 6, 35390 Gießen

[2] Centre de Pedologie Biologique, CNRS, Vandoeuvre-les-Nancy, France

[3] Department of Microbiology, Faculty of Science, Kasetsart University, Bangkok, Thailand

[4] Department of Soil Science, Faculty of Agriculture, Kasetsart University, Bangkok, Thailand

[5] Department of Soil Microbiology, Faculty of Agriculture, Chiang Mai University, Chiang Mai, Thailand

Seit 1994 läuft ein Forschungsprojekt im Rahmen des 'Life Science and Technologies for Developing Countries' (STD 3) - Programmes der Europäischen Union als Kooperation zwischen Deutschland, Frankreich und Thailand unter dem Titel "Improving the Nutritional Status of Soils in Thailand by the Use of Soil Microbiological Methods". Ziel des Projektes ist es, durch den Einsatz der arbuskulären Mykorrhiza und Rhizobien die Nährstoffaneignung und damit den Ertrag verschiedener landwirtschaftlicher Kulturpflanzen im Sinne einer umweltverträglichen Landbewirtschaftung zu verbessern. Folgende Versuchsflächen mit Kulturen wurden für die Versuche herangezogen:

	Standort	Kulturpflanze
(a) Zentralthailand (Bangkok)		
	Suwan Farm	Mais und Erdnuß als Mischfrucht
(b) Nordthailand (Chiang Mai)		
im Flachland	Doi Saket	Soja nach Naßreis
im Hochland	Kae Noi	Kidneybohnen

In der vorliegenden Arbeit sollen die ersten Ergebnisse der Untersuchungen zum Einsatz der Mykorrhiza in Thailand vorgestellt werden.

Material und Methoden

Für Voruntersuchungen wurden von verschiedenen Standorten (Abb. 1) in Zentral- und Nordthailand autochtone Mykorrhizapopulationen isoliert (DANIELS und SKIPPER 1982) und identifiziert (SCHENK und PEREZ, 1998, ROSENDAHL und SEN, 1992) und an Lauch und Mais mehrere Monate propagiert (SIEVERDING 1991)

Dabei erfolgte eine Selektion der Isolate bzw. Mischkulturen, die eine hohe Sporenproduktion besitzen und gleichzeitig das Wachstum der Wirtspflanzen steigern (Tab. 2). Zur Anwendung kamen Tongefäße mit 8 l sterilem Boden-Sand-Gemisch mit jeweils 3 Pflanzen/Gefäß. Die Vermehrungspflanzen (Lauch und Mais) wuchsen ~ 90 Tage. Es gab 5 Wiederholungen. Von den Mischkulturen wurden ~ 200 Sporen/Pflanze, von den Reinkulturisolaten ~ 40 Sporen/Pflanze beimpft. Eine Düngung war nicht erforderlich. Die Bewässerung erfolgte mit filtriertem Wasser. In Bioassays wurden verschiedene Mykorrhizakulturen auf ihre wachstumsfördernde Wirkung bei Mais und Erdnuß sowie Soja bzw. Kidneybohnen getestet. Die Pflanzen wuchsen 60 Tage (Mais und Erdnuß) bzw. 33 Tage (Soja und Kidneybohnen) in 8 kg Boden der jeweiligen Versuchsflächen in 3-facher Wiederholung. Eine Düngung war nicht erforderlich. Zur Bewässerung wurde filtriertes Wasser genutzt. Als Selektionskriterien diente die Wuchshöhe und die Sproßtrockenmasse der Wirtspflanzen. Die effektivsten Isolate wurden in einem sterilen Boden-Sand-Gemisch 1:3 vermehrt (nach DEHNE und BACKHAUS 1986 und SIEVERDING 1991) und in Feldversuchen gegengetestet.

Ergebnisse und Diskussion

Bei den Untersuchungen zum Vorkommen autochtoner Mykorrhizapopulationen (Tab. 1) waren auf den Flächen in Zentralthailand (Bangkok) generell höhere Sporenzahlen zu beobachten als in Nordthailand (Chiang Mai).

Tab. 1: Vorkommen autochtoner Mykorrhizapopulationen in den untersuchten Böden

Probe	Herkunft	Sporen in 5g Boden (n = 8)	Mykorrhizierung Intensität % (n = 8)	Pflanze
	Bangkok			
Su1	Suwan Farm	44,2	0	Unkraut
Su2		48,3	7,8	Unkraut
Su3		141,3	57	Mais
Su4		46,7	27	Mais
T1		43,3	n d	-
T3		36,7	n.d.	-
T5		37,9	n d.	-
T6		39,2	n.d.	-
B2		15	n d.	-
D3		21	n.d.	-
D4		29	n d	-
Ph1	Phattana Nikhom	38,3	3,9	Unkraut
Ph2		47,9	5,8	So-blumen
Ph3		46,7	2,7	Unkraut
Mu	Muak Lck	57,9	1,5	Unkraut
Ra	Rangsit	6,7	2,4	Unkraut
	Chiang Mai			
Ch1	Chom Thong	17,1	30	Zwiebel
Ch2	"	20,0	34	Soja
Sa1	San Pa Tong	13,3	6,4	Erdnuß
Sa2	"	14,2	0	Gerste
Sa3	"	5,4	0	Naßreis
Sa4	"	8,3	0	"
ChD	Chaing Dao	28,3	53	Soja
ChU1	Chiang Mai Univ.	11,7	30	Kidneybohnen
ChU2	"	16,3	16	"
DS	Doi Saket	4,2	6,2	Erdnuß
NT	Nong Tong	29,3	n.d.	-

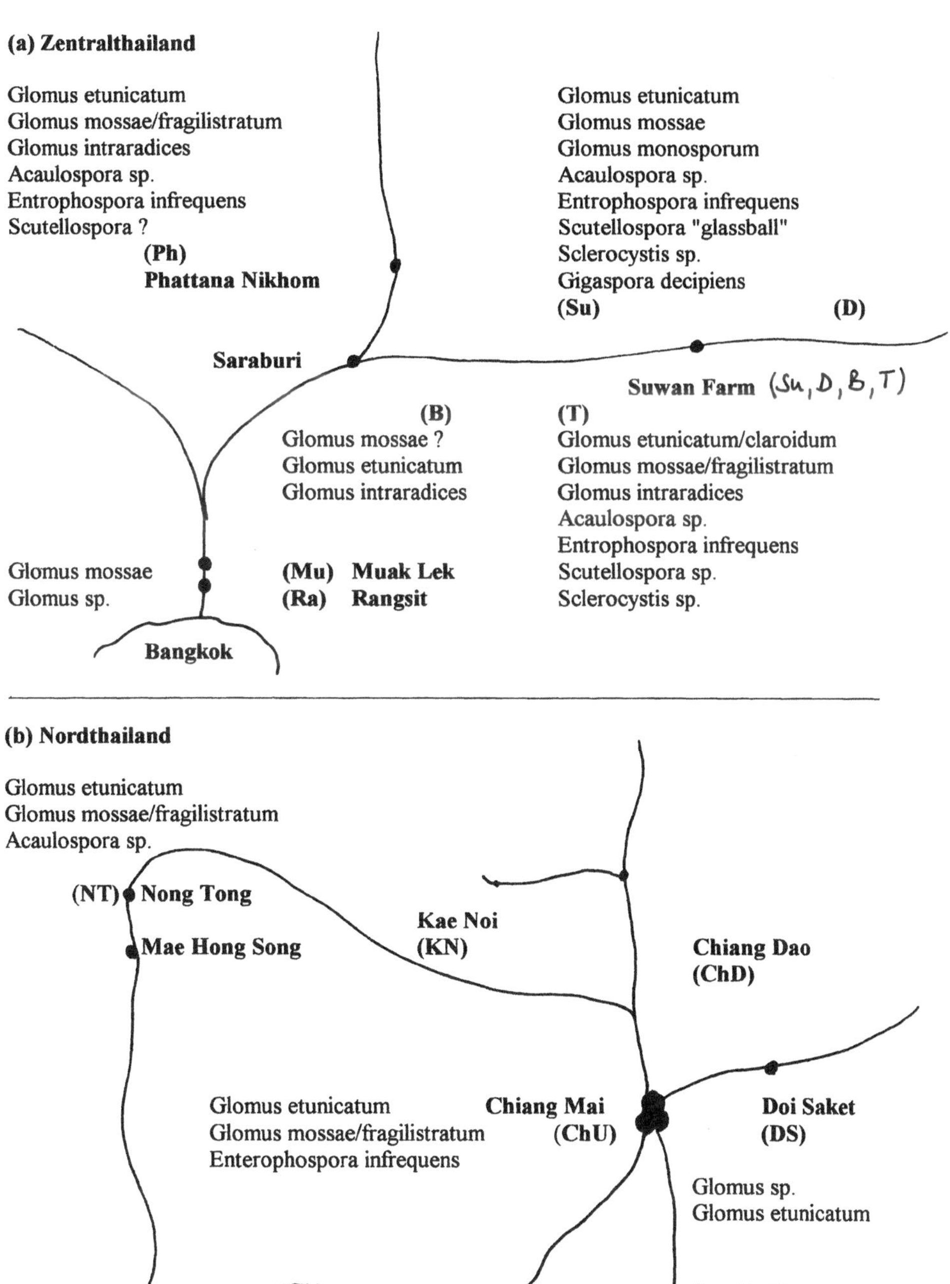

Abb. 1: Diversität der AMF-Populationen der untersuchten Standorte in (a) Zentral- und (b) Nordthailand

Die Gründe dafür sind die anaeroben Wachstumsbedingungen auf den Standorten des Naßreisanbaus im Flachland (Doi Saket, San Pa Tong) und die Brandrodung und Erosion der starken Hanglagen (Chiang Dao, Nong Tong) im Hochland. Diese extremen Bedingungen der nördlichen Standorte sind auch für die geringere Diversität der autochtonen Mykorrhizapopulationen im Vergleich zu den Beobachtungen in Zentralthailand verantwortlich (Abb. 1). In beiden Regionen war die Gattung Glomus dominant vertreten. Die vorhandenen Pilzkulturen wurden mehrere Monate weitervermehrt, um genügend Sporenmaterial für nachfolgende Versuche zu erhalten.

In Vorversuchen wurde die Sporenreproduktion der verschiedenen Pilzkulturen und deren Wirkung auf das Wachstum von Mais und Lauch untersucht. Beispielhaft sind hier die Ergebnisse eines Versuches mit Mais (Tab. 2) dargestellt.

Tab. 2. Sporenproduktion und Wuchshöhe von Mais im Gefäß nach 90 Tagen

	Sporen in 5g Boden (n = 6)	Wuchshöhe cm (n = 9)
Mischkulturen		
Su1	138,8	98
Su2	247,5	120
Su3	43,8	60
T1	315,7	90
T3	410,6	98
T5	726,3	145
T6	396,3	90
B2	116,3	120
D3	169,4	111
Ph1	53,1	60
Ph2	186,3	133
Ph3	65,6	76
Sa	39,4	12
ChD	81,3	15
ChU1	70,0	38
ChU2	25,6	0
G. sp. T6	43,1	30
G. sp. D13	51,9	0
monospezifische Kulturen		
Glomus etunicatum	21,9	15
G. mossae	23,8	30
G. manihotis	23,8	38
Gigaspora margarita	37,5	18
Scutellospora sp.	39,4	20
Acaulospora scrobiculata	40,6	27
Acaulospora sp.	66,9	38
big white	32,5	18
small white	35,0	26
big brown	31,3	25
small brown	33,1	20
small yellow/orange	35,6	38
red brown	44,4	32

Die stärksten Effekte auf das Pflanzenwachstum konnte bei den Mischkulturen, gewonnen aus den Böden der untersuchten Standorte, beobachtet werden Vor allem die Kulturen des Gebietes 'Suwan Farm' (T, Su, B und D), aber auch die 'Phattana Nikhom' Kultur Ph2 zeigten hohe Sporenzahlen (bei T5 > 700 Sporen/5g Boden). Zumeist war eine hohe Sporenproduktion der AM-Pilze positiv korreliert mit der gesteigerten Wuchshöhe der Wirtspflanze. Die Kulturen Nordthailands (ChU, ChD und Sa) hatten keine nennenswerte Wirkung bezüglich Sporenproduktion oder Wachstumssteigerung. Bei den monospezifischen Kulturen war Acaulospora sp. mit 66,9 Sporen in 5g Boden und einer Wuchshöhe der Wirtspflanze von 38 cm der herausragende Pilz. Die geringe Effektivität der monospezifischen Kulturen im Vergleich zu den Mischkulturen ist hauptsächlich durch die unterschiedliche Anzahl der zugegebenen Sporen zu erklären. Für die Beimpfung der Testpflanze mit einem monospezifischen Pilzisolat standen nur 40 Sporen pro Pflanze zur Verfügung, während die Mischkulturen mit 200 Sporen/Pflanze beimpft werden konnten.

In Bioassays wurden 14 ausgewählte Pilzisolate bei Mais und Erdnuß auf dem Boden der späteren Feldversuchsfläche (Suwan Farm) im Gefäß auf ihre wachstumsfördernde Wirkung gescreent (Tab. 3).

Tab. 3: Ergebnisse des Bioassays mit Mais und Erdnuß auf dem Boden von Suwan Farm; Wuchshöhe (cm), Sproßtrockenmasse (g/Gefäß), Bangkok

	Mais		Erdnuß	
	Wuchshöhe (cm)	TM Sproß (g/Gefäß)	Wuchshöhe (cm)	TM Sproß (g/Gefäß)
Kontrolle (-AMF)	55,5	11,3	27,1	18,2
Glomus sp. T6	76,7	**22,3****	**37,5****	**30,2****
Acaulo. spinosa	82,9	**20,6****	30,8	**23,3**
Gigaspora sp.	78,7	**21,0****	31,0	**27,0***
Glomus sp. D13	74,8	16,0	29,1	20,6
Ph2	67,2	14,4	28,8	21,0
T1	63,5	16,5	28,1	19,4
B1	60,6	13,6	27,7	17,3
Su1	45,5	12,3	25,7	16,6
T6	54,0	11,0	28,0	18,3
Chu1	63,2	14,3	28,9	23,6
T5	60,2	11,0	29,2	23,9
T3	54,6	14,7	27,8	18,6
D3	57,1	15,1	28,2	21,2
Su2	66,2	13,7	30,5	**28,6***
	LSD (5%): 28,4	LSD (5%): 6,4	LSD (5%): 5,0	LSD (5%): 8,6
	LSD (1%): 38,2	LSD (1%): 8,6	LSD (1%): 6,8	LSD (1%): 11,6

Da es sich auf dem Standort 'Suwan Farm' um einen Mischkulturanbau handelt, war geplant, beide Kulturen, Mais und Erdnuß, mit dem gleichen Pilzisolat zu beimpfen. Erwartet wurde, daß die getesteten Pilzisolate in ihrer Effektivität bei verschiedenen Pflanzen auch unterschiedlich reagieren. Die Ergebnisse in Tabelle 3 zeigten aber, daß für beiden Pflanzen die Isolate Glomus sp. T6 und Gigaspora sp. die besten Resultate brachten. Das Isolat Acaulospora spinosa hatte ebenfalls bei beiden Pflanzen eine positive Wirkung auf das Wachstum. Diese war aber nur bei Mais signifikant. Das Mischisolat Su2 zeigte zwar eine signifikante Wirkung auf das Wachstum von Erdnuß, aber nicht von Mais.

Die Bioassays mit Kidneybohnen und Soja (Tab. 4) auf den Böden der Feldversuchsflächen Kae Noi bzw. Doi Saket zeigten, daß für die beiden Pflanzenarten auch jeweils andere AM-Isolate eine Wirkung hatten. Die Sproßtrockenmasse von Kidneybohnen wurde durch die Isolate B2, D3 und Ph2 (alle aus der Region um Bangkok), die von Soja durch die Isolate T6 (Deutschland), Ph2 (Bangkok) und Sa (Chiang Mai) am stärksten beeinflußt.

Tab. 4: Ergebnisse des Bioassays mit Red Kidney-Bohnen und Soja auf den Böden von Kae Noi bzw. Doi Saket, Chiang Mai;

Inokulum	Herkunft	Kidneybohnen	Soja
		TM Sproß **g / Gefäß**	**TM Sproß** **g / Gefäß**
Kontrolle (-AMF)		1,56	1,23
Glomus sp. T6	Deutschland	1,72	**1,56***
Glomus sp. D13	"	1,68	0,97
Su2	Suwan Farm	2,22*	1,29
T5	"	1,88*	0,91
B2	"	**2,33***	1,19
D3	"	**4,37***	0,85
Ph2	Phattana Nikhom	**2,27***	**1,26**
Sa	San Pa Tong	2,22*	**1,39**
ChD	Chiang Dao	1,77	1,02
ChU1	Chiang Mai Univ.	1,76	1,05
ChU2	"	1,77	1,21
KN	Kae Noi	2,16*	1,34
CV %		15	16

Die selektierten Pilzisolate wurden in Feldversuchen eingesetzt, wobei das Inokulum in die Pflanzlöcher unter das Saatgut plaziert wurde. Die Beobachtungen und Resultate der

Gefäßversuche werden in 2-jährigen Feldversuchen überprüft. Die Ergebnisse der ersten Feldversuche sind Ende 1995 zu erwarten.

Zusammenfassung

Ein EU-Projekt (STD 3-Programm) startete Anfang 1994 als Kooperation zwischen Deutschland, Frankreich und Thailand. Ziel ist es, den Einsatz arbuskulärer Mykorrhizapilze und Rhizobien zur Verbesserung des Pflanzenwachstums in verschiedenen Gebieten Zentral- und Nordthailands zu untersuchen. In Feldversuchen werden ein Mischkulturanbau von Mais und Erdnuß, sowie Rote Kidney Bohnen und Soja als Testpflanzen verwendet. Zu Beginn des Projektes wurden zahlreiche Böden in den verschiedenen Regionen Thailands auf ihre autochtone Mykorrhizapopulation untersucht. AM-Sporen wurden isoliert und identifiziert. In offenen Topfkulturen wurden Gruppen morphologisch identischer Einzelsporen und Mischkulturen an Mais und Lauch als Wirtspflanze vermehrt. Insgesamt wurden 32 Pilzkulturen, monospezifische und Mischkulturen, für mehrere Monate kultiviert, wobei Sporenreproduktion und Wurzelbesiedlung erfaßt wurde. Außerdem erfolgte eine weitergehende Identifizierung der pilzlichen Symbiosepartner. Selektierte Pilzkulturen wurden in Gefäßversuchen auf ihren wachstumsfördernden Effekt bei allen Testpflanzen gescreent. Die 3 effektivsten Pilzkulturen für jede Pflanzenart wurden in die Massenproduktion übernommen und finden in den Feldversuchen Verwendung. Erste Ergebnisse der Feldversuche werden Ende 1995 erwartet

Summary

An EU-Project started in 1994 as a cooperation between Germany, France and Thailand to improve plant production in various areas in central and northern Thailand by using AMF and rhizobium. An intercropping system of corn and groundnut, as well as kidneybeans and soybeans are used for field experimnets. For the first step of the programme the soils have been screened for indigenous mycorrhizal abundance. AMF spores were isolated and preliminary identified. Groups of morphological identical spores as well as trap cultures were used for open pot cultures and mixed cultures on leek and corn for further propagation In total 32 cultures (monospecific and mixed cultures) have been propagated for several month and checked for AMF spore reproduction and mycorrhizal root colonisation. A selection of the fungal cultures has been screened in pot experiments for their plant growth promoting effect on kidneybeans, corn and groundnut. Finaly the 3 most efficiant AMF cultures for each host plant will be used for the field application and are propagated in a large scale inoculum production. First results from the field experiments are expected at the end of 1995.

Literatur

DANIELS, B.A.; H.D. SKIPPER: Methods for the recovery and quantitative estimation of propagules from soils. In: Schenk N.C. (ed.): Methods and Principals of Mycorrhizal Research. The American Phytophatological Society, St. Paul, USA (1982)

DEHNE, H.W.; G.F. BACKHAUS: The use of vesicular-arbuscular mycoprrhizal fungi in plant produvtion. I. Inoculum production. J. Plant Diseases and Protection 93, 415-424 (1986)

ROSENDAHL, S.; R. SEN: Isoenzyme analysis of mycorrhizal fungi and their mycorrhiza. In: Methods of Microbiology, Vol. 24, 169-194 Academic Press (1992)

SCHENCK N.C.; Y. PEREZ: Manual for the identification of VA mycorrhizal fungi. INVAM, West Verginia University, USA, (1988).

SIEVERDING E.: Vesicular-Arbuscular Mycorrhizal Management in Tropical Agrosystems, GTZ GmbH, Eschborn, Germany (1991)

PHYSIOLOGIE, MORPHOLOGIE UND GESUNDHEIT VON MYKORRHIZIERTEN PFLANZEN

DUGASSA, G. D. und SCHÖNBECK, F.

Institut für Pflanzenkrankheiten und Pflanzenschutz
Universität Hannover
Herrenhäuser Straße 2
30419 Hannover

Summary

The formation of vesicular arbuscular mycorrhiza (VAM) is a tightly interlacement of fungi and plant structures which resulted in the development of dual organsims. This leads in plants to physiological, biochemical and morphological changes. In root, it should be differentiated between the local and systemic effect of mycorrhiza, in shoot the effects could be systemic only. These changes are often connected with increased resistance to root pathogens and increased susceptibility to shoot pathogens. As it has been shown with the infection of linseed by *Oidium lini*, in spite of the increased susceptibility the mycorrhizal plants suffered less than non mycorrhizal plants (induced tolerance). However, at high infection pressure the effects of mycorrhiza are not efficient and reliable enough to reduce losses at the level of economic threshold. Nevertheless, mycorrhiza achieves a notable contribution for the plant health, since mycorrhizal plants are more productive than non mycorrhizal, if they grow under the influence of impairing factors. The mechanisms for this are yet not well understood, however changes in the phytohormone balance may play a determining role.

1 Einleitung

Die Mehrzahl der Wild- und Kulturpflanzen wächst unter natürlichen Verhältnissen in Symbiose mit obligaten Pilzen, wobei die vesikulär-arbuskuläre Mykorrhiza (VAM) gebildet wird Über ihre Bedeutung für die Pflanzen wird seit Jahren spekuliert, aber auch wissenschaflich gearbeitet. Aufgrund von Beobachtungen sah HOWARD (1948) im "Vorhandensein einer wirksamen Mykorrhizasymbiose eine wesentliche Voraussetzung für die Gesundheit der Pflanzen". PEUSS (1958) folgert aus deren Experimenten, daß die VAM die ökologische Breite ihrer Wirtspflanzen erweitert. DEHNE (1987a) sieht die VAM als einen allgemeinen Antistreßfaktor an. Nachdem MOSSE (1957) gefunden hatte, daß die VAM die P-Versorgung der Pflanze verbessert, kozentrierte sich die Forschung für viele Jahre auf diesen Effekt. Es wurde sogar die Meinung vertreten (ROHDES, 1980), alle Mykorrhizawirkungen beruhen direkt oder indirekt auf erhöhter P-Aufnahme, eine typische, in einfachen Wirkungsketten sich erschöpfende Betrachtungsweise, die der Komplexität dieser Symbiose kaum gerecht werden kann. Der enge und andauernde Kontakt der Pilzmembran mit der Pflanze muß deren Physiologie beeinflussen

Den Phytomediziner interessiert besondesrs, inwieweit die Gesundheit der Pflanze dabei berührt wird. Unter Gesundheit der Pflanze wird nicht allein das relative Freisein von Schadagenzien verstanden, sondern vor allem die Fähigkeit der Pflanze, auch bei Einwirken von Schadfaktoren ihre Leistungsskapazität voll zu entfalten (SCHÖNBECK, 1989). Zur Beurteilung der Mykorrhizawirkung muß deshalb neben der Resistenz mit zumindest dem gleichen Gewicht die Toleranz beachtet werden. Während die Resistenz an der Infektionsrate des Erregers gemessen wird, ist für die Toleranz die Biomasseproduktion, d.h. der Ertrag, bestimmend.

2 VAM und Veränderungen in der Pflanze

Pflanzen werden als mykorrhiziert bezeichnet, wenn ein Teil ihres Wurzelsystems von Mykorrhizapilzen besiedelt ist, und zwar unabhängig davon, wie hoch die Mykorrhizierungsrate ist Die Besiedlung der Wurzeln mit den obligat biotrophen Mykorrhizapilzen führt zwangläufig zu veränderten physiologischen und biochemischen Reaktionen der Pflanze (Tab 1), die nicht auf die infizierten Wirtszellen und ihre unmittelbare Nachbarschaft beschrankt bleiben mussen, sondern auch in nicht infizierten Pflanzenteilen zu Veränderungen führen können Die Frage nach der Reichweite von Mykorrhizaeffekten schließt die Frage ein, ob mykorrhizierte Pflanzen sich als Ganzes oder nur in Teilen von nicht mykorrhizierten unterscheiden.

Tab.1. Übersicht zu Veränderungen in mykorrhizierten Pflanzen

Wurzel:	- verstarkte Lignifizierung
	- erhöhte Aktivität von hydrolytischen Enzymen wie z. B Chitinase
	- reduzierte DNA-Methylierung
	- veränderte Wurzelmorphologie
Sproß:	- erhöhte Transpiration und Photosyntheseleistung
	- reduzierter Transpirationskoeffizient
	- reduzierte Gehalte von Streßmetaboliten
	- erhohte Xylembildung
Wurzel und Sproß:	
	- erhöhte Nährstoffgehalte, insbesondere Phosphor
	- veränderter Phytohormonhaushalt
	- erhöhte Gehalte an Fettsäuren und Sterolen
	- Gehalt an freien Aminosäuren wird in der Wurzel erhoht und im Sproß reduziert
	- Atmung wird in der Wurzel erhoht und Sproß reduziert

In Wurzeln ist ein Teil dieser Veränderungen (z B Atmung und DNA-Methylierungsrate) streng auf die von VAM-Pilzen besiedelten Wurzelteile beschränkt (Tab 2) Der mykorrhizafreie Teil verhält sich dabei wie die Wurzeln eines nicht mykorrhizierten Wurzelsystems.

Tab 2: Einfluß von VAM (Isolat 510) auf die Wurzelatmung und DNA-Methylierung von Tomatenpflanzen in geteilten Wurzelsystemen (gWS) vier Wochen nach der Inokulation (Mykorrhizierungsrate über 40%).

Inokulation mit VAM	Mykorrhizastatus des gWS	Wurzelatmung [μmol CO_2 / kg FM x s]	DNA-Methylierung* [%]
-	mykorrhizafrei	8,34 a	19,53 a
+	mykorrhizafrei /	8,39 a	18,58 a
	mykorrhizahaltig	12,95 b	14,48 b

Mit unterschiedlichen Buchstaben gekennzeichnete Mittelwerte in einer Spalte unterscheiden sich signifikant nach TUKEY (p$\leq$ 0.05; n= 5). * nach KRASKA (unpbl.)

Mykorrhizierte Leinpflanzen weisen nach 12 Wochen Kulturdauer in einem Hydrokultursystem eine reduzierte Wurzeltrockenmasse auf (DUGASSA et al. 1995) Im gleichen Kultursystem zeigte sich auch, daß die Mykorrhiza die Wuzelverzweigung des Leins beeinflußt (Abb.1). Trotz des reduzierten Wurzelsystems waren die mykorrhizierten Pflanzen in ihrer Samenertragsbildung gesteigert. Dies läßt auf eine verbesserte Wurzelleistung der mykorrhizierten Pflanzen schließen.

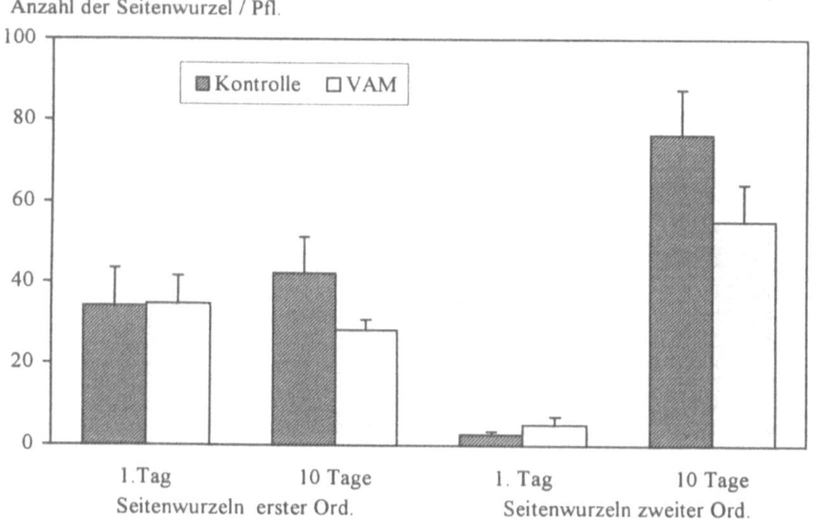

Abb. 1: Einfluß der VAM (Isolat 510) auf die Anzahl der Seitenwurzeln der Leinpflanzen ('Atalante') beim Transfer bzw nach 10 Tagen Kulturdauer in Nährlösung.

Gegenüber Wurzelpathogenen wurde von SCHÖNBECK (1979) ein systemischer Mykorrhizaeffekt innerhalb des Wurzelsystems gegen *Olpidium brassicae* verneint, von DEHNE (1987b) gegen *Thielaviopsis basicola* dagegen gefunden. Gegenüber letzteren verhalten sich die mykorrhizafreien Wurzeln eines mykorrhizierten Wurzelsystems wie mykorrhzierte Wurzeln, gegenüber *O. brassicae* wie die Wurzeln der nicht mykorrhizierten Pflanzen. Soweit Mykorrhizaeffekte auf die besiedelten Wurzelregionen beschränkt sind, werden mit zunehmender Infektionsrate auch die jeweiligen Effekte größer sein. Eine solche Korrelation ist hingegen nicht ohne weiteres zu erwarten, wenn die mykorrhizabedingten Wirkungen systemischen Charakter haben.

Auswirkungen der Symbiose im Sproß müssen als systemisch interpretiert werden. Sie können sich aber qualitativ von denen in der Wurzel unterscheiden (vergl. Tab. 1). Weitere Veränderungen, wie erhöhte Xylembildung, gesteigerte Transpiration und Photosyntheseleistung, Gehalt an Phytohormonen, Lipide und Sterole weisen auf die Fern-, also systemische Wirkung der Symbiose hin.

Die vegetative und generative Ertragsbildung von Kulturpflanzen als Reaktionen auf die variierenden Umwelteinflüsse unterliegen in hohem Maße dem regulierenden Einfluß der Phytohormone. Im Zuge der Symbiosebildung findet in der Pflanze eine allgemeine Umstellung des Phytohormonhaushalts statt (Tab.3). Im Sproß werden die Gehalte der wachstumsfördernden Phytohormone, wie Auxine, Cytokinine und Gibberelline durch die Symbiose deutlich erhöht. Da die Synthese und damit auch die Gehalte dieser Phytohormone beim Einwirken von Streßfaktoren stark beeinträchtigt werden, kann den gesteigerten Gehalten aufgrund der Symbiosebildung für das Kompensationsvermögen der Wirtspflanze größere Bedeutung beigemessen werden.

Tab. 3: Einfluß der VAM auf die Phytohormongehalte von Leinpflanzen vier Wochen nach der Aussaat bei einer Mykorrhizierungsrate über 60%.

Inokulation mit VAM	Ethylen (GC) $\dfrac{\text{nmol}}{\text{g Wurzel-FM}}$	Cytokinine** (ELISA) $\dfrac{\text{pmol ZR-Äquiv.}}{\text{g Sproß-FM}}$	Auxine (photometrisch) $\dfrac{\mu\text{g IES-Äquiv.}}{\text{g Sproß-FM}}$	Gibberelline (Biotest) $\dfrac{\mu\text{g GA}_3\text{-Äquiv.}}{\text{kg Sproß-FM}}$
-	0,27	0,28	18	36
+	0,51 *	0,41*	25 *	89 *
rel.	**189%**	**146%**	**139%**	**247%**

* Einfluß der VAM ist signifikant nach TUKEY (p ≤ 0,05);   ** nach DRÜGE (1992)

3 Bedeutung mykorrhizabedingter Veränderungen für Pflanzengesundheit

Nach SCHÖNBECK (1979) und DEHNE (1982) weisen mykorrhizierte Wurzeln gegenüber bodenbürtigen Pilzen und Nematoden zumeist eine erhöhte Wiederstandsfähigkeit auf Damit übereinstimmend
wiesen mykorrhizierte Leinpflanzen eine erhöhte Resistenz gegenüber der *Fusarium*-Welke auf (Tab.4).
Die Wirkung der Symbiose trat zwar unabhängig vom Resistenzgrad der Sorten auf, die *Fusarium*-
bedingte Schädigung konnte aber durch die VAM nur bei den weniger anfälligen Sorten ausgeglichen
werden.

Die Wirkungsmechanismen für erhöhte Resistenz der mykorrhizierten Pflanzen gegenüber bodenbürtigen
Pathogenen sind nicht ausreichend geklärt. DEHNE und SCHONBECK (1979) weisen auf die mögliche
Beteiligung vermehrt gebildeter phenolischen Verbindungen und eine verstärkte Lignifizierung der
Endodermzellwände hin. Die Vermehrung der Xylemelemente dürfte vor allem auf die höheren
Auxingehalte zurückzuführen sein. Eine erhöhte Ethylenbildung, die nach GALAUD et al. (1993) mit
einer reduzierten DNA-Methylierung einhergeht, wird als ein weiterer durch die Symbiose aktivierter
Resistenzfaktor vermutet Hierbei bewirkt nach BOLLER (1982) Ethylen eine Aktivierung von Chitinasen
und ß-Glucanasen, die gegen Pathogene gerichtet sind. Erstere sollen nach DEHNE und SCHÖNBECK
(1978) an der erhohten Resistenz mykorrhizierter Tomaten gegenüber der *Fusarium*-Welke beteiligt sein.

Tab. 4: Einfluß von VAM (Isolat 510) auf *Fusarium*-Befall (Reisolationshäufigkeit (RH)) und Sproßfrischmasse (Sproß-FM) von Leinsorten 30 Tage nach der Aussaat bzw. 15 Tage nach der
Inokulation mit *Fusarium oxysporum* f sp. *lini* (*F.o.lini*) (Mykorrhizierungsrate: über 70% bei
allen Sorten).

Parameter	Inokulation mit		Leinsorten mit abnehmender Anfälligkeit →				
	VAM	*F.o.lini*	'Antares'	'Belinka'	'McGregor'	'Atalante'	'Linetta '
RH aus	-	+	98	96	80	9	4
Sproß [%]	+	+	75	63	25	4	2
Sproß-FM	-	-	12,3 c	11,5 c	11,0 c	10,2 ab	9,8 ab
[g / Topf]	+	-	13,3 c	12,5 c	12,0 c	11,8 b	10,2 ab
	-	+	3,7 a	4,7 a	3,3 a	8,4 a	8,2 a
	+	+	7,6 b	7,7 b	8,0 b	12,9 b	12,6 b

Mit unterschiedlichen Buchstaben gekennzeichnete Mittelwerte in einer Spalte unterscheiden sich
signifikant nach TUKEY (p≤ 0,05, n=10)

Im Gegensatz zur erhohten Resistenz gegenüber bodenbürtigen Erregern wiesen mykorrhizierte Pflanzen
häufig eine erhöhte Anfälligkeit gegenüber Viren (SCHÖNBECK und SCHITZER, 1972) und einigen
Blattpathogenen (SCHÖNBECK, 1979, DEHNE, 1987b) auf Übereinstimmend mit diesen Befunden,

zeigten mykorrhizierte Leinpflanzen einen erhöhten Mehltaubefall (Tab.5). Obwohl der Mehltaubefall durch Schädigung des Photosyntheseapparates und Einschränkung der Assimilationsfläche zu einer Verminderung der CO_2-Assimilationsrate führt, wiesen die mykorrhizierten Pflanzen eine höhere CO_2-Assimilationsrate auf als die mykorrhizafreien. Die Schadwirkung eines biotrophen Erregers beruht neben dem direkten Entzug von Nährstoffen und der Verminderung der Assimilationsfläche auf einer indirekten Schädigung durch Beeinflussung von Translokation und Verteilung der Assimilate innerhalb der Pflanze. Der Erreger baut einen pathologischen 'sink' auf, der mit dem natürlichen 'sink' der Pflanze um Assimilate konkurriert. Trotz verstärktem Mehltaubefall wiesen die mykorrhizierten Leinpflanzen deutlich höhere Saccharosegehalte in den 'sink'-Blättern auf und waren demzufolge in ihrem Wachstum weniger stark beeinträchtigt als die der mykorrhizafreien Pflanzen. Daraus wird ersichtlich, daß durch die VAM Mechanismen aktiviert werden können, die, unabhängig von der Befallsdichte, Pflanzen befähigen ihr Leistungspotential weitgehend zu entfalten. Der Zusammenhang zwischen Befallsdichte und Schadwirkung wird also entkoppelt (induzierte Toleranz).

Tab.5: Einfluß von VAM (Isolat 510) auf *Oidium lini*-Befall (Sporulationsrate), Nettoassimilation, Saccharosegehalt der 'sink'-Blätter und Sproßfrischmasse von Leinpflanzen ('Atalante') 30 Tage nach der Aussaat bzw. 15 Tage nach der Inokulation mit *O. lini* (Mykorrhizierungsrate 65%).

Inokulation mit		Sporulationsrate		Nettoassimilation		Saccharosegehalt		Sproßfrischmasse	
VAM	*O. lini*	Konidien / g SFM x d	rel. [%]	µmol CO_2 / kg SFM x s	rel. [%]	mg / g STM	rel. [%]	g / Topf	rel. [%]
-	-	-	-	128,5	100	22,3	100	6,0	100
-	+	$2,6 \times 10^5$	100	26,7	20	8,8	39	4,8	80
+	-	-	-	216,3	100	42,1	100	7,6	100
+	+	$4,6 \times 10^5$	177	54,6	25	24,6	58	6,5	86

Daß eine Toleranz durch die Symbiosebildung mit VAM-Pilzen induziert werden kann, wird beim Einwirken von abiotischen Streßfaktoren besonders deutlich. Mykorrhizierte Leinpflanzen wiesen grundsätzlich höhere CO_2-Assimilationsraten und eine gesteigerte Transpiration auf (Abb.2). Unter Trockenstreß ist die CO_2-Assimilation von mykorrhizierten Leinpflanzen stärker erhöht als die Transpiration, woraus ein niedrigerer Transpirationskoeffizient resultiert. D.h. also, mykorrhizierte Pflanzen wiesen bei gleicher aufgenommenen Wassermenge wie die mykorrhizafreien eine erhöhte Substanzbildung auf. Darüber hinaus akkumulierten die mykorrhizierten Pflanzen geringere Mengen des Streßmetaboliten Trigonellin als nicht mykorrhizierte, was als Hinweis auf eine bessere metabolische Homöostasie der Pflanzen unter Trokenstreß gedeutet wird (Reichenbach, 1993).

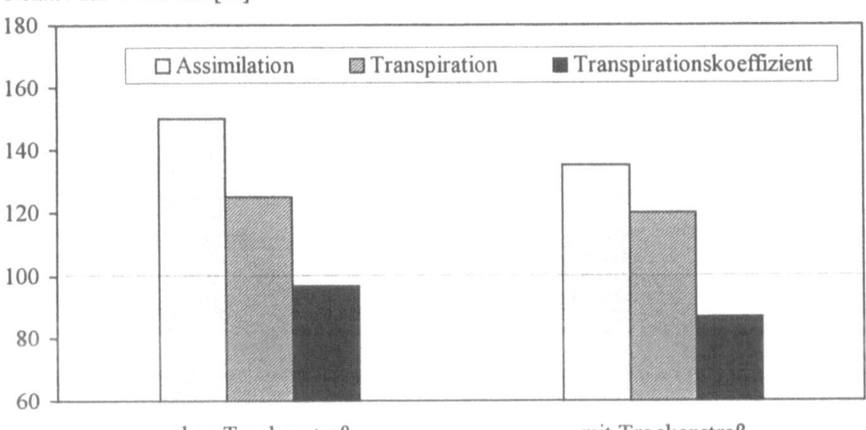

Abb. 2: Einfluß der VAM auf CO$_2$-Assimilation, Transpiration und Transpirationskoeffizient von Leinpflanzen ohne bzw mit Trockenstreß, Pflanzenalter sechs Wochen; (nach Reichenbach, 1993).

4 Zusammenfassung

Bei der Mykorrhizabildung entwickelt sich die Pflanze aufgrund der engen Verflechtungen zwischen
pflanzlichen und pilzlichen Strukturen zu einem dualen Organismus Dabei finden in der Pflanze
physiologische, biochemische und morphologische Veränderungen statt Hierbei sollte in der Wurzel
zwischen lokalen und systemischen Mykorrhizaeffekten unterschieden werden, wahrend sie im Sproß nur
systemisch sein können Veranderungen in mykorrhizierten Pflanzen gehen haufig mit erhöhter Resistenz
in der Wurzel und erhöhter Anfälligkeit im Sproß gegenuber Pathogenen einher Am Beispiel des Leins
wird gezeigt, daß trotz erhohten Mehltaubefalls die mykorrhizierten Pflanzen geringere Ertragsverluste
aufweisen (induzierte Toleranz) Bei erhohtem Befallsdruck reichen allerdings Wirkungsgrad und
Wirkungssicherheit der Mykorrhiza nicht aus, um die Schadigungen durch Erreger in jedem Fall unter der
Schadenschwelle zu halten Dennoch leistet die Mykorrhiza einen wichtigen Beitrag zur Pflanzengesundheit, da mykorrhizierte Pflanzen unter dem Einfluß von Schadfaktoren ihr Ertragspotential besser
entfalten als nicht mykorrhizierte. Hierfür sind die Wirkungsmechanismen im Detail noch ungeklärt, doch
dürfte den Veränderungen im Phytohormonhaushalt ein entscheidender Einfluß zukommen.

5 Literatur

BOLLER, T.: Ethylene-induced biochemical defences aganist pathogens. pp 303-312 (1982) In WAREING, P.F (ed.). Plant growth substances Academic Press, London

DEHNE, H.-W.: Zur Nutzung der VA Mykorrhiza als Antistreßfaktor. Angew. Botanik **61,** 135-143 (1987a).

DEHNE, H.-W.: Zur Bedeutung der vesikulär-arbuskulären (VA) Mykorrhiza für die Pflanzengesundheit Habil. Univ. Hannover (1987b).

DEHNE, H.-W.: Interaction between vesicular-arbuscular mycorrhizal fungi and plant pathogens. Phytopathol. **72,** 1115-1119 (1982).

DEHNE, H.-W.; SCHÖNBECK F.: Untersuchungen zum Einfluß der endotrophen Mycorrhiza auf Pflanzenkrankheiten. III. Chitinase-Aktivität und Orithizyklus Z. Pflkrakh. Pflschutz **85,** 666-678 (1978).

DEHNE, H.-W.; SCHÖNBECK F.: Untersuchungen zum Einfluß der endotrophen Mycorrhiza auf Pflanzenkrankheiten. II. Phenolstoffwechsel und Lignifizierung. Phytopath Z. **95,** 210-216 (1979).

DRÜGE, U.: Zur Wachstumsförderung von Lein (*Linum usitatissimum* L) durch VA Mykorrhiza unter besonderer Berücksichtigung der Cytokinine. Diss Univ Hannover (1992)

DUGASSA, G.D.; GRUNEWALDT-STÖCKER, G , SCHÖNBECK, F. Growth of *Glomus intraradices* and its effect on linseed (*Linum usitatissimum* L.) in hydroponic culture Mycorrhiza **5,** 279-282 (1995)

GALAUD, J.-P., GASPER, T ; BOYER, N Inhibition of internode growth due to mechanical stress in *Bryonia dioica*: relationship between changes in DNA methylation and ethylene metabolism Physiol. Plant. **87,** 25-30 (1993).

HOWARD, A.: Mein landwirtschaftliches Testament Siebeneicher Verlag, Berlin, Frakfurt (1948).

MOSSE, B.: Growth and chemical composition of mycorrhizal and non-mycorrhizal apples. Nature **179,** 922-924 (1957).

PEUSS, H : Untersuchungen zur Okologie und Bedeutung der Tabakmykorrhiza Archiv Microbio. **29,** 112-142 (1958)

REICHENBACH, von G H . Zur Trockentoleranz von Lein und Tomate durch VA Mykorrhiza. Diss. Univ. Hannover (1993).

RHODES, L. H · The use of mycorrhizae in crop production systems Out look Agric **10,** 275-281 (1980)

SCHÖNBECK, F.. Pflanzengesundheit-eine Herausforderung an den Pflanzenschutz. Nachrichtenbl. Deut Pflanzenschutzd. **41,** 204-207 (1989)

SCHÖNBECK, F.; SCHINZER, U : Untersuchungen über den Einfluß der endotrophen Mykorrhiza auf die TMV-Lasionenausbildung in *Nicotiana tabacum* L var Xanthinc Phytopath Z **73,** 78-80 (1972)

SCHÖNBECK, F.· Endomycorrhiza in relation to plant diseases pp 272-280 (1979) In. B SCHIPPERS, and W. GAMS (eds.) Soil-borne plant pathogens Acadamic Press, London

EINFLUSS VON AM-PILZEN UND PSEUDOMONAS FLUORESCENS AUF DAS WACHSTUM UND DEN ZIERWERT VON
TAGETES ERECTA

JAHN, M.[1]; HÖFLICH, G.[2]; KAUFMANN, H.-G.[1]

[1]Humboldt-Universität zu Berlin, Landwirtschaftlich-Gärtnerische Fakultät, Institut für Gärtnerischen Pflanzenbau, Fachbereich Zierpflanzenbau, Wendenschloßstraße 254, 12557 Berlin
[2] Zentrum für Agrarlandschafts- und Landnutzungsforschung (ZALF), Institut für Ökophysiologie der Primärproduktion, Eberswalder Str. 84, 15374 Müncheberg

Conclusions

The shoot as well as root growth of *Tagetes erecta* can be stimulated by inoculation of fast infecting arbuscular mycorrhizal fungi (*Glomus sp.* strain VAM3) and with phytohormone producing antagonistic *Pseudomonas fluorescens* (strain PsIA12) in field experiments on loamy sand. The inoculation also affects on positiv ornamental value. Positive effects were obtained under different fertilizer levels.
Using a PsIA12 peat preparation led to better results compared with using a PsIA12 suspension. Further investigations will be test the reproducibility of positiv inoculation effects under different soils. The possible reasons will be investigate.

Zusammenfassung

Sowohl das Sproß- als auch das Wurzelwachstum von *Tagetes erecta* kann durch Inokulation mit schnellinfizierenden arbuskulären Mykorrhizapilzen (AM-Pilzen der Gattung *Glomus sp.* Stamm VAM3) und mit dem phytohormonproduzierenden antagonistisch wirkenden *Pseudomonas fluorescens* (Stamm PsIA12) unter Feldbedingungen auf anlehmigen Sandboden stimuliert werden.

---

[2] Jetzt: Institut für Mikrobielle Ökologie und Bodenbiologie des ZALF Müncheberg

Die Inokulation wirkte sich auch positiv auf den Zierwert aus. Positive Effekte wurden unter verschiedenen Düngungsgaben erreicht.

Die Nutzung eines PsIA12-Torf-Präparates führte im Vergleich zur Nutzung einer PsIA12-Suspension zu besseren Ergebnissen.

In weiteren Versuchen wird die Wiederholbarkeit positiver Inokulationseffekte auf unterschiedlichen Standorten getestet. Mögliche Wirkursachen werden noch untersucht.

1. Einleitung und Zielstellung

Arbuskuläre Mykorrhizapilze (AM-Pilze) können die Nährstoffaufnahme der Pflanzen, insbesondere Phosphor, aus dem Boden und die Streßtoleranz der Pflanzen gegenüber Trockenheit und bodenbürtigen Schaderregern erhöhen (HÖFLICH et. al., 1994). Als Testpflanzen dienten bevorzugt Mais, Luzerne und Erbsen.

Pflanzenwachstumsfördernde Rhizosphärenbakterien (PGPR) (*Pseudomonas spp.*, *Rhizobium spp.*) sind in der Lage, das Wurzelwachstum durch Produktion von Phytohormonen (Cytokinine, Auxine) zu stimulieren (BOTHE et.al.,1992; HÖFLICH, 1992).

Durch Wechselwirkungen mit assoziativen Rhizosphärenbakterien (*Pseudomonas spp.*, *Azotobacter*, *Actinomyceten*) kann es zur speziellen Wirksamkeitserweiterung der endotrophen Mykorrhiza und somit zur zusätzlichen Leistungssteigerung bei antagonistischen bzw. synergistischen Wirkungen kommen (PUPPI et al., 1994).

Im urbanen Bereich ist das Pflanzenwachstum oft infolge ungünstiger Bodenverhältnisse gehemmt. Es gibt bisher keine Untersuchungen zur Wachstumsförderung von Freilandzierpflanzen auf nährstoffarmen Standorten des urbanen Bereiches bei geringem Düngemitteleinsatz durch Mikroorganismen.

Davon ausgehend bestand das Ziel vorliegender Untersuchungen darin, zu prüfen:

- Kann das Wachstum von Zierpflanzen durch inokulierte Mikroorganismen (AM-Pilze und fluoreszierende Pseudomonaden) gefördert werden?

- Sind Wachstumsstimulierungen auf urbanen Böden möglich und wie wird der Zierwert beeinflußt?

- Kann durch kombinierte Inokulation von Mikroorganismen mit unterschiedlichen Stoffwechselleistungen die Wirkung von Einzelorganismen verbessert werden?

- Wie wirkt sich eine differenzierte NPK-Düngungsgabe aus?

2. Material und Methoden

<u>Versuchspflanze:</u>

Als Testpflanze diente *Tagetes erecta L. floridus plenus* cv. 'Hawaii'.

<u>Eingesetzte Mikroorganismen:</u>

Die arbuskulären Mykorrhizapilze (AM-Pilze der Gattung *Glomus sp.* Stamm VAM3) wurden durch Isolation schnellinfizierender Isolate aus infizierten Wurzeln gewonnen (GLANTE, 1990). Die Ermittlung der VAM3-Wurzelbesiedlung erfolgte drei Wochen nach Auspflanzung in das Freiland.

Der fluoreszierende Pseudomonas-Stamm PsIA12 IMET 11 446 (*Pseudomonas fluorescence*) wurde aus der Rhizosphäre von Weizen isoliert (HÖFLICH, 1992). Die physiologische Leistungsfähigkeit des eingesetzten Bakterien-Stammes zeigt Tab.1.

Tab.1:

Stoffwechselphysiologische Leistungen der inokulierten Mikroorganismen	Stamm PsIA12	Stamm VAM3
Nitrogenaseaktivität	-	-
Produktion von Phytohormonen (Cytokinine, Auxine)	+	n.b.
Mobilisierung von Phosphor	+	+
Nitratreductase	-	n.b.
antagonistische Effekte gegen bodenbürtige Schaderreger	+	+
Pektinase	+	n.b.
Zellulase	+	n.b.
Stimulierung der Wurzellänge	+	+

n.b.   nicht bestimmt

<u>Inokulationsform:</u>

VAM3 wurde als Torf-Bentonit-Substrat im Verhältnis 3:1 mit Wurzeln von *Zea mays* inokuliert (HÖFLICH und GLANTE, 1991).

PsIA12 kam als Schüttelkultursuspension, im Glyzerin-Pepton-Medium nach HIRTE (1961) angezogen, und als Torfpräparat in Konzentrationen von 10^8 cfu/ml oder 10^4 cfu/ml zum Einsatz.

<u>Inokulationsmethode:</u>

Die Inokulation der VAM3- und PsIA12-Stämme erfolgte während der Aussaat und/oder zum Pikieren. Die Inokulummenge betrug 2g VAM3-Präparat je Pflanze bzw. bei PsIA12 10^{-6} cfu je Pflanze.

<u>Böden:</u>

Die unsterile Pflanzenanzucht erfolgte in gärtnerisch typischen Anzuchtsubstraten (Einheitserde Typ S1, Floraton 3. Die Pflanzen wuchsen unter klimatisierten Gewächshausbedingungen (20°C Tag/16°C Nacht). Als Freilandboden diente ein anlehmiger Sand mit einem Nährstoffgehalt (mg pro 100g Boden) von 6-15 NH_4-N, 5-10 NO_3-N, 10 P, 25-40 K, pH-Wert 5,5-5,7.

<u>Versuchsanordnung:</u>

Der Versuch wurde in Feldparzellen (Parzellengröße 1m², zweimalige Wiederholung) angelegt.

<u>Düngung:</u>

Es wurden drei Düngungsvarianten getestet:1. ohne Düngung; 2. 8N, 5P, 8K; 3. 8N, 0P, 8K (Angaben in g/m²). Stickstoff wurde in Form von Harnstoff, Phosphor in Form von Superphosphat und Kalium in Form von schwefelsaurem Kalium gegeben.

Die Ernte der *Tagetes erecta* erfolgte zur Blühreife im Oktober. Hauptkriterien der Beurteilung der Effektivität der VAM3/PsIA12-Inokulate waren Sproß/Wurzelfrisch- und -trockenmasse, Sproßlänge und Anzahl gebildeter Blüten und Knospen pro Pflanze. Die statistische Auswertung des Datenmaterials erfolgte durch mehrfaktorielle Varianzanalyse mit anschließendem t-Test. Signifikante Unterschiede zur unbehandelten Kontrolle laut t-Test wurden mit unterschiedlichen Buchstaben verdeutlicht.

3. Ergebnisse

<u>Sproßtrockenmasse:</u>

Die Sproßtrockenmasse der Pflanzen unter Feldbedingungen wurde durch Inokulation mit PsIA12 (Torfpräparat) und VAM3 verbessert.

Abb.1· Einfluß von VAM3 und PsIA12 auf die Sproßtrockenmasse von Tagetes erecta

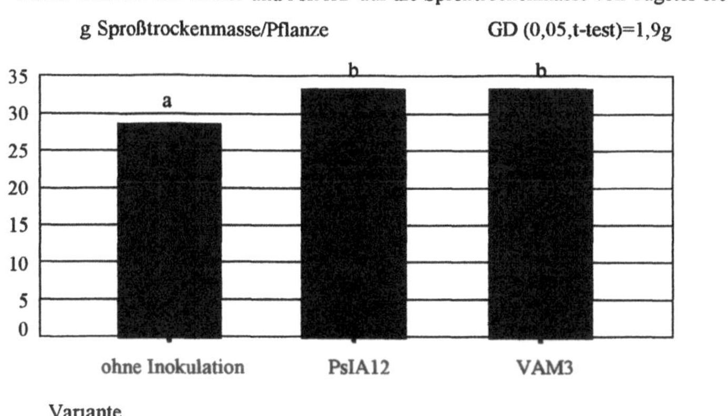

In beiden Versuchsjahren führte die Inokulation zu gleichmäßigerem Pflanzenwachstum im Vergleich zur Kontrollvariante, was den Zierwert der flächigen Freilandpflanzung erhöhte Inokulierte Pflanzen zeichneten sich durch kräftigen Wuchs, dunkleres Laub, große Blüten aus und überstanden das Umpflanzen vom Gewächshausboden in das Freiland besser und siedelten sich schneller wieder an. Die nichtbehandelten Pflanzen variierten stark im vegetativen Wachstum und in der generativen Entwicklung.

<u>Wurzelfrischmasse</u>

Die Wurzelfrischmasse wurde insbesondere durch PsIA12 erhöht Eine Kombination mit VAM3 brachte keine Vorteile

Abb. 2: Einfluß von Einzel- und kombinierter Inokulation auf die Wurzelfrischmasse v. Tagetes erecta

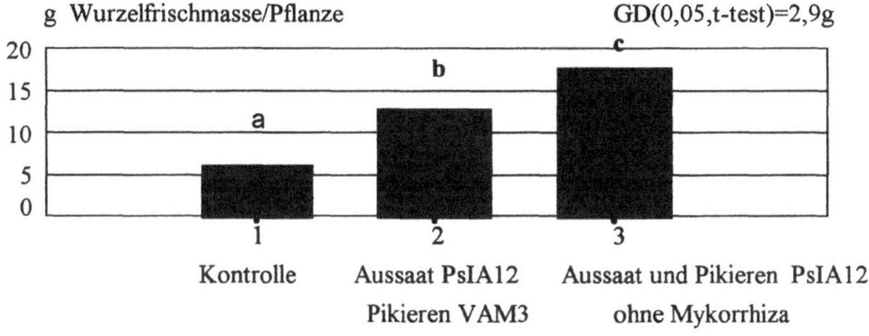

92

In beiden Versuchsjahren führte eine kombinierte VAM3/PsIA12-Inokulation und eine Dün-
gungsgabe zur signifikanten Erhöhung der Knospen- und Blütenanzahl pro Pflanze unter Feldbedingungen.

Abb. 3: Einfluß einer Einzel- u. kombinierten Inokulation VAM3 auf d. Knospenanzahl von Tagetes erecta

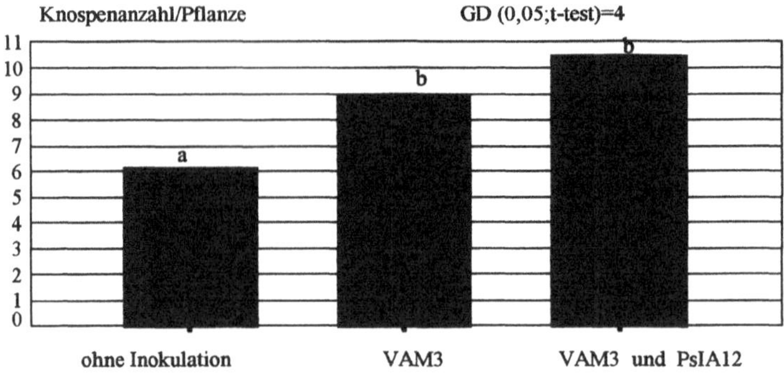

Dungung

Die VAM3/PsIA12 inokulierten Pflanzen erbrachten erhohte Sproßtrockenmassen sowohl ohne
zusatzliche Düngung als auch bei unterschiedlichen Dungungsgaben unter Freilandbedingungen

Abb. 4:
Einfluß von Inokulation und unterschiedlichen Düngungsstufen auf d. Sproßtrockenmasse von Tagetes erecta

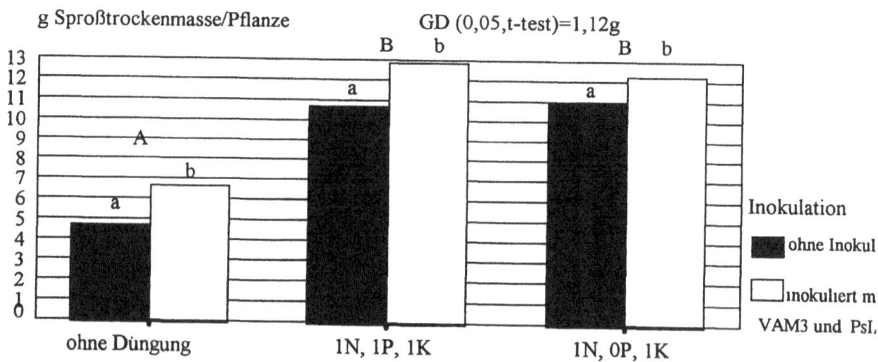

4. Diskussion

Die Ergebnisse zeigen, daß selektierte leistungsfähige AM-Pilze (VAM3) und assoziative Rhizospharenbakterien (*Pseudomonas fluorescens*, PsIA12), die wiederholt das Wachstum von landwirtschaftlichen Kulturpflanzen (Luzerne, Mais, Ölrettich bzw Senf) unter Gefäß- und Feldbedingungen auf unterschiedlichen Standorten stimulierten (HOFLICH et al., 1994), auch bei der Zierpflanze *Tagetes erecta* unter urbanem Standort die Sproß- und Wurzelentwicklung fördern können Die Inokulationseffekte traten insbesondere während der Jungpflanzenentwicklung deutlich auf

Die Inokulation wirkte sich auch positiv auf die Knospenbildung pro Pflanze aus

Positive Effekte sind bei unterschiedlichen Düngungsgaben erzielt worden

Die Wachstumsstimulierungen können zurückzuführen sein auf

- verbesserte Nährstofferschließung aus dem Boden (z B Phosphor und Kalium)
  (HOFLICH, 1992)
- Vergrößerung der nährstofferschließenden Wurzeloberflache (HÖFLICH et.al., 1994)
- erhohte Trockenstreßtoleranz (GLANTE, 1990)
- Produktion von Phytohormonen (HÖFLICH et al., 1994)
- Schaderregerunterdruckung aufgrund produzierter Antibiotika (DEHNE, 1987)
- enge Assoziation mit der Wirtspflanze (WIEHE et al , 1994)

Bei kombinierter Inokulation können unterschiedliche Stoffwechselleistungen der Mikroorganismen (P-Mobilisierung, Phytohormonbildung, Antibiotikawirkung), die Effektivitat der Einzelorganismen verbessern

Die Ausbildung eines hohen Anteils infizierter AM-Pilz-Wurzeln während der Jungpflanzenentwicklung und die damit verbesserte Mineralstoffernahrung kann ein Faktor für die Ertragserhohung sein Die Wurzeluntersuchungen in bezug auf die VAM3-Besiedlung erbrachten eine erhohte Besiedlung der inokulierten Variante im Vergleich zur Kontrollvariante im Feldversuch.

Die gezielte Nutzung von Mikroorganismen-Kombinationen erfordert die weitere Aufklarung von Wechselwirkungen der Rhizospharenmikroorganismen untereinander und zur Wirtspflanze

Ziel weiterführender Untersuchungen ist es, wirksame Kombinationsmöglichkeiten zwischen arbuskulären Mykorrhizapilzen und weiteren assoziativen Rhizosphärenbakterien herauszufinden

Die ersten im Freilandversuch erzielten positiven Inokulationsergebnisse mussen an weiteren Zierpflanzen und auf unterschiedlichen Standorten überpruft werden Mögliche Wirkursachen werden untersucht

94

5. Literatur

BOTHE, H., KÖRSGEN, H., LEHMACHER, T., and HUNDESHAGEN: Differential effects of *Azospirillum*, auxin and combined nitrogen on growth of the roots of wheat. Symbiosis **13**, S. 167-179, (1992)

DEHNE, H.-W.: Zur Bedeutung der vesikulär-arbuskulären (VA) Mykorrhiza für die Pflanzengesundheit. Univ. Hannover, Habilitationsschrift, (1987)

GLANTE, F.: Isolation und Anzucht von effektiven VA-Mykorrhizapilzen aus Sporen und infi zierten Wurzeln. Arch. Acker- und Pflanzenbau Bodenkd., Berlin, **34**, Nr.6, S.431-440, (1990)

HIRTE, W.F.: Glycerin-Pepton-Agar, ein vorteilhafter Nährboden für boden-bakteriologische Arbeiten. Zbl. Bakt. Abt. II **114**, S. 141-146, (1961)

HÖFLICH, G.; WIEHE, W.; KÜHN, G.: Plant growth stimulation by inoculation with symbiotic and associative rhizosphere microorganisms. Experientia **50**, 897-905, (1994)

HÖFLICH, G.: Interrelationsship between phytoeffective Pseudomonas bacteria and the growth of crops. Zbl. Mikrobiolog. **147**, S. 182-191, (1992)

HÖFLICH, G.; GLANTE, F.: Inoculum production and inoculation of effective VA-mycorrhizal fungi. Zentralbl. Microbiol. **146**, S.247-252, (1991)

PUPPI, G.; AZCON, R.; HÖFLICH, G: Management of positive interactions of AM-fungi with essential groups of soil microorganisms. In: GIANINAZZI, S.; SCHÜEPP, H. (1994): Impact of arbuscular mycorrhizas on sustainable agriculture and natural ecosystems. Birkhäuser, Basel, (1994)

WIEHE, W.; HECHT-BUCHHOLZ, Ch.; HÖFLICH, G.: Electron Microscopic Invertigations on Root Colonization of Lupinus albus and Pisum sativum with two Associative Plant Growth Promoting Rhizobacteria, Pseudomonas fluorescens and Rhizobium leguminosarum bv. trifolii. Symbosis **17**, 15-31, (1994)

STICKSTOFFANEIGNUNG UND SYMBIONTISCHE N_2 - FIXIERUNG VON LEGU-MINOSEN AUF VERSCHIEDENEN SUBSTRATEN

MERBACH, W.

Zentrum für Agrarlandschafts- und Landnutzungsforschung (ZALF) e.V ,

Institut für Rhizosphärenforschung und Pflanzenernährung,

Eberswalder Straße 84,

D - 15374 Müncheberg

Abstract

By using soil as substrate, white and yellow lupines assimilated higher N amounts as under quartz sand conditions. This fact was caused by a spontaneous infection of white lupines with *Rhizobia* and also by a N uptake from the soil. In the case of yellow lupines, the assimilation of soil-borne N played a key role.

Einleitung

Bekanntlich sind Leguminosen im Unterschied zu anderen Pflanzenarten in ihrer N-Ernährung unabhängig vom N-Vorrat des Bodens, da sie mit Hilfe ihrer Knöllchensymbiose Luftstickstoff binden können. Es gibt jedoch Hinweise dafür, daß die N-Aneignung dieser Pflanzenarten unter Bodenbedingungen höher ist als bei Anzucht in Quarzsand (MERBACH u. SCHILLING 1980) Im vorliegenden Beitrag soll diese Problematik näher untersucht werden.

N - Aneignung von Weiß- und Gelblupinen unter Sand- und Bodenbedingungen

Zu diesem Zweck wurde zunächst geprüft, ob Weißlupinen (*Lupinus albus* L., var."Kiewskij mutant") und Gelblupinen (*Lupinus luteus* L., var. "Gülzower Süße Gelbe") unter Bodenbedingungen tatsächlich einen höheren "N-Ertrag" realisieren als in Quarzsand-Kultur. Ein möglicherweise höherer N_{min}-Vorrat des Bodens wurde durch eine N-gedüngte Quarzsand-Vergleichsvariante (0,8 g N/Gefäß als NH_4NO_3) simuliert. Die Anzucht der Pflanzen erfolgte in Mitscherlichgefäßen mit 6 kg Quarzsand bzw. 4 kg Boden (5,56 mg N_{min}/100 g Boden, vgl. Tab.3) + 2 kg Quarzsand. Als Grunddüngung wurde pro Gefäß gegeben: 0,83 g K als K_2SO_4, 0,52 g P als $CaHPO_4$ 2 H_2O; 0,3 g MgO als $MgSO_4$ 7 H_2O; 2 ml $FeCl_3$-Lösung; 1 ml A-Z-Lösung nach Hoagland (a+b). Das H_2O-Angebot entsprach 55% der maximalen

Wasserkapazität. Pro Gefäß kamen 20 Samen zur Aussaat, die später auf 12 vereinzelt wurden.
Samen und Substrate wurden mit wäßrigen Aufschlämmungen von Rhizobium lupini[1] geimpft.
Die Ernte der Pflanzen erfogte zur Reife. Nach dem Trocknen und Mahlen (Gesamtpflanzen
einschließlich Wurzeln) wurde im Erntegut der N nach Kjeldahl bestimmt.

Tabelle 1:
**In Weißlupinen ("Kiewskij mutant") und Gelblupinen ("Gülzower Süße Gelbe")
enthaltene N-Mengen nach Rhizobiumimpfung bzw. N-Düngung**
Gefäßversuche mit Quarzsand oder Boden (N_t = 91,6 mg/100 g Boden, N_{min} = 5,56 mg N/100
g Boden[2] als Substrate. Ernte zur Reife. Angaben beziehen sich auf Gesamtpflanzen
einschließlich Wurzeln. Mittel aus 4 Wiederholungen.

	Variante	Weißlupine mg N/Gefäß (rel.)		Gelblupine mg N/Gefäß (rel.)	
1	Ohne N-Düngung Impfung mit polnischen u. russischen Präparaten (T_3, C_2, 271, 367a) von Rh. lupini; Quarzsand	440,6	(100)	959,6	(100)
2	0,8 g N pro Gefäß zur Saat als NH_4NO_3, ohne Rhizobienimpfung, Quarzsand	579,4	(132)	926,4	(97)
3	Ohne N-Gabe; ohne Rhizobienimpfung Boden als Substrat	899,2	(204)	1157,2	(121)
4	wie Var.3; aber Rhizobienimpfung wie 1	1152,3	(261)	1967,8	(205)
	$GD_{0,05}$ TUKEY	69,2	(15,7)	117,5	(12,2)

[1] Stamm 367a aus dem Institut für Landw. Mikrobiologie St. Petersburg (Rußland) und Stämme
C_2, 271 und T_3 aus dem Landw. Institut Pulawy (Polen)
[2] Analysiert nach BREMNER und KEENEY (1966) Bodenauszug mit 1%igem K_2SO_4 mittels
Devardascher Legierung und MgO (beinhaltet NH_4^+ und NO_3^-)

Aus Tabelle 1 läßt sich entnehmen, daß beide Lupinenarten unter Bodenbedingungen mehr N
akkumulierten als auf Quarzsand (Var. 1 und 4), obwohl sie mit einer Kombination recht
wirkungsvoller Stämme von Rhizobium lupini beimpft worden waren Sogar in einer
ungeimpften Bodenvariante vermochten die Lupinen mehr N zu assimilieren als in einer
beimpften Quarzsandvariante (Var. 1 und 3). Dies läßt sich auch nicht vollständig durch den
aktuellen N_{min}-Gehalt des Bodens erklären, denn laut Var. 2 erbrachten 0,8 g N/Gefäß zur Saat
in Quarzsand einen geringeren N-Ertrag als die Bodenvarianten (3 und 4) mit 5,56 mg N_{min}/100
g Boden (entspricht 222,4 mg N/Gefäß).

Einfluß erhöhter PK-Versorgung auf die N-Assimilation von Weiß- und Gelblupinen

Es wurde deshalb untersucht, inwieweit eine bessere Mineralstoffversorgung als Ursache für die höhere N-Aneignung der im Boden kultivierten Lupinen in Frage kommen könnte. Zu diesem Zweck diente eine Quarzsandvergleichsvariante, die unter sonst gleichen Versuchsbedingungen eine erhöhte PK-Gabe (1,25 g K/Gefäß; 0,78 g P/Gefäß) erhielt. Wie Tabelle 2 ausweist, scheidet jedoch die möglicherweise bessere PK-Versorgung des Bodens als Ursache für dessen N-Ertragsüberlegenheit gegenüber dem Sand wohl aus, denn die erhöhte PK-Gabe blieb unter Quarzsandbedingungen ohne signifikanten Einfluß auf die N-Aneignung rhizobienbeimpfter Weiß- und Gelblupinen (vgl. auch MERBACH u. SCHILLING 1980)

Tabelle 2:
Einfluß erhöhter PK-Düngung auf den Ertrag (mg N/Gefäß) von Weißlupinen ("Kiewskij mutant") und Gelblupinen ("Gülzower Süße Gelbe")
Gefäßversuche mit Quarzsand als Substrat. Impfung mit Rhizobium lupini (poln. und russ. Stämme T_3, C_2, 271, 367a). Angaben beziehen sich auf Gesamtpflanzen einschließlich Wurzeln. Ernte zur Reife, keine N-Düngung. Mittel aus 4 Wiederholungen.

Variante	Weißlupine mg N/Gefäß (rel)		Gelblupine mg N/Gefäß (rel.)	
ohne N, "normale" PK-Gabe 0,83 g K/Gefäß 0,52 g P/Gefäß	336,2	(100)	959,6	(100)
ohne N, "erhöhte" PK-Gabe 1,25 g K/Gefäß 0,78 g P/Gefäß	328,1	(98)	952,3	(99)
GD$_{0\,05}$ (t-Test)	25,6	(8)	63,2	(7)

Einfluß von Bodensterilisation und Rhizobienimpfung auf die symbiontische N_2-Fixierung und den N-Ertrag von Weiß- und Gelblupinen

Es war nun zu prüfen, ob vielleicht

    a) höhere N_2-Fixierung

        - durch **Spontaninfektion** mit Rhizobien aus dem Boden und/oder

        - höhere Leistungen der Impfstämme unter Bodenbedingungen bzw.

    b) höheres N-Nachlieferungsvermögen des Bodens

als Ursache für die höhere N-Assimilation der im Boden gewachsenen Leguminosen in Frage kommt.

In weiteren Versuchen wurde daher die Herkunft des in den Pflanzen befindlichen N bilanziert.

Dabei dienten einerseits dampfsterilisierte Vergleichsvarianten zur Ermittlung des Stellenwertes der bodenburtigen Rhizobium-Wildpopulationen für die N-Versorgung der Lupinen. Andererseits kam ^{15}N-markierter Boden zum Einsatz, um den durch die Pflanzen aus dem Boden aufgenommenen (markierten) N von fixiertem N_2 (nicht markiert) unterscheiden zu können. Tabelle 3 zeigt, daß die einzelnen N-Fraktionen des Versuchsbodens eine relativ gleichmäßige ^{15}N-Abundanz aufwiesen, so daß bei der N-Bilanzierung die ^{15}N-Anreicherung des Gesamt-Boden-N zugrundegelegt werden konnte.

Tabelle 3:
N-und ^{15}N-Zusammensetzung des verwendeten Versuchsbodens
(Boden-N-Fraktionierung nach BREMNER 1960, 1965; N-Bestimmung nach KJELDAHL, ^{15}N-Analyse emissionsspektrometrisch nach FAUST et al. 1981)

Fraktion	mg N/100 g Boden	at-% $^{15}N_{ex}$
Gesamt-N	91,6	0,86
davon H_2O-löslicher und austauschbarer anorg.-N	5,56	1,23
hydrolysierbarer org. N	23,9	0.87
org. Rest-N	62,1	0,82

Die **Bilanzierung der Herkunft des in den Pflanzen befindlichen N** geschah wie folgt (alle Angaben in mg N/Gefäß)·

(a) Sandkultur:

   Fixierter N_2= Gesamt-N - Saatgut-N[1]

(b) Bodenkultur:

   Fixierter N_2= Gesamt-N - (Saatgut-N[1] + Boden-N)

Der durch die Pflanzen aus dem Boden aufgenommene (also bodenbürtige) N ließ sich dann wie folgt errechnen:

$$(c)\ \text{Boden-N} = {}^{15}\text{N-Menge in der Pflanze} \cdot \frac{100}{\text{Boden-}^{15}\text{N-Abundanz}}$$

| (mg/Gefäß) | (mg/Gefäß) | (at-% $^{15}N_{exc}$) |

---

[1]Vollständige Verwertung des Saatgut-N durch die Pflanzen wurde vorausgesetzt.

Die Tabelle 4 zeigt im oberen Teil (a), daß die Ertragsüberlegenheit der Weißlupinen in nicht sterilem Boden (Zeilen 5 und 6) gegenüber der geimpften Sandvariante (Zeile 2) sowohl auf N-Aufnahme (~ 250 mg) aus dem Boden[1] als auch auf erhöhte N_2-Fixierung (423 bzw. 666 gegenüber 112 mg N) zurückging.

Tabelle 4:
Herkunft des in Weiß- und Gelblupinen enthaltenen N in Abhängigkeit von Substrat und Rhizobienimpfung
(Gefäßversuche ohne N-Düngung, Impfung mit Rhizobium lupini: Stämme 367a, T_3, C_2, 271. Ernte zur Reife. Angaben beziehen sich auf Gesamtpflanze einschließlich Wurzeln. Mittel aus 4 Wiederholungen.)

a) Weißlupinen

Varianten	+ Boden-N	fixierter N	Gesamt-N
1 Quarzsand, OI	-	-	224
2 Quarzsand, MI	-	112	336
3 Boden, St, OI	149	-	373
4 Boden, St, MI	159	130	513
5 Boden, OI	252	423	899
6 Boden, MI	262	666	1.152
$GD_{0,05}$ Tukey	53	101	96

b) Gelblupinen

Varianten	+ Boden-N	fixierter N	Gesamt-N
1 Quarzsand, OI	-	-	125
2 Quarzsand, MI	-	834	959
3 Boden, St, OI	217	-	342
4 Boden, St, MI	210	834	1.169
5 Boden, OI	253	779	1 157
6 Boden, MI	256	1.586	1.967
$GD_{0,05}$ Tukey	39	124	137

OI = ohne Impfung
MI = mit Impfung
St = dampfsterilisiert

---

[1] N- und ^{15}N-Analysen stimmten innerhalb der Signifikanzgruppe mit den Resultaten der Pflanzenanalyse überein

100

Letztere läßt sich wohl hauptsächlich durch spontane Rhizobieninfektionen der Weißlupinen aus dem Boden erklären, denn die Luft-N_2-Bindung der Pflanzen in gedämpftem, geimpftem Boden (Zeile 4) lag etwa in der gleichen Größenordnung wie bei der geimpften Sandvariante (Zeile 2), und ohne Impfung vermochten die Weißlupinen im gedämpften Boden gar keinen N_2 zu fixieren (Zeile 3).

Die bei gedämpftem Boden auftretende N-Ertragsüberlegenheit gegenüber den Sandvarianten war ausschließlich auf die N-Aufnahme aus dem Boden (~150 mg/Gefäß, vgl. Zeilen 2 und 4) zurückzuführen Die Wirksamkeit der Impfpräparate von Rh. lupini war also unter Sand- und Bodenbedingungen etwa gleich, nur besaßen die Weißlupinen auf ungedämpftem Boden durch zusätzliche Rhizobieninfektionen ein stärkeres N_2-Fixierungsvermogen.

Ganz ähnliche Verhältnisse lagen auch bei der Gelblupine (Tab 4, unterer Teil) vor. Jedoch betrieben diese sowohl in Sand- als auch in Bodenkultur eine wesentlich wirksamere Knöllchensymbiose als Weißlupinen. Dies traf insbesondere für die Impfpräparate zu, die in ihrer Wirksamkeit beim Sand und beim gedämpften Boden (Zeilen 2 und 4) im Unterschied zur Weißlupine diejenige der spontanen Rhizobieninfektionen im ungedämpften, nicht geimpften Boden (Zeile 5) erreichte. Die N-Ertragsüberlegenheit der letztgenannten Variante (Zeile 5) gegenuber der geimpften Sandvariante (Zeile 2) ging deshalb bei der Gelblupine (anders als bei der Weißlupine) ausschließlich auf die N-Aufnahme aus dem Boden zurück.

Interessanterweise hatte der ungedämpfte i.Vgl. zum gedampften Boden ein wohl durch Mikroben verursachtes höheres N-Nachlieferungsvermögen (höhere Boden-N-Aufnahme bei Zeilen 5 und 6 i.Vgl zu 3 und 4)

Die unterschiedliche Auswirkung der Spontaninfektionen aus dem Boden auf die symbiontische N_2-Fixierung der Weiß- und Gelblupinen dokumentiert erneut die größere Symbioseeffektivität der Gelblupine im Vergleich mit den verwendeten Stämmen von Rh. lupini (vgl. bei MERBACH, 1984). Die Stimulierung der Luft-N_2-Bindung der Weißlupine durch die Bodeninfektionen weist darauf hin, daß es für diese Spezies noch effektivere als die verwendeten Rhizobienstämme geben muß. Dies unterstreicht die Bedeutsamkeit der Entwicklung spezifischer Rhizobienpräparate für Leguminosen.

Zusammenfassung

Weiß- und Gelblupinen assimilierten unter Bodenbedingungen mehr N als in Quarzsandkultur Im Falle der Weißlupinen ging dies sowohl auf Spontaninfektionen wildlebender Rhizobien als auch auf zusätzliche N-Aufnahme aus dem Boden zuruck. Bei Gelblupinen spielte dagegen nur die zusätzliche Boden-N-Aufnahme eine Rolle. Unterschiedliche P- und K-Versorgung ließ sich als Ursache der unterschiedlichen N-Aneignung aus Boden und Quarzsand ausschließen. Gelblupinen hatten mit den verwendeten Rhizobien-Impfstämmen eine höhere N_2-Fixierung als Weißlupinen. Die positive Wirkung der Spontaninfektion mit Boden-Rhizobien bei Weißlupinen deutet auf mangelnde Effektivität der Impfstämme bei dieser Pflanzenart hin.

Literatur

BREMNER, J.M. : Inorganic forms of nitrogen. In: BLACK, C.A. et al. (Eds): Methods soil analyses. Madison, Wisconsin, Vol.2, 1179-1232 (1965).

BREMNER, J.M.: The determination of nitrogen in soil. J.agric. Sci. **55**, 11-31 (1960).

BREMNER, J.M.; KEENEY, D.R.: Determination and isotope ratio analysis of different forms of nitrogen in soils. 3.Exangeable ammonium, nitrate and nitrite by extraction-destillation methods. Soil Sci. Soc. Amer. Proc. **30**, 577-582 (1960).

FAUST, H.; BORNHACK, H.; HIRSCHBERG, K.; JUNG, K.; JUNGHANS, P.; KRUMBIEGEL, K.: ^{15}N-Anwendung in der Biochemie, Landwirtschaft und Medizin - Eine Einführung. Schriftenreihe Anwendungen von Isotopen und Kernstrahlungen in Wissenschaft und Technik. Berlin Nr.5, 1-93 (1981).

MERBACH, W.: Wechselbeziehungen zwischen N-Ernährung, C-Haushalt und Substanzbildungsvermögen bei Körnerleguminosen. Colloqu. Pflanzenphysiologie. Humboldt-Universität Berlin 7, 311-323 (1984).

MERBACH, W.; SCHILLING, G. : Wirksamkeit der symbiontischen N_2-Fixierung der Körnerleguminosen in Abhängigkeit von Rhizobienimpfung, Substrat, N-Düngung und ^{14}C-Saccharoselieferung. Zbl. Bakteriologie, Parasitenkunde, Infektionskrankheiten, Hygiene 2. Abt. **135**, 99-118 (1980).

ZUR BEDEUTUNG UND ZU MÖGLICHEN FUNKTIONEN PFLANZLICHER ISOPEROXIDASEN IM WURZELRAUM ANHAND AUSGEWÄHLTER BEISPIELE

JACOB, H. J.[1]; REMUS, R.[1]; AUGUSTIN, C.[2]

Zentrum für Agrarlandschafts-und Landnutzungsforschung (ZALF)

[1]Institut für Rhizosphärenforschung und Pflanzenernährung

[2]Institut für Landnutzungssysteme und Landschaftsökologie

Eberswalder Str. 84

D-15374 Müncheberg

Abstract

By using wheat, rye, and barley plants under hydroponic culture conditions, peroxidases from the root and corresponding nutrient solution samples were analysed. The peroxidase activities (G-and B-POD, co-substrates: guaiacol, benzidine) of these samples were investigated depending on microbial inoculation treatments. The previous results indicate that (a) peroxidase activities in the root extracts of winter wheat, WW, ('ORESTRIS') and winter rye, WR, ('RAPID') plants differ form those of winter barley, WB, ('MARINKA') and they are likely not influenced by microbial treatments, (b) benzidine-peroxidase activity seems to be weakly increased in the root samples of WW and WR by inoculation with *P. agglomerans* (strain D5/23), (c) microbial inoculation treatments can reduce peroxidase activities in the nutrient solution samples of WR and WB, and (d) D5/23 inoculation of WW increases the benzidine-peroxidase activity in the nutrient solution samples that was probably caused by strong basic and acid isoenzymes.

1. Einleitung

Die durch die Pflanzenwurzeln in die Rhizosphäre und den Wurzelraum exsudierten organischen Verbindungen sind C-und N-Bilanzkomponenten mit ökophysiologischer Relevanz. Sie beeinhalten ein breites Spektrum unterschiedlicher Substanzen, die von hoch-molekulargewichtigen Proteinen und Polysacchariden bis zu nieder-molekulargewichtigen Aminosäuren, organischen Säuren oder Phenolen reichen (UREN u. REISENAUER, 1988; VAUGHAN et al., 1994). Im Proteinanteil der Exsudate wiederum treten im hohen Maße Enzyme auf, wie z.B. saure Phosphatase, Invertasen und Nukleasen oder auch Peroxidasen (VAUGHAN et al., 1994 u. zit. Lit.). Hierbei scheinen für einige Exsudatkomponenten klare funktionale Zusammenhänge in Bezug auf Pflanzen-Mikroben-Interaktionen oder Verbesserungen der Pflanzenernährung bei Nährstoffmangel zu bestehen (z.B. UREN u. REISENAUER, 1988). Allerdings wurde bisher ein Aspekt kaum untersucht, der die phenolischen Exsudatkomponenten und deren enzymatische Umsetzung im Wurzelraum betrifft.

Es ist sehr wahrscheinlich, daß die in den Wurzelraum abgegebenen Enzyme auch (parallel) exsudierte organische Substanzen als Substrate nutzen. In der Literatur werden für die exsudierten Phenole Werte angegeben, die z. B. für *Glycine max* 5µg Pflanze[-1] Tag[-1] oder für *Festuca rubra* ca. 15µg bis ca. 200µg nach 14- tägiger Versuchsdauer und in Abhängigkeit von den Versuchsbedingungen betragen können (VAUGHAN et al., 1994 u. zit. Lit.). Gleichzeitig scheint klar zu sein, daß die bei Pflanzen ubiquitär verbreiteten Peroxidasen phenolische Komponenten (auch Phenole unterschiedlichsten Ursprungs) durch Kondensationen bzw. Polymerisationen im Wurzelraum umsetzen können. Hieraus ergibt sich die Frage nach der physiologischen Bedeutung dieser Reaktionen bei Exsudations-und Umsetzungsprozessen. Wenn diese Prozesse in Verbindung mit Pflanzen-Mikroben-Interaktionen stehen, dann sollte sich ein Bezug zwischen Mikrobenbesiedlung und pflanzlichen Peroxidasen der Wurzel und des Wurzelraumes aufzeigen lassen. Hierzu wurde an drei Beispielen ausgewählter Getreidearten ein erster Versuchsansatz angelegt, in welchem der Einfluß von Mikroben im Vergleich zu einer sterilen Pflanzenanzucht auf die Peroxidaseaktivität und das Isoenzymmuster geklärt werden soll.

2. Material und Methoden

Planzenmaterial - Winterroggen 'RAPID', Winterweizen 'ORESTIS', Wintergerste 'MARINKA'; *Anzucht und Kulturbedingungen* - nach Oberflächensterilisation der Samen erfolgte eine Ankeimung für 5 Tage; anschließend ein Transfer in Hydroponik-Kulturflaschen; Pflanzenwurzeln wurden nach 4 Tagen inokuliert mit: a) 100 µl Bodenfiltrat (typischer Gersten-Roggenstandort mit entsprechender Mikrobenpopulation, 100g suspendiert in 100ml sterilem Wasser, gefiltert) und b) *P. agglomerans* (D5/23, phytoeffektiv besonders bei WW) 10^4 Zellen/ml Kulturmedium; 12 Tage Inkubationsdauer im Gewächshaus (vergl. RUPPEL et al., 1992); *Ernte* - (Alter der Pflanzen 21 Tage): Wurzelfrischgewicht-Bestimmung; Proteinextraktion durch homogenisieren der Proben (3ml 50 mM Tris/HCl-Puffer pH 8 pro g Wurzel-FM); Aliquotentnahme (1 ml) aus Hydroponik-Kulturmedium (je 165 ml); G-und B-Peroxidase-Aktivitätsbestimmungen nach MÄDER et al., 1977, wobei photometrisch die Extinktionsänderungen bei 470 (G-POD) bzw. 600 nm (B-POD) pro ml Probe in der Minute bestimmt wurden.

3. Ergebnisse und Diskussion

In Vorversuchen (nicht dargestellt) zeigte sich, daß Peroxidasen in die Rhizosphäre bzw. den Wurzelraum (sekretiert) exsudiert werden. Aufgrund des Aktivitätsnachweises mit Guajacol als Cosubstrat (Elektonendonator der Reaktion) trat nach Inkubation mit dem Nachweis-Assay im Kultursubstrat, das mit Agar verfestigt war, die typische braune Tetraguajakol-Färbung an der Wurzel und im Wurzelraum steril angezogener Winterweizen-Pflanzen auf. Dies befindet sich im Einklang mit der These, daß eine physiologische Funktion der Peroxidasen im Lignifizierungsprozeß zu sehen ist, wobei ferner auch Wundheilungs-und Pathogenabwehr-Prozesse mit Peroxidase-Beteiligung verlaufen können. Für die Rhizosphäre und den Wurzelraum scheinen, unter Berücksichtigung von Literaturdaten (VAUGHAN et al., 1994; ADLER et al., 1994), vor allem Polymerisations-bzw. Kondensationsreaktion von Phenolkomponenten durch Peroxidasen möglich, die sich nicht nur auf natürlich vorkommende beschränken, und gleichzeitig ist wohl eine Verbindung zu Pflanzen-Mikroben-Interaktionen herzustellen.

Die ersten Resultate, die an den ausgewählten Pflanzenbeispielen unter Flüssigkulturbedingungen gewonnen wurden, bedürfen zwar noch weiterer Bestätigungen, so z.B. auch unter Bodenbedingungen, dennoch zeigte sich, daß die gemessene Aktivität pflanzlicher Wurzel-Isoperoxidasen in Abhängigkeit vom angebotenen Cosubstrat und von der Behandlung zu sehen ist (Tab. 1). Als Bezugsgröße wurde jeweils das Frischgewicht der Wurzel herangezogen, da somit die Aktivität der im Medium auftretenden Peroxidasen in Relation zur ausgebildeten Wurzel gesetzt werden und die Aktivität der Wurzelextrakte somit vergleichend zur Peroxidaseaktivität im Nährmedium betrachtet werden kann (vergl. Tab. 1 u. 2).

Die in den Wurzelproben gemessenen G-und B-POD-Aktivitätswerte (Tab. 1) zeigen in Bezug auf die Höhe gleiche Größenordnungen der WR-und WW-Proben auf, was sich unhabhänig von der Behandlung äußert. Dies steht im Unterschied zu den WG-Proben, da hier die Aktivitätswerte im Vergleich deutlich niedriger liegen und die Behandlungen zu einer tendenziellen Reduzierung der bestimmten G-und B-POD-Aktivität führten. Andererseits fällt auf, daß die Inokulation mit dem phytoeffektiven Bakterienstamm, *P. agglomerans* D5/23, nur bei den WR-Proben zu einer leichten G-POD-Aktivitätserhöhung führte und bei WR sowie WW-Proben die B-POD-Aktivität im Vergleich zur jeweiligen Kontrolle erhöht scheint. Ein relativer Vergleich der beiden bestimmten POD-Aktivitäten, indem die Höhe der G-POD-Werte in Relation zur B-POD-Aktivität gesetzt wurde, veranschaulicht, daß sich die WG von den WR und WW-Proben auch diesbezüglich unterscheidet.

Um diese Aktivitätsunterschiede in Bezug auf die Isoenzym-Ausstattung zu untersuchen, erfolgte eine Auftrennung des Probenmaterials mittels IEF-PAGE, wodurch unter nativen Trennbedingungen eine Isoperoxidase-Musterausbildung, auf unterschiedlichen isoelektrischen Punkten basierend, mit den Nachweisassays visualisiert wurde (nicht dargestellt). Grundsätzlich konnte das in Tabelle 1 dargestellte Ergebnis bestätigt werden. In den WG-Proben liegt ein vergleichsweise anderes Isoperoxidase-Muster vor als in den WR-und WW-Proben; dominierend erscheint bei WG das Vorkommen von schwach basischen Peroxidasen, wogegen bei WR-und WW-Proben schwach saure Isoenzyme dominieren. Gemeinsam ist allerdings allen drei Pflanzenproben, daß sich ein Einfluß der Inokulationsbehandlungen auf die Wurzel-Peroxidaseaktivität bisher nicht klarer aufzeigen ließ.

TABELLE 1:

Guajacol-(G-POD) und Benzidin-Peroxidase (B-POD)-Aktivitäten im Extrakt aus Getreidewurzeln (pro g Frischgewicht, FG) nach Inokulation des Nährmediums (bei 9 d) mit Bodenfiltrat (BF) bzw. *Pantoea agglomerans* (Stamm D5/23); Kontrolle unbehandelt; Dauer 21 d);

Getreide	G-POD-Aktivität ΔE_{470nm} min^{-1} g FG^{-1}	B-POD-Aktivität ΔE_{600nm} min^{-1} g FG^{-1}	G-POD / B-POD
Winterroggen:			
Kontrolle	300,9	1.044,9	1 : 3,5
+ BF	300,6	1.166,8	1 : 3,9
+ D5/23	348,2	1.249,2	1 : 3,6
Winterweizen:			
Kontrolle	366,3	1.264,4	1 : 3,5
+ BF	369,7	1.391,6	1 : 3,8
+ D5/23	369,5	1.429,7	1 : 3,9
Wintergerste:			
Kontrolle	164,6	296,3	1 : 1,8
+ BF	131,9	256,4	1 : 1,9
+ D5/23	147,9	264,3	1 : 1,9

Im Hinblick auf Peroxidasen, die in das umgebende Nährmedium aktiv oder passiv von der Wurzel sektretiert bzw. exsudiert werden, zeigt sich ein etwas anderes Bild (Tab. 2). Allein das Verhältnis von G-POD zur B-POD-Aktivität deutet dies bereits an. So führten die Behandlungen zu einer vergleichweise relativen Erhöhung der G-POD-Aktivität bei den WR-und WG-Proben, wogegen dies bei WW nur für die Bodenfiltrat-Inokulation zutraf; für die Behandlung mit dem Stamm D5/23 läßt sich hier eine erhöhte B-POD-Aktivität ableiten (Tab. 2). Die gemessenen POD-Aktivititäten zeigen folgende Tendenz für die G-POD-Werte: bei WR-und WG-Proben eine Reduzierung auf ca. 50 % durch die Behandlungen; bei WW-Proben ein klarer Unterschied in den Auswirkungen der Behandlungen, da die D5/23-Inokulation eine vergleichsweise höhere G-POD-Aktivität im Medium bewirkte. Für die B-POD-Aktivitäten läßt sich diese Tendenz nur für die WR-Proben feststellen, da eine POD-Aktivitätsverringerung auf ca. 30 % vorliegt. Für die WW-Proben zeigen die Behandlungen einen Unterschied auf, denn einer klaren Erhöhung als Folge der D5/23-Inokulation steht eine deutliche Reduzierung durch das Bodenfiltrat im Vergleich zur Kontrolle gegenüber. Wenngleich für die WG-Proben eine Verringerung der B-POD-Aktivität infolge der Bodenfiltratbehandlung (ca. in der Größenordnung wie bei WR-Proben) vorliegt, ist für die D5/23-Inokulation eine klare Aktivitätsreduzierung festzustellen. Demnach würden sich die WG-Proben nach den Behandlungen auch in Bezug auf das Nährmedium von den WR-und klar von den WW-Proben unterscheiden; für die WW-Proben liegt wahrscheinlich der deutlichste Unterschied zu den WR-und WG-Proben nach einer Inokulation mit *P. agglomerans* vor (Tab. 2).

Die Untersuchungen zur Isoenzym-Ausstattung erfolgten auch für die Nährmedien mittels IEF-PAGE und anschließender Inkubation mit G-und B-POD-Assay-Lösungen (nicht dargestellt). Grundsätzlich zeigten die Ergebnisse, daß bei allen Getreidepflanzen besonders stark basische und saure Isoenzyme im Medium vorliegen und die in Tabelle 2 für die Aktivitäten ermittelten Gemeinsamkeiten bzw. Unterschiede in den Proben bzw. Behandlungen sich auch in der Isoenzym-Musterausbildung widerspiegeln.

TABELLE 2:

Guajacol-(G-POD) und Benzidin-Peroxidase (B-POD)-Aktivitäten im Nährmedium von Getreidewurzeln (pro g Wurzel-Frischgewicht, FG) nach Inokulation des Mediums (bei 9 d) mit Bodenfiltrat (BF) bzw. *Pantoea agglomerans* (Stamm D5/23); Kontrolle unbehandelt; Dauer 21 d);

Getreide	G-POD-Aktivität ΔE_{470nm} min^{-1} g FG^{-1}	B-POD-Aktivität ΔE_{600nm} min^{-1} g FG^{-1}	G-POD / B-POD
Winterroggen:			
Kontrolle	8,9	22,7	1 : 2,6
+ BF	3,8	7,1	1 : 1,9
+ D5/23	4,6	7,6	1 : 1,7
Winterweizen			
Kontrolle	6,4	7,6	1 : 1,2
+ BF	1,8	0,7	1 : 0,4
+ D5/23	7,5	21,8	1 : 2,9
Wintergerste			
Kontrolle	10,5	18,8	1 : 1,8
+ BF	5,4	5,7	1 : 1,1
+ D5/23	5,4	1,0	1 : 0,2

Obwohl von einer Vorläufigkeit der Ergebnisse ausgegangen werden muß, läßt sich dennoch feststellen, daß Isoperoxidasen nicht nur in den Wurzelproben auftreten, wobei sie dort z.B. in den Prozeß der Lignifizierung eingebunden sind, sondern auch ins Nährmedium und somit den Wurzelraum sekretiert werden, wobei sich hierbei Unterschiede bezüglich einer Mikrobenbehandlung darstellen lassen. Nach VAUGHAN et al. (1994) wurden bisher die Reaktionsprozesse von exsudierten Peroxidasen und ihre Effekte auf exsudierte phenolische Komponenten kaum untersucht. Hierdurch werden jedoch nicht nur C-und N-Bilanzgrößenkomponenten vernachlässigt; vielmehr finden funktionale Zusammenhänge keine Berücksichtigung, die z.B. einerseits bei Pflanzen-Mikroben-Interaktionen als Stellgrößen wirken können (MATERN u. KNEUSEL, 1988) und andererseits durch die Festlegung von Phenolen (natürlicher und anthropogener Herkunft) im Wurzelraum Aspekte ökophysiologischer Relevanz unberücksichtigt lassen (ADLER et al., 1994).

4. Literaturverzeichnis

ADLER, P.R.; ARORA, R.; GHAOUTH, A.E.; GLENN, D.M.; SOLAR, J.M.: Bioremediation of phenolic compounds from water with plant root surface peroxidases. J. Environ. Qual. **23**, 1113-1117 (1994).

MÄDER, M.; NESSEL, A.; BOPP, M.: Über die physiologische Bedeutung der Peroxisidase-Isoenzymgruppen des Tabaks anhand einiger biochemischer Eigenschaften. II. pH-Optima, Michaelis-Konstanten, maximale Oxidationsraten. Z. Pflanzenphysiol. **82**, 247-260 (1977).

MATERN, U.; KNEUSEL, R.E.: Phenolic compounds in plant disease resistence. Phytoparasitica **16**(2), 153-170 (1988).

RUPPEL, S.; HECHT-BUCHHOLZ, CH.; REMUS, R.; ORTMANN, U.; SCHMELZER, R.: Settlement of a diazotrophic, phytoeffective bacterial strain *Pantoea agglomerans* on winter wheat: An investigation using ELISA and transmission electron microscopy. Plant and Soil **145**, 261-273 (1992)

UREN, N.C.; REISENAUER, H.M.: The role of root exudates in nutrient acquisition. Advances in Plant Nutrition **3**, 79-114 (1988).

VAUGHAN, D.; CHESHIRE, M.V.; and ORD, B.G.: Exudation of peroxidase from roots of *Festuca rubra* and its effects on exuded phenolic acids. Plant and Soil **160**, 153-155 (1994).

NITROGEN FIXATION AND FERTILIZATION OF SOYBEANS

MERBACH, W.

Zentrum für Agrarlandschafts- und Landnutzungsforschung (ZALF) e.V.,
Institut für Rhizosphärenforschung und Pflanzenernährung,
Eberswalder Straße 84,
D - 15374 Müncheberg

In pot experiments using ^{15}N labeled soil and mineral ^{15}N, the effect of Bradyrhizobium inoculation and N fertilization on symbiotic N_2 fixation and yield of soybeans (Glycine max.(L.) Merill , cv. Fiskeby V) was examined.
The following results were obtained :

1. Symbiotic N_2 fixation was only possible after inoculation with Bradyrhizobium (R. japonicum.). Considerable differences in efficiency of the preparations were observed (Nitragin II > Nitragin > γ Rhizotorfin).

2. Soybeans inoculated with Rhizotorfin terminated symbiotic nitrogen fixation shortly after flowering, later taking in considerable N rates from the soil.

3. N fertilization at seeding suppressed N_2 fixation of soybeans. The mineral N rate taken up instead outweighed, however, the losses in fixed N_2 so that DM and nitrogen yields increased.

4. A N supply during flowering did not effect N_2 fixation of the soybeans already terminated at that time The mineral was additionally available to the plants thus increasing their N yields.

5. ^{15}N applied during flowering and at seeding was absorbed to a considerable degree by soybeans It migrated (partly after intermediate storage in the vegetative organs) into the seeds thus increasing the yields of the same.

AUSLESEKRITERIEN FÜR DIE AUFFINDUNG VON KÖRNERLEGU-MINOSENIDIOTYPEN MIT N_2-FIXIERUNG NACH DER BLÜTE

ADGO,E.; SCHULZE,J.; SCHILLING,G.

Institut für Bodenkunde und Pflanzenernährung der Martin-Luther-Universität Halle-Wittenberg

Adam-Kuckhoff-Str. 17b
06108 Halle/Saale
Tel: 0345 55-22421
Fax: 0345 55-27113

Zusammenfassung

Die N_2-Bindung der Rhizobien erfordert eine reichliche Assimilatversorgung der Wurzelknöllchen. Hieran kann es insbesondere zwischen Blüte und Reife wegen der dann stattfindenden Hülsenfüllung mangeln, was zur Hemmung bzw. Einstellung der N_2-Fixierung führt. Letzteres trifft beispielsweise für die frühreifen deutschen Erbsensorten Erbi, Grapis und Renata zu. Gefäßversuche mit Besprühung solcher Pflanzen durch Lösungen mit 2% Saccharose zeigten, daß die N_2-Fixierung hierdurch auch in der Hülsenfüllungsphase wieder in Gang gebracht werden kann. Ackerbohnen reagierten hierauf nicht, weil hier offenbar genügend Assimilate zur gleichzeitigen ausreichenden Versorgung von Hülsen und Rhizobien zur Verfügung stehen. Versuche mit abgeschnittenen Wurzeln zeigten, daß Assimilatmangel für die N_2-Fixierung offenbar mit einer Erhöhung der ATP-effizienten, durch Salicylhydroxamsäure (SHAM) nicht hemmbaren Atmungskapazität einhergeht. Hierdurch könnte der geringere spezifische Assimilatbedarf (mg C/mg N_{fix}) für die N_2-Fixierung in solchen Fällen erklärt werden. Als morphologisch erkennbares Kriterium für eine allmähliche Einstellung der N_2-Fixierung wegen Assimilatmangels kann die Geschwindigkeit des Absterbens älterer Blattetagen nach der Blüte dienen.

Einleitung

Die Ernährung der Leguminosen mit Luftstickstoff ist bekanntlich mit einem hohem Assimilataufwand des Makrosymbionten verbunden. Schätzungsweise 10-30 % der Assimilate aus der Netto-CO_2-Assimilation der Körnerleguminosen werden für die N_2-Fixierung aufgewendet (SCHUBERT, 1982; ATKINS, 1984). Allerdings begrenzt die Bereitstellung der entsprechenden C-Verbindungen für die Wurzelknöllchen die N_2-Fixierung offenbar erst dann, wenn die sich bildenden Hülsen nach der Blüte den größten Teil der Assimilate beanspruchen. Diese Konkurrenz zwischen beiden Sinks kann bei verschiedenen Leguminosenarten und -sorten unterschiedliche Reaktionen hervorrufen (HAYAS, 1988; MERBACH, 1982; SCHILLING, 1983; SCHULZE et al., 1994).

Tabelle 1: Dauer der N_2-Fixierung bei Erbsen (Pisum sativum L.) und Ackerbohnen (Vicia faba L.) sowie ihr C-Bedarf [mg C/mg N_{fix}] nach SCHULZE et al. (1994)

	Zeitpunkt		Aussaat Blüte	Reife
Acker-bohnen	„Erfano" (A 37[1])	N_2-Fixierung [mg C/mg N_{fix}]	4,1(100)	2,4(59)
Erbsen	„Grapis" (E 163[1])	N_2-Fixierung [mg C/mg N_{fix}]	3,9(100)	
	„Erbi" (E 163[1])	N_2-Fixierung [mg C/mg N_{fix}]	4,3(100)	
	„Sorte F" (E 163[1])	N_2-Fixierung [mg C/mg N_{fix}]	4,0(100)	1,6(40)

[1]Rhizobiumstamm Nr.

So ist Tab. 1 zu entnehmen, daß die äthiopische Erbsensorte F und die Ackerbohnen der Sorte „Erfano" nahezu bis zur Reife N_2 fixieren, und zwar nach der Blüte mit geringerem spezifischem C-Aufwand. Die beiden deutschen Erbsensorten „Erbi" und „Grapis" beenden dagegen die N_2-Fixierung bereits bei beginnender Hülsenfüllung nahezu. Hieraus leitet sich die Frage ab, ob die Einstellung der N_2-Fixierung einerseits und die Steigerung der C-Effizienz der N_2-Bindung bei „Erfano" und „Sorte F" nach der Blüte andererseits auf Assimilatmangel zurückzuführen sind. Wenn dies der Fall wäre, dürfte es nützlich sein, nach einfachen Erkennungsmerkmalen für Leguminosenidiotypen zu suchen, deren N_2-Fixierung - und Ertragsbildung - nicht durch Assimilatmangel begrenzt werden und die daher besonderen züchterischen Wert besitzen. Die vorliegende Arbeit will hierzu einen Beitrag leisten.

Material und Methoden

Die Anzucht der Pflanzen erfolgte in Mitscherlichgefäßen mit sterilisiertem (autoklaviertem) Quarzsand. Je 6 kg Quarzsand erhielten folgende Nährstoffmengen: 1,65 g K als K_2SO_4, 0,3 g Mg als $MgSO_4 . 7H_2O$, 2 ml 10 %ige $FeCl_3$-Lösung und 1 ml A-Z-Lösung nach HOAGLAND. Das Phosphat (0,52 g P als $CaHPO_4 . 2H_2O$) wurde dem trockenen Sand zugemischt. Die vorgekeimten Samen waren mit 10%igem H_2O_2 für 15 min zur Abtötung von Keimen behandelt worden und wurden stets mit Rhizobium leguminosarum in Form von vorher erprobten Torfimpfpräparaten[1] geimpft (ZALF).

Bestimmung von N_2-Fixierung und Trockensubstanzzunahme

Da die Pflanzen in N-freiem Quarzsand angezogen worden sind, konnten sie als Stickstoffquelle außer dem Samen-N lediglich den Luftstickstoff nutzen. Infolgedessen ergab sich die N-Assimilation in einer Meßperiode aus der Differenz der N-Menge in den Pflanzen abzüglich derjenigen in Proben der Vorernte zu Beginn der Meßperiode. Das zu jedem Erntezeitpunkt gewonnene Pflanzenmaterial wurde daher bei 105 °C getrocknet, gewogen und nach dem Kjeldahlverfahren (vgl. SCHULZE, 1993) auf seinen N-Gehalt untersucht.

Bestimmung des Anteils abgestorbener Blätter

Dieser Anteil wurde durch Zählen ermittelt. Als abgestorben galt eine Blattetage, wenn der Chlorophyllabbau nahezu vollständig war. Die Beurteilung erfolgte nach dem optischen Eindruck und trug daher subjektive Züge. Allerdings war der Zeitraum zwischen sichtbar beginnendem Chlorophyllabbau und dem völligen Absterben der Blätter mit etwa 4 d relativ kurz, so daß sich die Anzahl der abgestorbenen Etagen recht gut ermitteln ließ.

Bestimmung der Kapazität der einzelnen Atmungsarten in der Wurzel

In den Wurzeln höherer Pflanzen existieren neben dem cyanidsensitiven, im Hinblick auf die ATP-Bildung effizienten Weg der Atmung auch Schrittfolgen, bei denen kein oder wenig ATP gebildet wird. Mindestens eine hiervon läßt sich durch Salicylhydroxamsäure (SHAM), nicht aber durch KCN hemmen (LAMBERS, 1979; DAY, et al., 1980). Blockiert man nun durch jeweils einen der beiden Inhibitoren die betreffende Atmungsart, so spiegelt der dann gemessene O_2-Verbrauch die

---

[1] Die Torfimpfpräparate wurden freundlicherweise von Frau Prof. Höflich (Zentrum für Agrarlandschafts- und Landnutzungsforschung Müncheberg, ZALF) zur Verfügung gestellt.

Kapazität der anderen Wege wider. Kombinierter Einsatz von KCN und SHAM in Sättigungskonzentrationen läßt die „Restatmung" erfassen.

In den Versuchen sollte ermittelt werden, ob es Korrelationen zwischen dem Assimilatmangel für die N_2-Fixierung, der Herabsetzung des spezifischen C-Bedarfs hierfür (mg C/mg N_{fix}) und der möglichen Erklärung durch unterschiedliche Anteile cyanidsensitiver Atmungskapazität gibt.

Hierzu wurden die frisch geernteten Pflanzenwurzeln gründlich sandfrei gewaschen, auf Zellstoff trocken getupft und anschließend mit einer Schere kleingeschnitten. Hiervon sind in 4 „Karlsruher Flaschen" (300 ml mit Trichteraufsatz) je 4g eingewogen worden. In die erste Flasche kamen 300 ml Leitungswasser (= Kontrollprobe). Zu weiteren drei Flaschen wurde soviel KCN- bzw. SHAM-Lösung zugesetzt, daß die Konzentration der Hemmstoffe nach dem Auffüllen mit O_2-gesättigtem Leitungswasser 0,4 mM KCN bzw. 25 mM SHAM oder - im dritten Fall - 0,4 mM KCN + 25 mM SHAM betrug. Nach 2-stündiger Reaktionszeit (pH 6,5 und 22°C) wurde der Sauerstoffgehalt im Wasser mit Hilfe einer Sauerstoffelektrode vom Typ „Trioxmatric^{R}300" bestimmt. Nach einer Stunde wurde die Messung wiederholt, und aus der Differenz der beiden Messungen konnte der Sauerstoffverbrauch der eingewogenen Wurzelmasse bestimmt werden. Für jede Behandlungsart gab es 4 Wiederholungen.

Da die Wurzelproben einen unterschiedlichen Wassergehalt aufweisen können, wurden vorher parallele Proben der abgeschnittenen Wurzeln eingewogen und getrocknet. Dadurch war es möglich, den Sauerstoffverbrauch auf Trockensubstanzbasis zu berechnen und die einzelnen Messungen zu vergleichen.

Ergebnisse und Diskussion

Entsprechend dem in der Einleitung formulierten Ziel sollte zunächst anhand einer Erbsen- und einer Ackerbohnensorte untersucht werden, ob die Einstellung der N_2-Fixierung und die Verbesserung der C-Ökonomie ihre Ursache im Assimilatmangel haben. Dazu wurde an einer Variante der jeweiligen Pflanzenart von der Vorernte (21 Tage nach Auflaufen) an das Blattwerk zweimal täglich mit 2%iger Saccharoselösung besprüht, während die andere Variante unbehandelt blieb. Die Änderung der N-Assimilation und der TS-Bildung wurden dann zwischen den mit Zucker behandelten und den unbehandelten Varianten verglichen (Tab. 2).

Zwischen Vorernte und Blüte hatte die Zuckerfütterung bei Ackerbohnen keinen Effekt. Hier lag offenbar kein Assimilatmangel vor. Nach der Blüte reagierten die Sproßbildung und die N_2-Fixierung ebenfalls nicht, obwohl Vorversuche mit ^{14}C-Saccharose Aufnahme und Verlagerung bestätigt hatten. Der Zuwachs an Wurzelmasse demonstrierte jedoch einen signifikanten Effekt der Zuckerbehandlung. Möglicherweise war dies ein erster Anhaltspunkt für beginnenden Assimilatmangel in diesem Entwicklungsabschnitt. Ein Zusammenhang mit der Verbesserung der C-Ökonomie bei der N_2-Fixierung (Tab. 1) ist nicht auszuschließen.

Anders als die Ackerbohne verhielt sich die Erbse (Tab. 2). Die leichte Zunahme der Wurzeltrockenmasse durch Zuckerbehandlung vor der Blüte signalisiert vielleicht einen gewissen Assimilatmangel bereits in diesem Stadium der Pflanzenentwicklung.

Tabelle 2: Einfluß einer täglichen Blattbesprühung mit 2%iger Saccharoselösung auf die N_2-Fixierung und Trockensubstanzbildung bei Ackerbohnen (Fribo, gleiches Verhalten wie bei Erfano) und Erbsen (Erbi, gleiches Verhalten wie bei Grapis), Angaben je Mitscherlichgefäß als Mittel aus 4 Wiederholungen

	Erbse		Ackerbohne	
zwischen Vorernte und Blühbeginn				
	ohne Zucker	mit Zucker	ohne Zucker	mit Zucker
Trockenmasse Sproß [g]	7,22	7,03	14,97	14,87
Trockenmasse Wurzel [g]	0,59	0,72*	2,82	2,62
Gesamt-N-Menge [mg]	274	275	354	329
zwischen Blühbeginn und Reife				
	ohne Zucker	mit Zucker	ohne Zucker	mit Zucker
Trockenmasse Sproß [g]	5,47	22,2*	36,1	40,4
Trockenmasse Wurzel [g]	0,07	0,45*	0,3	1,9*
Gesamt-N-Menge [mg]	119	342*	1102	1100

* = (t-Test, $\alpha \leq 5\%$) signifikant verschieden gegenüber der Variante ohne Zucker

Nach der Blüte führt die Zuckerfütterung nicht nur zu einem starken Substanzzuwachs bei Wurzel und Sproß, sondern auch zu einer drastischen Erhöhung der N_2-Fixierung. Die unbehandelte Variante stellt die Stickstoffbindung nahezu ein. Daß sie überhaupt noch N_2 fixiert, hat seine Ursache sicher darin, daß die Ernte im Unterschied zu den Versuchen in Tab. 1 bereits zu Blühbeginn erfolgte und die Hülsenbildung nicht bei allen Pflanzen zur gleichen Zeit einsetzt. Daher gibt es eine gewisse N_2-Fixierung bis zu dem Zeitpunkt, an dem die Hülsen ihren starken Assimilatsog ausüben.

Es fragte sich nun, ob der Assimilatmangel mit einer Umsteuerung der Atmungseffizienz einhergeht. Daher wurden bei beiden Pflanzenarten die Kapazitäten der unterschiedlichen Atmungsarten in der Wurzel vor und nach der Blüte untersucht (Tab. 3)

Tabelle 3: Anteil der Kapazität der einzelnen Atmungsarten an der gesamten Wurzelatmung bei Ackerbohnen und Erbsen

Relativer Sauerstoffverbrauch von Wurzelstücken, gemessen mit der O_2-Elektrode in μmol O_2/g Trockenmasse Wurzel und Stunde, Konzentration der Hemmstoffe: SHAM 25 mM, KCN 0,4 mM.

		CN^--resist. (ATP-ineffizient) %	SHAM-resist. (ATP-effizient) %	Restatmung (ATP-Bildung?) %
Erfano	1	60	34	6
	2	57	33	10
Grapis	1	66*	25*	9*
	2	41	40	19
Sorte F	1	52*	32*	16
	2	32	46	22

1 = vor Blüte, 2 = nach Blüte, * = (t-Test, $\alpha \leq 5\%$) signifikant verschieden gegenüber nach der Blüte

Aus den Ergebnissen ist zu erkennen, daß bei Ackerbohnen keine signifikante Änderung des Anteils der einzelnen Atmungskapazitäten vor und nach der Blüte auftritt. Nur die Restatmung ist nach der Blüte offenbar leicht erhöht. Dagegen wird bei der Sorte „Grapis" die ATP-ineffiziente Atmungsart zugunsten der ATP-effizienten Wurzelatmung nach der Blüte stark verringert. Ein Zusammenhang mit dem festgestellten Assimilatmangel scheint sich daher zu ergeben. Zugleich ist auch die Restatmung erhöht. Eine ähnliche Verschiebung der Atmungsarten wird auch bei der Sorte F festgestellt. Jedoch ist bei dieser Sorte die N_2-Fixierung nach der Blüte nicht gehemmt, sie kommt aber mit geringerem C-Aufwand (Tab. 1) aus.

Die Sorte F stört also den angedeuteten Zusammenhang zwischen Assimilatmangel und Verschiebung der Atmungskapazitäten nach der Blüte. Möglicherweise besitzt sie einen geringeren Assimilatbedarf je Zeiteinheit für die Hülsenbildung wegen einer längeren generativen Phase.

Daher erscheint es notwendig, das Wuchsverhalten der unterschiedlichen Erbsensorten und Ackerbohnen zu untersuchen. Das Ergebnis dieses Versuchs ist in Tab. 4 zusammengestellt. Es fällt auf, daß die Sorte F mit nach der Blüte andauernder N_2-Fixierung eine längere generative Phase besitzt und damit den Ackerbohnen der Sorte „Erfano" ähnelt. Dies erklärt die Vermutung, daß der Assimilatbedarf je Tag für die

Hülsenbildung zwischen Blüte und Reife gering ist. Die Sorten „Renata" und „Grapis" haben dagegen eine sehr viel kürzere generative Phase. Offenbar ist hier die Assimilatversorgung der Wurzel je Zeiteinheit schlechter.

Tabelle 4: Dauer der N_2-Fixierung und Absterben der unteren Blattetagen bei Ackerbohnen und Erbsen
Angaben je Mitscherlichgefäß als Mittel aus 6 Wiederholungen

	Ackerbohne Erfano	Erbse Renata	Grapis	Sorte F
N_{ges} zur Reife [mg]	2570	364	393	1264
N_{ges} zur Blüte [% von N_{ges} zu Reife]	30	92	69	29
Dauer der generativen Phase [d]	65	40	42	61
abgestorbene Blattetagen %				
Anfang der Blüte	0	44	38	42
Ende der Hülsenfüllung	10	90	75	55

Daher stellt die Verschiebung der Atmungskapazitäten nur dann einen Indikator für die Hemmung der N_2-Fixierung dar, wenn lediglich eine kurze Zeit zwischen Blüte und Reife vergeht. Das heißt, die Verschiebung der Atmungskapazitäten kann nicht allein als Indikator für die N_2-Fixierung zwischen Blüte und Reife dienen, sondern nur in Verbindung mit der Dauer der generativen Phase. Deshalb ist sie ein relativ unsicheres Maß. Aus diesem Grund scheint es wünschenswert, nach einem anderen Indikator für die Dauer der N_2-Fixierung zu suchen.

Die Assimilatversorgung aller Teile - auch der Wurzel - ist nur bei vollem grünem Blattapparat gewährleistet. Schnelles Absterben von Blättern begrenzt die Assimilatversorgung der Wurzel und hemmt damit die N_2-Fixierung. Daher enthält Tab. 4 auch den Anteil der abgestorbenen Blattetagen zur Blüte und zur Reife bei allen Typen. Erfano einerseits und Renata und Grapis andererseits sind Extreme bezüglich frühzeitigen Absterbens der unteren Blattetagen. Die N_2-Fixierung zwischen Blüte und Reife und das Absterben dieser Teile korrelieren also offenbar negativ. Die Sorte F nimmt eine Mittelstellung ein und signalisiert damit unter Umständen die Grenze des Assimilatmangels für die Wurzel. Das würde mit der Umsteuerung der Atmungskapazitäten übereinstimmen. Züchtungsziel muß daher sein, die Eigenschaften Frühreife und Erhaltung eines grünen Blattapparats zwischen Blüte und Reife zu vereinigen. Dies scheint besonders für semileafless Sorten von Bedeutung sein. An Sojabohnen konnte gezeigt werden, daß ein solches Zuchtziel durchaus realistisch ist (ABU-SHAKRA et al., 1978). Die Eigenschaft war über einige Generationen stabil, also genetisch determiniert, und führte tatsächlich zu einer stärkeren N_2-Fixierung.

Literaturverzeichnis

ABU-SHAKRA, S. S.; PHILLIPS, D. A.; HUFFAKER, R. C.: Nitrogen fixation and delayed leaf senescence in soybeans. Science **199**, 973-975 (1978)

ATKINS, C. A.: Efficiencies and inefficiencies in the legume/Rhizobium symbiosis - A review. Plant and Soil **82**, 273-284 (1984)

DAY, D. A.; APRON, G. P.; LATIES, G. G.: Nature and control of respiratory pathways in plants: The interaction of cyanide-resistent respiration with the cyanide-sensitive pathway. In: The biochemistry of plants, **Vol. 2**, Metabolism and respiration. Hrsg. D. D. Davies, Academic press, New York, 197-241 (1980)

HAYAS, B.: Der Einfluß verschiedener Rhizobiumstämme auf die Luftstickstoffbindung einer syrischen und einer DDR-Erbsensorte (Pisum sativum L.). Diss. A Martin-Luther-Universität Halle-Wittenberg (1988)

LAMBERS, H.: Energy metabolism in higher plants in different environments. Thesis, Groningen (1979)

MERBACH, W.: Untersuchungen über Stickstoffumsatz und symbiontische N_2-Fixierung bei Körnerleguminosen. Diss. B Martin-Luther-Universität Halle-Wittenberg (1982)

SCHILLING, G.: Genetic specificity of nitrogen nutrition in leguminous plants. Plant and Soil **72**, 321-334 (1983)

SCHUBERT, K. R.: The energetics of biological nitrogen fixation. Workshop summaries I. A Publication of the American Society of Plant Physiologists 1-30 (1982)

SCHULZE, J.; ADGO, E.; SCHILLING, G.: The influence of N_2-fixation on the carbon balance of leguminous plants. Experientia **50**, 906-912 (1994)

SCHULZE, J.: Untersuchungen zur Kohlenstoffbilanz an Leguminosen und Nichtleguminosen unter besonderer Berücksichtigung der organischen Wurzelausscheidungen. Diss. Martin-Luther-Unversität Halle -Wittenberg (1993)

MECHANISMEN DER PHOSPHATMOBILISIERUNG AUS CALCIUMPHOSPHATEN DURCH ZWEI BAKTERIENSTÄMME

DEUBEL, A., und GRANSEE, A.

Martin-Luther-Universität Halle-Wittenberg
Institut für Bodenkunde und Pflanzenernährung
Professur für Physiologie und Ernährung der Pflanzen
Adam-Kuckhoff-Straße 17 b
06108 Halle
Tel.: 0345 / 818347   Fax: 0345 / 2031390

Zusammenfassung

Die Zusammensetzung der Zuckerfraktion organischer Wurzelabscheidungen höherer Pflanzen hängt in entscheidendem Maße von deren Phosphaternährung ab. Bei Erbsen der Sorte Grapis ging unter Phosphatmangel vor allem der Anteil Glucose, welcher bei optimaler P-Ernährung nahezu 50% ausmacht, zugunsten von Galactose, Xylose, Ribose und Fucose zurück. Der *Pseudomonas fluorescens*- Stamm PsIA12 konnte in vitro mit Glucose als C-Quelle signifikant mehr Tricalciumphosphat mobilisieren als mit allen anderen Zuckern. Dagegen zeigte der *Pantoea agglomerans*-Stamm D 5/23 das höchste Calciumphosphatlösungsvermögen mit den Zuckern, deren Anteil in Wurzelabscheidungen von Phosphatmangelpflanzen zunimmt.
Mit Hilfe von GC- und HPLC-Untersuchungen wurde die Produktion verschiedener organischer Säuren nachgewiesen. Unterschiede in der bakteriellen Phosphatmobilisierungs-leistung in Abhängigkeit von der Art der als C-Quelle zur Verfügung stehenden Zucker sind dabei sowohl auf quantitative als auch auf qualitative Änderungen in der Produktion organischer Säuren durch die Bakterienstämme zurückzuführen. Die Ansäuerung des Nährmediums allein kann die phosphatlösenden Eigenschaften der beiden Bakterienstämme nur teilweise erklären.

Einführung

In vorangegangenen Arbeiten (WITTENMAYER und GRANSEE 1992; GRANSEE 1993) wurde eine Methode vorgestellt, organische Wurzelabscheidungen junger Pflanzen qualitativ und quantitativ zu erfassen. Mit Hilfe von Ionenaustauschern wurden diese Verbindungen in drei Fraktionen - Zucker, Aminosäuren / Amide und „Nichtamino"-Carbonsäuren - getrennt, welche anschließend mittels HPLC und GC analysiert wurden. Erfolgte die Anzucht der Pflanzen, z. B. von Erbsen der Sorte Grapis (GRANSEE 1993), unter Phosphatmangel, kam es im Vergleich zu einer optimalen P-Ernährung neben einer Erhöhung des Anteils organischer Säuren an den insgesamt abgeschiedenen Verbindungen zu erheblichen qualitativen Veränderungen in der Zusammensetzung der Zuckerfraktion der Wurzelabscheidungen. Da neutrale Kohlenhydrate einerseits die mengenmäßig wichtigste Fraktion der wasserlöslichen organischen Abscheidungen darstellen, andererseits vermutlich keine direkte Wirkung auf die Phosphatdynamik im Boden haben, wurde geprüft, ob diese Veränderungen in der Zuckergarnitur der Wurzelabscheidungen Wachstum und Calciumphosphatmobilisierungsleistung von Rhizosphärenbakterien beeinflussen (DEUBEL 1993).

Es zeigte sich, daß qualitative Änderungen im Zuckerangebot bei gleichbleibenden C-Gehalten im Nährmedium kaum zu Veränderungen des Wachstums verschiedener Bakterienstämme führten, das Tricalciumphosphatlösungsvermögen dieser Stämme aber entscheidend beeinflußten. Dabei kann die Reaktion verschiedener Bakterienstämme auf die Zuckergarnitur von Phosphatmangelpflanzen im Vergleich zu der optimal ernährter Pflanzen völlig unterschiedlich sein. Es stellte sich nun die Frage, auf welche Einzelzucker die Bakterienstämme positiv bzw. negativ reagieren, auf welchen Mechanismen das Calciumphosphatlösungsvermögen dieser Stämme beruht und ob sich bei Veränderung des Zuckerangebotes quantitative und / oder qualitative Unterschiede in der Säureproduktion durch die Bakterien ergeben.

Material und Methoden

Einzelheiten zur Anzucht der Pflanzen in Quarzsand (+ 0,25 g N als $Ca(NO_3)_2 \cdot 4\,H_2O$, 0,35 g P (nur P-gedüngte Variante) als Pufferlösung (1/15 M KH_2PO_4 / K_2HPO_4 3 H_2O, 73,8 : 26,2 v / v, pH 6,4), 0,83 g K als KH_2PO_4, K_2HPO_4 3 H_2O und K_2SO_4, 0,3 g Mg als $MgSO_4$ 7 H_2O, 1 ml Fe-EDTA-Lösung ($c_{Fe} \cong$ 10%ige $FeCl_3$-Lösung) sowie je 1 ml A-Z -Lösung a und b nach HOAGLAND je 6 kg Sand) und zur Gewinnung und Analyse organischer Wurzelabscheidungen sind WITTENMAYER und GRANSEE (1992) sowie GRANSEE (1993) zu entnehmen.

Die verwendeten Bakterienstämme PsIA12 (*Pseudomonas fluorescens*) und D 5/23 (*Pantoea agglomerans*) wurden im ZALF Müncheberg isoliert und auf Etablierbarkeit und wachstumsfördernde Eigenschaften bei verschiedenen Pflanzenarten getestet.

Die Kultivierung der Bakterien erfolgte als Standkultur (limitiertes O_2-Angebot) in Blutkonservenflaschen mit jeweils 30 ml flüssigem Nährmedium und einer Inkubationszeit von 7 Tagen bei 28 °C. Je Variante wurden 4 Wiederholungen angelegt.

Als Standardnährmedium kam MUROMCEV-Nährlösung zum Einsatz, welche als C-Quelle 1% Glucose und als N-Quelle 0,1% Asparagin enthält, was recht gut dem Verhältnis von Kohlenhydraten zu Aminosäuren / Amiden in organischen Wurzelabscheidungen entspricht. Da keine schwer definierbaren Bestandteile wie Hefeextrakt oder Pepton enthalten sind, eignet sich dieses Medium ebenfalls sehr gut, von den Bakterien produzierte Verbindungen in Lösung nachzuweisen. Um den Einfluß des Zuckerangebotes auf Wachstum und Phosphatmobilisierungsvermögen der Bakterienstämme zu testen, wurde Glucose wechselweise komplett durch einzelne andere Zucker, welche in Wurzelabscheidungen höherer Pflanzen eine Rolle spielen, ersetzt.

Die Phosphatversorgung der Bakterien erfolgte entsprechend der Versuchsfrage als

30 mg $Ca_3(PO_4)_2$ / Gefäß	oder	**200 µg P / ml als K_2HPO_4 / KH_2PO_4**
(entspricht 200 µg P / ml)		(*p*H 6,9)

zur Überprüfung des Calciumphosphatlösungsvermögens der Bakterienstämme

für die Bestimmung durch die Bakterien produzierter organischer Säuren

(kein Einsatz von Calciumphosphaten, um zu verhindern, daß gebildete Säuren wasserunlösliche Calciumsalze oder -komplexe bilden und somit in Lösung nicht erfaßt werden können)

<u>Analyseschritte nach Abschluß der Wachstumszeit:</u>

- *p*H-Wert-Bestimmung in der Nährlösung (*p*H-Meter mit Einstabmeßkette)
- 15minütige Zentrifugation bei $5600 \times g$

<table>
<tr><td align="center">Niederschlag</td><td align="center">Zentrifugat</td></tr>
</table>

(= Bakterienzellen sowie ungelöste Phosphatpartikel bei Einsatz von $Ca_3(PO_4)_2$)

• Proteinbestimmung mit einer modifizierten LOWRY-Methode (WANDT 1989)

• Phosphatbestimmung nach MURPHY and RILEY (1962)

• qualitative und quantitative Bestimmung von organischen Säuren, die durch die Bakterien gebildet wurden

<u>Analyse durch Bakterien produzierter organischer Säureanionen:</u>

Eine Fraktionierung der zentrifugierten Nährlösung in die Stoffgruppen erfolgte wie bei der Analyse von Wurzelabscheidungen mittels Ionenaustauschersäulen. Zur exakten quantitativen Bestimmung organischer Säuren wurde der Probe ein interner Standard (200 µg / ml Malonsäure) zugesetzt.

Ein Aliquot der „Nichtamino" - Carbonsäure- Fraktion wurde nach Vakuumtrocknung in ca. 20 µl Methanol gelöst und mit etherischer Diazomethanlösung 15 min methyliert. Nach vorsichtigem Abdampfen des Ethers wurden die Methylester in 100 µl Acetonitril aufgenommen und am Kapillargaschromatographen Varian GC 3400 (Walnut Creek, CA, USA) getrennt (Verwendete Säule: DB 210 (J&W Scientific, FOLSOM, CA, USA), 0,32 mm i. D., 0,5 µm Filmdicke, 30 m Länge; Trägergas: Stickstoff, Durchflußrate 0,91 ml min^{-1}; Injektor: Split / Splitless-Kapillarinjektor 1077, Splitverhältnis 1:13; Temperaturprogramm: Säule 80 → 260 °C, Heizrate 10 K · min^{-1}; Injektor 80 °C, Flammenionisationsdetektor 180 °C).

Eine Identifizierung unbekannter Verbindungen in dieser Fraktion erfolgte am Gaschromatographen-Massenspektrometer MD 800 (Fisons Instruments, Manchester).

Zusätzlich wurde eine Analyse organischer Säuren mittels HPLC durchgeführt:
Interface D-6000, Intelligent Pump L-6200 (Merck/Hitachi, Darmstadt/San Jose, CA., USA), verwendete Säule: Aminex HPX - 87 H Column 300 mm × 7,8 mm, Laufmittel: 0,004 mol · l^{-1} H_2SO_4, Durchfluß 0,6 ml min^{-1}, Säulentemperatur 30 °C, UV-Detektor L 4000 (Merck/Hitachi, Darmstadt/San Jose, CA., USA) mit Deuteriumlampe, Wellenlänge: 215 nm (JOHNSON et al., 1994).

Ergebnisse und Diskussion

Bei ca. 3 Wochen alten, mineralisch mit N versorgten Erbsenpflanzen der Sorte Grapis stellte GRANSEE (1993) in Abhängigkeit von der Phosphaternährung folgende Zusammensetzung der Zuckerfraktion organischer Wurzelabscheidungen fest:

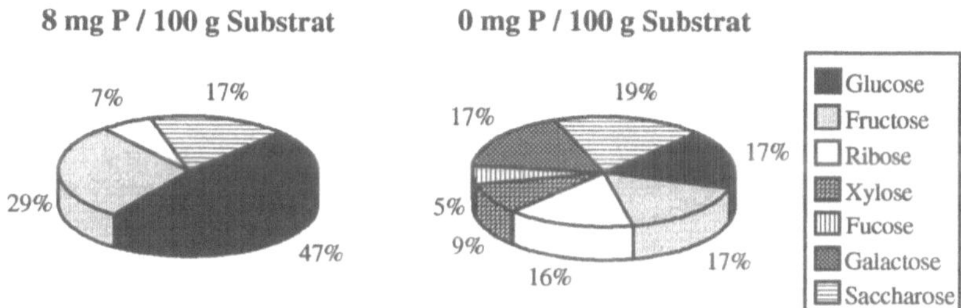

Abb. 1: Zusammensetzung der Zuckerfraktion organischer Wurzelabscheidungen von ca. 3 Wochen alten Erbsenpflanzen der Sorte Grapis in Abhängigkeit von der Phosphaternährung der Pflanzen

Die Zuckerfraktion optimal mit Phosphat versorgter Erbsenpflanzen enthielt nahezu 50% Glucose, daneben Fructose, Saccharose und Ribose. Unter Phosphatmangel ging der Glucoseanteil, in geringerem Maße auch derjenige an Fructose zurück. Dafür schieden die Wurzeln relativ mehr Ribose sowie die bei optimaler Ernährung gar nicht nachweisbaren Zucker Xylose, Fucose und Galactose ab.

Diese Zucker wurden nun, wie im Methodenteil beschrieben, in Form von Standardsubstanzen an die Bakterienstämme PsIA12 (*Pseudomonas fluorescens*) und D 5/23 (*Pantoea agglomerans*) verfüttert. Die Ergebnisse sind in Abb. 2 dargestellt. In allen Varianten konnte in den bewachsenen Proben deutlich mehr Phosphat in Lösung nachgewiesen werden als in den sterilen Kontrollen, wobei der *p*H-Wert der Nährlösungen stets unter dem ursprünglich eingestellten Wert von 6,9 lag. PsIA12 mobilisierte mit Glucose, welche in Wurzelabscheidungen optimal mit Phosphat versorgter Erbsen der Sorte Grapis den größten Anteil ausmachte, signifikant mehr Phosphat als mit allen anderen Zuckern. Besonders mit den bei Phosphatmangelpflanzen wichtigen Pentosen wurde vergleichsweise wenig Tricalciumphosphat gelöst. Im Gegensatz dazu zeigte D 5/23 gerade mit den Zuckern, deren Anteil in Wurzelabscheidungen von Phosphatmangelpflanzen zunimmt, ein signifikant gesteigertes Calciumphosphatlösungsvermögen.

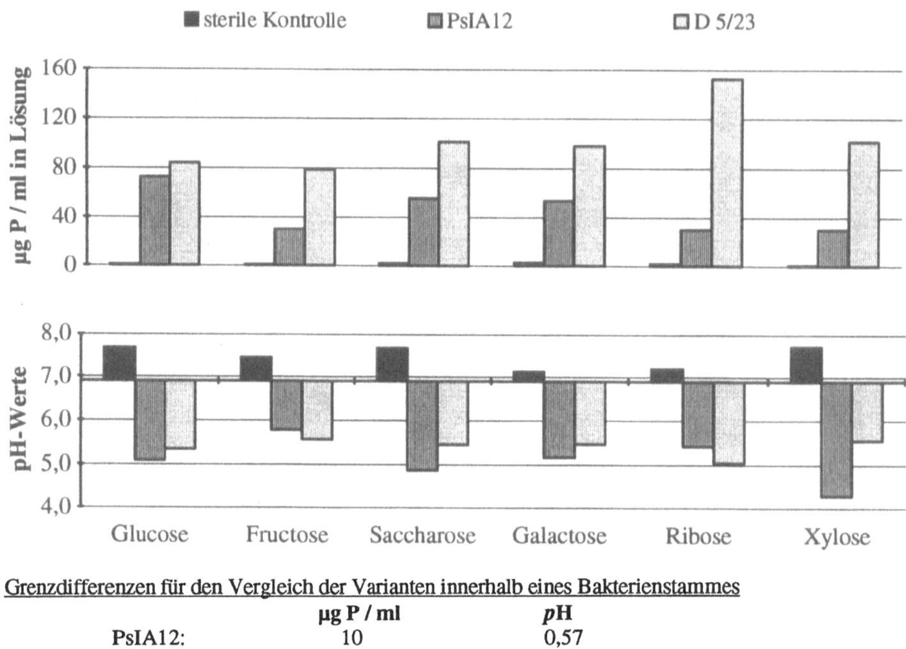

Grenzdifferenzen für den Vergleich der Varianten innerhalb eines Bakterienstammes

	µg P / ml	pH	
PsIA12:	10	0,57	
D 5/23:	13	0,20	(TUKEY - Test, $\alpha = 5\%$):

Abb. 2: Mobilisierung tertiären Calciumphosphates und damit einhergehende pH-Wert-Veränderungen im Nährmedium während der Inkubationszeit (Ausgangs-pH-Wert: 6,9) in Abhängigkeit von der Art des als C-Quelle zur Verfügung stehenden Zuckers

Diese Unterschiede ließen sich nicht auf Wachstumseffekte (Proteinbestimmung) zurückführen. In allen Varianten ist bei PsIA12 mit einem Phosphateinbau von 10-15 µg P / ml, bei D 5/23 von 7-10 µg P/ ml in die Bakterienzellen zu rechnen.

Obwohl beide Stämme das Nährmedium ansäuern, konnte keine enge Beziehung zwischen pH-Wert der Nährlösung und mobilisierter Phosphatmenge festgestellt werden. So säuert PsIA12 die Nährlösung bei vergleichbarer oder sogar geringerer Phosphatmobilisierung häufig stärker an als D 5/23. Auch innerhalb eines Stammes wurden beispielsweise durch PsIA12 mit Glucose bei pH 5,1 72 µg P / ml, mit Xylose dagegen bei pH 4,3 nur 29 µg P / ml in Lösung gebracht. Die pH-Absenkung kann das Calciumphosphatlösungsvermögen der Stämme also nur teilweise erklären. Daher wurde in 2 Wiederholungen überprüft, welche organischen Säuren durch die beiden Bakterienstämme gebildet werden und ob bei Verfütterung verschiedener Zucker qualitative und / oder quantitative Unterschiede auftreten. Die Ergebnisse sind in den Tabellen 1 und 2 dargestellt (Mittelwerte sowie Differenz der Einzelwerte zum Mittelwert).

Tab. 1: Gehalte an organischen Säuren (**µg / ml**) in der Nährlösung einer 7 d alten PsIA12
(*Pseudomonas fluorescens*) - Kultur

identifizierte Säuren	C-Quelle				
	Glucose	Fructose	Galactose	Ribose	Xylose
Bernsteinsäure	**1015** (±135)	**1469** (±598)	**1042** (±116)	**1613** (±26)	**1101** (±343)
Milchsäure	**328** (±118)	**463** (±228)	**640** (±6)	**100** (±46)	**94** (±12)
Äpfelsäure	**25** (±5)	**13** (±5)	**11** (±2)	**20** (±3)	**10** (±4)
Zitronensäure	**9** (±1)	**1** (±1)	-	-	**4** (±2)
Ketogluconsäure*	**12** (±8)	-	**30** (±7)	**20** (±5)	**20** (±7)
Galacturonsäure*	**10** (±6)	**4** (±1)	**21** (±17)	**12** (±6)	**6** (±6)

Tab. 2: Gehalte an organischen Säuren (**µg / ml**) in der Nährlösung einer 7 d alten D 5-23
(*Pantoea agglomerans*) - Kultur

identifizierte Säuren	C-Quelle				
	Glucose	Fructose	Galactose	Ribose	Xylose
Bernsteinsäure	**249** (±7)	**394** (±30)	**348** (±21)	**318** (±16)	**293** (±110)
Hydroxyglutar-säure	**134** (±59)	**61** (±4)	**23** (±8)	**10** (±2)	**14** (±8)
Milchsäure	**19** (±10)	**7** (±2)	**12** (±1)	**19** (±8)	**3** (±2)
Zitronensäure	-	-	-	**7** (±1)	**30** (±15)
Adipinsäure	**20** (±8)	-	-	-	**17** (±12)
Glucuronsäure*	**5** (±2)	-	-	-	-
Ketogluconsäure*	**11** (±11)	**20** (±7)	**8** (±8)	-	-
Galacturonsäure*	**3** (±3)	-	-	**9** (±5)	**8** (±1)

* mit HPLC-Fluoreszenzdetector gemessen, alle anderen mit GC/FID

PsIA12 produziert relativ große Säuremengen, in erster Linie Bernsteinsäure und Milchsäure, daneben Äpfelsäure, Zitronensäure, Ketogluconsäure, Galacturonsäure sowie einige noch nicht identifizierte Verbindungen, deren mengenmäßige Bedeutung aber unter den bekannten Substanzen liegen dürfte. Für Differenzen in der $Ca_3(PO_4)_2$- Mobilisierung zwischen den Varianten sind neben quantitativen Unterschieden in der Säureproduktion, welche sich auf die Absenkung des *p*H-Wertes im Nährmedium auswirken, auch qualitative Verschiebungen verantwortlich. So wurde mit den beiden Pentosen weniger Milchsäure abgeschieden als mit Hexosen. Verglichen mit den großen Differenzen im Tricalciumphosphatlösungsvermögen (vgl. Abb. 2) sind die Unterschiede in der Säureproduktion zwischen den einzelnen Varianten aber gering. Es kann nicht ausgeschlossen werden, daß dieser Stamm in einigen Varianten auch Verbindungen produziert, welche der Mobilisierung von tertiärem Calciumphosphat entgegenwirken bzw. Phosphationen binden, da trotz wesentlich größerer ausgeschiedener Säuremengen weniger Phosphat mobilisiert wurde als durch D 5/23.

Bei dem *Pantoea agglomerans*-Stamm scheint Hydroxyglutarsäure nach Bernsteinsäure die mengenmäßig größte Rolle zu spielen. Milchsäure findet sich in geringen Mengen in allen Varianten. Bei Verfütterung von Glucose und Xylose war außerdem Adipinsäure nachweisbar. Die in der Literatur hinsichtlich P-Mobilisierung als besonders effektiv eingeschätzte Zitronensäure konnte nur bei Verfütterung der beiden Pentosen nachgewiesen werden. Mittels HPLC ließen sich geringe Mengen verschiedener Zuckersäuren nachweisen. Vergleichsweise große Peaks traten bei Pantoea aber auch innerhalb der nicht identifizierten Substanzen auf, vor allem mit den Zuckern, welche bei Phosphatmangelpflanzen eine Rolle spielen (Ribose, Xylose, Galactose).

Insgesamt reicht die nachweisbare Säureproduktion dieses Stammes aus, die Phosphatmobilisierungsleistung zu erklären, wobei Differenzen zwischen den Varianten durch qualitative und quantitative Unterschiede in der Produktion von „Nichtamino"-Carbonsäuren verursacht werden.

Änderungen der Calciumphosphatmobilisierungsleistung von Bakterien sind auch in Abhängigkeit vom O_2-Angebot zu erwarten (Umstellung des Stoffwechsels auf anaerobe Atmungsprozesse oder Gärung bei Sauerstoffmangel). Auch bleibt natürlich zu prüfen, welche der produzierten organischen Säuren unter Bodenbedingungen wirksam werden.

Literaturverzeichnis

DEUBEL, A.: Einfluß wurzelbürtiger C-Verbindungen auf das Phosphatlösungsvermögen von Bakterienstämmen. Ökophysiologie des Wurzelraumes Nr. 4, 60-63 (1993)

GRANSEE, A.: Qualitative und quantitative Analyse von Wurzelausscheidungen bei Erbsen in Abhängigkeit vom Phosphaternährungszustand. Ökophysiologie des Wurzelraumes Nr. 4, 56-59 (1993)

JOHNSON, J.F.; ALLAN, D.L., and VANCE, C.P.: Phosphorus stress - induced proteoid roots show altered metabolism in *Lupinus albus*. - Plant Physiol. **104**, 657-665 (1994)

MUROMCEV, G.S.: Die lösende Wirkung einiger Wurzel- und Bodenmikroorganismen auf die wasserunlöslichen Calciumphosphate. (russ.) Agrobiologija **5**, 9-14 (1958)

MURPHY, J., and RILEY, J.P.: A modified single solution method for the determination of phosphate in natural waters. Analytica chim. Acta **27**, 31-36 (1962)

WANDT, E.: Untersuchungen zu Wachstum und N_2-Bindung (Nitrogenaseaktivität) von *Azospirillum lipoferum* in Abhängigkeit von den Kulturbedingungen. Diss. Martin-Luther-Univ. Halle-Wittenberg (1986)

WITTENMAYER, L., und GRANSEE, A.: Untersuchungen zur quantitativen und qualitativen Bestimmung von organischen Wurzelausscheidungen bei Mais und Erbsen. Ökophysiologie des Wurzelraumes Nr. 3, 81-85 (1992)

3

Wurzelexsudation

KURZZEITIGE ABGABE ORGANISCHER SÄUREN AUS PROTEOIDWURZELN VON HAKEA UNDULATA (PROTEACEAE)

NEUMANN, G.; DINKELAKER, B., UND MARSCHNER, H.

Universität Hohenheim
Institut für Pflanzenernährung
Fruwirthstr. 20
D-70593 Stuttgart

Tel.: (0711) 459-2344   Fax: (0711) 459-3295

EINLEITUNG

Als Proteoidwurzeln werden Wurzelcluster aus Seitenwurzeln mit begrenztem Wachstum bezeichnet, die oft dicht mit Wurzelhaaren besetzt, "Flaschenbürsten"-artig entlang von Seitenwurzeln erster oder höherer Ordnung ausgebildet werden (Abb. 1). Derartige Wurzelcluster sind ein Charakteristikum der Familie der *Proteaceae*, deren baum- und strauchförmige Vertreter vorwiegend in Westaustralien und Südafrika beheimatet sind (LAMONT, 1982). Homologe Strukturen finden sich aber auch bei anderen Familien, wie z.B. in den Gattungen *Casuarina* (*Casuarinaceae*), *Lupinus* (*Fabaceae*), *Acacia* (Mimosaceae), *Myrica* (*Myricaceae*) und *Ficus* (*Moraceae*). Proteoidwurzeln werden als Anpassungen an extrem nährstoffarme Standorte gedeutet, und ihre Ausbildung wird in erster Linie durch Phosphatmangel induziert. Aber auch Eisen-, Zink- und Stickstoffmangel werden als Induktionsfaktoren beschrieben (DINKELAKER et al., 1995). Die Wurzelcluster, die eine Längsausdehnung von 1 - 5 cm, im Extremfall auch bis zu 20 cm erreichen und deren Anteil 40 - 50 % des Gesamtwurzelsystems ausmachen kann, scheiden große Mengen an Exsudaten ab, die aus organischen Säuren, phenolischen Substanzen und Exoenzymen (saure Phosphatasen) zusammengesetzt sein können. Durch pH-Absenkung, Reduktion, Komplexierung oder enzymatische Spaltung können in schwerlöslichen Verbindungen vorliegende Pflan-

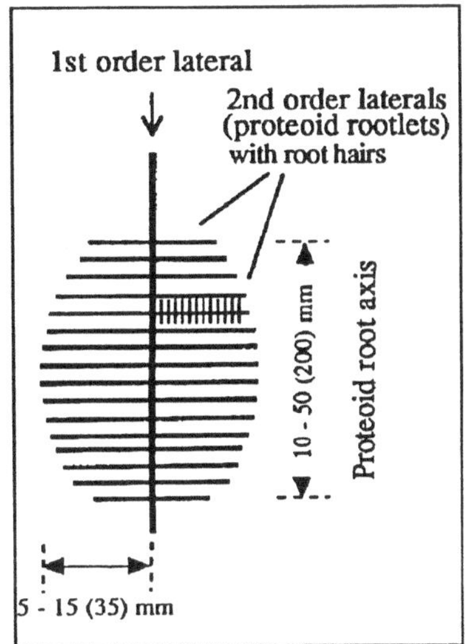

Abb.1: Schematische Darstellung einer Proteoidwurzel (aus: DINKELAKER et al., 1995)

zennährstoffe im Proteoidwurzelraum in leichter pflanzenverfügbare Formen überführt werden.

Bislang wurde die Mobilisierung von Phosphat, Eisen, Mangan, Kalium, aber auch von toxischen Elementen wie Aluminium beschrieben (DINKELAKER et al., 1995). Die resultierenden Veränderungen in der Rhizosphäre der Wurzelcluster lassen sich bei Anzucht der Pflanzen in Wurzelkästen mit Hilfe nichtdestruktiver Techniken darstellen, indem Trägermedien (Agargele, Filterpapier) mit Indikatorreagenzien (pH-Indikatoren, Redoxindikatoren, Enzymsubstrate) auf die Proteoidwurzeloberfläche aufgebracht werden (DINKELAKER et al., 1993 a,b). Am Beispiel der Abgabe organischer Säuren durch Proteoidwurzeln der baumförmigen *Proteaceae Hakea undulata* wurde in der vorliegenden Untersuchung der Versuch unternommen, mit Hilfe solcher nichtdestruktiver Methoden auch quantitative Aussagen über Wurzelexsudate zu machen.

MATERIAL UND METHODEN

Pflanzenanzucht und Gewinnung von Wurzelexsudaten: 5-jährige Hakea undulata-Pflanzen wurden in Wurzelkästen mit abnehmbaren Plexiglas-Frontscheiben, in einem phosphatarmen Sandboden aus Niger (Westafrika) angezogen (P-H$_2$O = 0.4 mg kg^{-1}; P-CAL = 3.8 mg kg^{-1}, pH 5.6; C$_{org.}$ < 0.5%) und bilden unter diesen Bedingungen eine große Anzahl an Proteoidwurzeln aus. Sobald Proteoidwurzeln sichtbar waren, wurde der umgebende Boden angefeuchtet und die Wurzeln mit Filterpapierstreifen (Schleicher & Schüll 2992, präparatives Chromatographiepapier) der Größe 4.0 x 2.5 cm abgedeckt. Die Streifen wurden in trockenem Zustand aufgelegt, um einen Massenstrom der Bodenlösung in Richtung des Filterpapiers zu erzeugen. Die Rückseite der Streifen wurde mit Plastikfolie bedeckt, mit Stecknadeln fixiert und der Wurzelkasten wieder verschraubt, um einen intensiven Wurzelkontakt zu gewährleisten. Nach 24 Std. wurden die Streifen abgenommen, zerschnitten, für 20 Min. unter Schütteln mit jeweils 4 ml destilliertem Wasser extrahiert und die Extrakte bis zur HPLC-Analyse bei -20 °C eingefroren.

Bestimmung organischer Säuren: Organische Säuren in den Filterpapierextrakten konnten nach entsprechender Verdünnung ohne weitere Probenvorbereitung über Reversed Phase-HPLC mit Ioni-sationsunterdrückung analysiert werden. Die Quantifizierung erfolgte über externe Standardisierung.
Trennbedingungen: Säule: Merck Lichrospher-100 RP-18 (5 µm Partikelgröße) 250 x 4 mm I.D.; isokratische Elution mit 18 mM KH$_2$PO$_4$ pH 2.45 (mit o-Phosphorsäure eingestellt); Flußrate 0.7 ml min^{-1}; Raumtemperatur; Injektionsvolumen 20 µl; Detektion: UV 220 nm; HPLC-System: Sykam S 1211, Sykam GmbH, D-Gilching; UV-Vis-Detektor: UVIS-205, Linear Instruments, Freemont, California, USA; Axxiom Chromatographie-Datensystem 727, Axxiom Chromatography, Moorpark, California, USA.

Mineralstoffanalysen in Bodenlösungen: Mg, Mn, Fe, Al, Zn und Cu wurden über Atomabsorptionsspektrometrie bestimmt (Unicam 939/959 Atomabsorptionsspektrometer). Die Phosphatbestimmung erfolgte photometrisch nach der Methode von MURPHY und RILEY (1962) und die Bestimmung von Kalium und Calcium flammenphotometrisch.

ERGEBNISSE

Charakterisierung des Säuremusters in Proteoidwurzelexsudaten

Verschiedene Exsudatproben lieferten identische Elutionsprofile (Abb. 2): Es wurden Malat,

Shikimisäure, Fumarsäure, t-Aconitsäure und möglicherweise auch Spuren von Succinat nachgewiesen. Die Identifizierung der Säuren erfolgte einerseits über Standardaddition. Mit Hilfe der
Scanning-Funktion des UV-Vis-Detektors war es außerdem möglich, Absorptionsspektren der Peaks
aus Exsudatproben und Standardsubstanzen zu vergleichen. Die Hauptkomponenten Malat und
Fumarsäure wurden darüberhinaus auch enzymatisch identifiziert (Boehringer-Enzymtest).

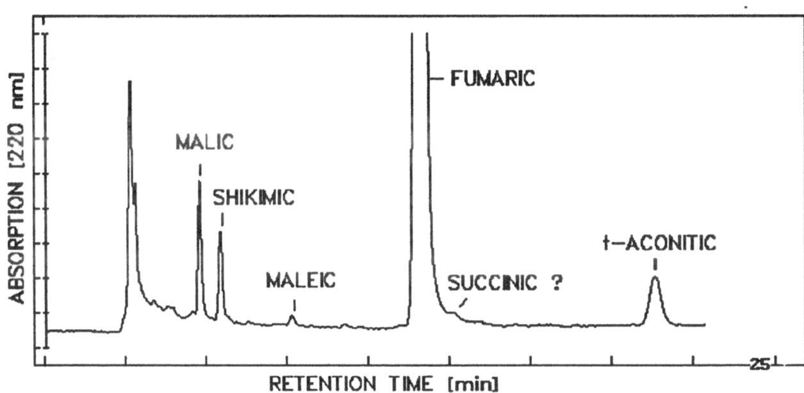

Abb. 2: HPLC-Trennprofil der organischen Säuren in Wurzelexsudaten von *Hakea undulata*.

Quantifizierung und Zeitverlauf der Säureabgabe

Eine zufällige Beprobung verschiedener Proteoidwurzeln ergab zunächst starke Schwankungen der
Konzentrationen der Säuren in den Extrakten aus der Filterpapierauflage. Nachdem daraufhin bei
einzelnen Proteoidwurzeln täglich Wurzelexsudate gewonnen wurden, zeigte sich wenige Tage nach
dem Erscheinen der Proteoidwurzeln für alle untersuchten Säuren synchron über einen Zeitraum von
2-3 Tagen ein starker, vorübergehender Konzentrationsanstieg der Säuren in den Filterpapierextrakten, der sich auch in den pH-Werten der Extraktionslösungen widerspiegelt (Tab. 1). Aus der
Wasseraufnahme der Filterpapierstreifen läßt sich, Gleichgewichtseinstellung mit der Bodenlösung
über den Sammelzeitraum von 24 Std. vorausgesetzt, auch die Konzentration der Säuren in der
Bodenlösung des Proteoidwurzelraumes abschätzen. Besonders für die Hauptkomponenten Malat
und Fumarat werden danach sehr hohe Konzentrationen im Bereich zwischen 3 - 9 mM erreicht, wie
sie sonst nur in Zellextrakten gemessen werden. Dagegen wurden bei normalen Wurzeln, die auf der
durchschnittlichen Länge von Wurzelclustern (3 cm) beprobt worden waren, ebenso wie bei wurzel-
fernem Boden nur Bruchteile der Säurekonzentrationen von Proteoidwurzelproben nachgewiesen
(Tab. 1).

Tab. 1: Konzentrationen organischer Säuren und pH-Werte im Extrakt aus der Filterpapierauflage von zwei repräsentativen Proteoidwurzeln (Nr. 9 u. 10) und zwei normalen Wurzeln (K1 u. K2) von *Hakea undulata* bei Wachstum in einem P-armen Sandboden. Mittelwerte aus 2 - 3 Einzelbestimmungen.

Sammel-datum	pH	Malat [µM]	Malein-sre. [µM]	Fumarat [µM]	Aconitat [µM]	Shikimat [µM]
Proteoid Wurzel Nr. 9						
17.5	6.9	22.4	0.07	8.4	1.1	0.9
18.5	4.3	516.8	0.26	344.5	3.0	1.7
19.5	4.3	906.7	0.55	397.6	5.6	5.8
20.5	5.2	173.8	0.50	63.1	1.8	0.1
21.5	6.3	13.4	0.42	0.3	-	-
22.5	6.3	14.4	-	0.8	-	-
23.5	6.4	Spur	-	1.3	-	-
24.5	6.4	Spur	-	1.2	-	-
Proteoid Wurzel Nr. 10						
19.5	7.3	-	0.09	0.2	0.1	-
20.5	4.6	542.0	0.71	283.8	2.5	2.0
21.5	5.4	374.5	0.62	63.6	2.5	2.0
22.5	6.3	25.4	-	0.5	0.1	-
23.5	6.8	15.4	-	0.3	-	-
24.5	6.6	Spur	-	0.1	-	-
Normale Wurzel K1		4.0	0.07	0.3	0.6	
Normale Wurzel K2		Spur	0.05	0.2	0.5	
wurzelferner Boden		Spur	0.07	0.1	-	

Sorptionsverhalten und mikrobieller Abbau der Säuren im Boden

Um zu prüfen, ob der vorübergehende Konzentrationsanstieg der organischen Säuren in den Proteoidwurzelproben durch Sorption oder mikrobiellen Abbau im Boden beeinflußt worden war, wurde eine Mischung dieser Säuren über mehrere Tage mit dem Sandboden bei 22°C inkubiert und täglich deren Wiederfindungsraten bestimmt. Die Konzentrationsverhältnisse der einzelnen Säuren entsprachen den Werten, die für die Bodenlösung im Wurzelraum von Proteoidwurzeln abgeschätzt worden waren. In wäßriger Lösung ohne Bodenzusatz lagen die Wiederfindungsraten der Säuren während der gesamten Inkubationsperiode konstant um 100%. In den Bodenlösungen dagegen sanken die Wiederfindungsraten der verschiedenen Säuren binnen 3 Tagen kontinuierlich ab (Tab. 2). Jedoch waren die Abnahmeraten zu gering, um das schnelle Absinken der Säurekonzentrationen (bis zu 90% binnen 24 Std) in den Proteoidwurzelproben nach Erreichen des Optimums erklären zu können. Bei Unterdrückung des mikrobiellen Wachstums in den Bodenlösungen durch den Zusatz von Ethanol (50% v/v), wurden für die einzelnen Säuren auch nach 3-tägiger Inkubation noch Wiederfindungsraten um 90% erreicht, ähnlich wie bei 1-tägiger Inkubationsdauer ohne Ethanolzusatz. Diese leichte Abnahme der Wiederfindungsraten spiegelt offensichtlich die Sorption der Säuren im Boden wieder.

Tab. 2: Wiederfindungsraten organischer Säuren, die in Proteoidwurzelexsudaten von *Hakea undulata* nachgewiesen wurden, nach unterschiedlich langer Inkubation bei 22 °C in Wasser (Kontrolle) und nach Zusatz von lufttrockenem Sandboden [1g/ml]. Berechnet aus Mittelwerten von 3-4 unabhängigen Einzelbestimmungen.

	Wiederfindungsraten nach			
Probe	**24 Std.**	**48 Std.**	**72 Std.**	**72 Std. + 50% (v/v) Ethanol**
H$_2$O Malat [700 mg l^{-1}]	100%	113%	106%	111%
Fumarat [300 mg l^{-1}]	98%	109%	100%	87%
t-Aconitat [5 mg l^{-1}]	115%	121%	87%	118%
Sandboden Malat [700 mg l^{-1}]	86%	79%	70%	85%
Fumarat [300 mg l^{-1}]	91%	80%	33%	97%
Aconitat [5 mg l^{-1}]	87%	0%	0%	92%

Mineralstoffmobilisierung durch artifizielle Wurzelexsudate

Der P-arme Sandboden wurde mit Lösungen von Malat und Fumarat auf 20% Bodenfeuchte eingestellt. Die Konzentrationen lagen in dem Bereich, der für die Bodenlösung des Proteoidwurzelraumes abgeschätzt worden war. Als Kontrolle diente destilliertes Wasser. Nach einer

Inkubationsdauer von 24 Std. bei 22°C wurde der wasserextrahierbare Anteil an Mineralstoffen bestimmt. Besonders hohe Mobilisierungsraten wurden für Mangan, Magnesium und Calcium, aber auch für Kalium und Aluminium gefunden. Dagegen wurden Eisen und überraschenderweise auch Phosphat nur schwach mobilisiert (Tab. 3). Ähnliche Ergebnisse zeigten artifizielle Exsudatmischungen, bei denen neben den Hauptkomponenten Malat und Fumarat auch noch noch die Säuren zugesetzt wurden, die in geringeren Konzentrationen in den Wurzelexsudaten nachweisbar waren.

Tab. 3: Mineralstoffmobilisierung in Sandboden durch organische Säuren aus Wurzelexsudaten von _Hakea undulata_.
16 g lufttrockener Boden wurden mit je 4 ml H_2O (Kontrolle) oder 4 ml Säurelösung (Malat 5.2 mM; Fumarat 2.6 mM) auf 20% Bodenfeuchte eingestellt. Nach einer Inkubationsdauer von 24 Std. bei 22°C wurde der wasserextrahierbare Anteil an Mineralstoffen bestimmt. Dargestellt sind Mittelwerte von jeweils 3 - 4 unabhängigen Einzelbestimmungen.

Mineralstoff	Boden + H_2O (Kontrolle) [mg /l Boden-lösung]	Boden + organische Säuren [mg/l Bodenlösung]	% Änderung gegenüber d. Kontrolle	Mobilisierungsrate [mg/kg Bodentrockenmasse x 24 Std]
P	1.5	1.8	+ 20 NS	0.08
K	58.3	113.9	+ 95 ***	13.9
Ca	5.2	62.8	+ 1108***	14.4
Mg	2.8	24.2	+ 764***	5.4
Mn	0.2	11.5	+ 5650***	2.8
Fe	5.5	7.5	+ 36***	0.5
Al	9.8	23.5	+ 140***	3.4
Zn	0.07	0.12	+ 71*	0.01
Cu	0.19	0.10	- 47 NS	

NS = nicht signifikant
Signifikante Unterschiede (t-Test): * = $p < 0.05$; *** = $p < 0.001$

DISKUSSION

Die dargestellten Ergebnisse weisen auf eine Abgabe großer Mengen organischer Säuren aus jungen Proteoidwurzeln von _Hakea undulata_ hin, die auf einen Zeitraum von wenigen Tagen beschränkt bleibt (Tab. 1). Einflußfaktoren, wie Sorption an der Bodenmatrix oder mikrobieller Abbau, die ebenfalls Konzentrationsänderungen organischer Säuren in der Bodenlösung bedingen können, scheinen in diesem Fall von untergeordneter Bedeutung zu sein (Tab. 2). Eine vorübergehende

Abgabe von Citrat aus Proteoidwurzeln von *Lupinus albus* wurde auch von KAMH (pers. Mitteilung) berichtet, die mit einer zeitweilig gesteigerten Syntheserate von Citrat in den Proteoidwurzeln korreliert zu sein scheint (JOHNSON et al., 1994). Als Hauptkomponenten traten bei *Hakea undulata* Malat und Fumarat und daneben geringere Mengen von t-Aconitat, Shikimat und Maleinsäure auf (Abb. 2). Ähnliche Säureprofile wurden von GRIERSON (1992) in der Bodenlösung von Proteoidwurzeln *Banksia integrifolia* beschrieben, die ebenfalls zur Familie *Proteaceae* gehört. Allerdings bildete hier Citrat die Hauptkomponente.

Über die Mechanismen der Abgabe organischer Säuren aus Pflanzenzellen ist bislang nur wenig bekannt. So konnten bisher im Plasmalemma pflanzlicher Zellen weder Carrier noch Ionenkanäle für organische Säuren identifiziert werden. Bei den Proteoidwurzeln von *Hakea undulata* läßt die zeitgleiche Abgabe aller nachgewiesenen Säuren allerdings eher auf unspezifische Mechanismen schließen, was auch durch anatomische Charakteristika, wie dem Aufbau aus relativ kleinen Zellen mit begrenzter Speicherkapazität für organische Säuren in den Vakuolen (DINKELAKER et al., 1995), unterstrichen wird.

Die starke Mobilisierung von Mangan, Magnesium, Calcium, Kalium und Aluminium im Sandboden nach dem Zusatz organischer Säuren aus den Proteoidwurzelexsudaten (Tab. 3) belegt deren Effektivität bei der Mineralstoffmobilisierung. Unklar ist allerdings, welche der potentiellen Mechanismen, wie pH-Absenkung, Austauschadsorption oder Reduktion, dabei wirksam werden. Unklar sind auch die Ursachen für die mangelnde Mobilisierung von Phosphat aus dem verwendeten P-armen Sandboden durch die artifiziellen Wurzelexsudate. Die Ergebnisse zeigen, daß die pH-Absenkung um zwei Einheiten, die durch Wurzelexsudate oder exogenen Säurezusatz in der Bodenlösung erreicht wird, allein nicht zur Phosphatmobilisierung in dem Sandboden ausreicht. Möglicherweise spielen hier noch andere Exsudatkomponenten eine Rolle, die in den artifiziellen Säuremischungen nicht enthalten waren, wie z.B. phenolische Substanzen (DINKELAKER et al., 1995). Es wäre auch denkbar, daß die Phosphate in dem verwendeten Boden in einer für die Proteoidwurzelexsudate von *Hakea undulata* unzugänglichen Form vorliegen.

Die Strategie der Mineralstoffmobilisierung durch Proteoidwurzeln bei *Hakea undulata* beruht nach den vorliegenden Ergebnissen auf einer kurzzeitigen aber intensiven Extraktion kleinräumiger Bodenkompartimente, durch die Abgabe organischer Säuren und möglicherweise auch noch anderer Exsudatkomponenten in den Proteoidwurzelraum. Auf eine Phase der verstärkten Mineralstoffaufnahme, die für Proteoidwurzeln mehrfach nachgewiesen wurde (DINKELAKER et al., 1995), folgt die Rückbildung und schließlich der Abbau der Wurzel in dem nun weitgehend extrahierten Bodenkompartiment. Die hohe Anzahl der ausgebildeten Proteoidwurzeln, die bis zu 50% des Wurzelsystems umfassen können, ermöglicht der Pflanze über die Summierung vieler kleiner Extraktionseinheiten eine effiziente Nährstoffaneignung.

SUMMARY

Organic acids in root exudates, collected by a nondestructive method from proteoid roots of *Hakea undulata* plants which were grown in rhizoboxes in a P-deficient sandy soil, were identified as malic, fumaric, shikimic, maleic, and t-aconitic acids. Malic and fumaric acids were the main compounds. When exudates from developing proteoid roots were collected daily, a transient and synchronous increase of all organic acids was observed. High recovery rates of organic acids which were applied exogenously to the soil, suggest that adsorption to the soil-matrix or microbial degradation are not the main reasons for the transient increase of organic acids in the root exudates. It was therefore concluded that exudation of organic acids from proteoid roots of *Hakea undulata* is restricted to a period of a few days. Artificial root exudates, containing organic acids in the same concentration-range as determined for the original root exudates, were effective to mobilize Mn, Mg, Ca, K and Al from the soil-matrix, but mobilization of P and Fe was only small. Possibly, the latter two are not mobilized by root exudates of *Hakea*, or other yet unidentified exudate components are necessary for their mobilization .We suppose, that short-term excretion of organic acids from proteoid roots of Hakea indulata is a strategy of mineral nutrient mobilization by extensive extraction of small soil compartments. High frequency of root cluster formation which may comprise up to 50% of the total root system, finally results also in an effective large scale nutrient mobilization .

LITERATURVERZEICHNIS

DINKELAKER, B.; HAHN, G.; RÖMHELD, V.; WOLF, G. A.; MARSCHNER H.: Non destructive methods for demonstrating chemical changes in the rhizosphere. I. Description of methods. Plant Soil **155/156**, 67 - 70 (1993 a).

DINKELAKER, B.; HAHN, G.; RÖMHELD, V.: Non destructive methods for demonstrating chemical changes in the rhizosphere. II. Application of methods. Plant Soil **155/156**, 71-74 (1993 b).

DINKELAKER, B.; HENGELER, C.; MARSCHNER, H.: Distribution and function of proteoid roots and other root clusters. Bot. Acta **108**, 183 - 200 (1995).

GRIERSON, P.F.: Organic acids in the rhizosphere of *Banksia integrifolia* L. Aust. J. Bot. 37, 313 - 320 (1992).

JOHNSON, J.F.; ALLAN, D.L.; VANCE, C.P.: Phosphorus stress induced proteoid roots show altered metabolism in *Lupinuis albus*. PlantPhysiol. **104**, 657 - 665 (1994).

LAMONT, B.: Mechanisms for enhancing nutrient uptake in plants, with particular reference to mediterranean South Africa and Western Australia. The Botanical Review **48**, 597 - 689 (1982).

MURPHY, J.; RILEY, J.P.: A modified single solution method for the determination of phosphate in natural waters. Analytica chim. Acta **27**, 31 - 36 (1962).

AUSSCHEIDUNG VON ORGANISCHEN SÄUREN DURCH DIE ZUCKER-RÜBENWURZEL UND DEREN BEDEUTUNG FÜR DIE P-MOBILISIERUNG IM BODEN

EXUDATION OF ORGANIC ACIDS BY SUGAR BEET ROOTS-EFFECT ON P-MOBILIZATION IN SOIL

BEIßNER,L.; RÖMER,W.

Institut für Agrikulturchemie der
Georg-August-Universität Göttingen
von-Siebold-Str. 6
37075 Göttingen

Summary

Experiments were conducted to determine the quantity of organic acids in root exudates, if any, released by sugar beet plants and to measure P solubility after addition of organic acids to soil.

In a first experiment, sugar beet plants were grown in quartzsand at different levels of P application. After 20 days, root exudates were collected by transfering plants of different P status to 2 mM $CaCl_2$ solution for 16 hours. Organic acids were estimated in root exudates by HPLC. Roots of sugar beet plants grown at different P levels released oxalic acid, oxalacetic acid and citric acid generally in the ratio of 1 0,35 0,15 The amount of carboxylates exuded by P deficient plants (less than 0,1 % P of shoot-dm) were significantly higher as compared to P sufficient plants. Maximum amount of 23 nmol $\cdot$ m root length^{-1} $\cdot$ h^{-1} of oxalic acid was released by P deficient plants

In another experiment, different amounts of mixture of oxalic acid, oxalacetic acid and citric acid (in the ratio of 1 0,35 0,15) were used to extract P from soil (Fluvisol - of medium P status) by shaking 20 g soil and 50 ml mixture for 16 hours Increasing amounts of mixture of organic acid progressively increased the amount of P released from soil and decreased the pH. It has also been shown that main P fraction mobilized by organic acids was that bound to surfaces of Fe/Al-oxides via ligand exchange The increase in P solubility by a decrease of pH (due to higher solubility of Ca-phosphate) was not much in the present soil.

Einleitung

Verschiedene Kulturpflanzen, insbesondere die Zuckerrübe, sind in der Lage, selbst bei relativ geringen Gehalten des Bodens an pflanzenverfügbarem Phosphat noch recht hohe Naturalerträge zu realisieren. Die in Feldversuchen ermittelten P-Aufnahmeraten konnten jedoch nicht mit entsprechenden Simulationsmodellen, in die sowohl bodenchemische, als auch pflanzenmorphologische und -physiologische Meßwerte eingegangen waren, nachvollzogen werden (CLAASSEN,1990). Die Pflanzen nahmen wesentlich mehr Phosphat auf, als aufgrund der Meßwerte erwartet worden wäre. Ursache hierfür dürfte die Tatsache sein, daß die bekannten Modelle die Mobilisierung von Nährstoffen durch die Pflanzenwurzel nicht berücksichtigen.

Phosphor-Mobilisierungseffekte sind von zahlreichen Autoren (BHAT et al., 1976; HORST und WASCHKIES, 1987) beobachtet worden. Sie wurden in den letzten Jahren insbesondere mit der P-mobilisierenden Wirkung der von den Wurzeln ausgeschiedenen organischen Säuren in Verbindung gebracht (GARDNER et al., 1983). Von GERKE (1992) werden mehrere Mechanismen zur Freisetzung von an Fe/Al-Oxiden bzw. Humus-Fe/Al-Komplexen adsorbierten Phosphaten durch Citrationen diskutiert, wobei der Ligandenaustausch der vermutlich effektivste ist. Die Auscheidung von Citronensäure und anderen organischen Säuren ist inzwischen von mehreren Kulturpflanzen bekannt. Weiße Lupine wies im Bereich der unter P-Mangel verstärkt ausgebildeten Proteoidwurzeln (RÖMHELD, 1986) eine erhöhte Ausscheidung von Citrat und Protonen auf (GARDNER et al., 1983; DINKELAKER et al., 1989). GERKE et al. (1994) zeigen, daß die im Bereich der Proteoidrhizosphäre von der Pflanze ausgeschiedene Citronen- und Äpfelsäure zu einer erhöhten P-Löslichkeit und P-Aufnahme führt. Weiterhin konnte die Exsudation von Citronen- und Äpfelsäure durch Rapswurzeln (HOFFLAND et al., 1989) und Wurzeln mehrerer Leguminosenarten (GERKE, 1995) nachgewiesen werden. Für die Zuckerrübe liegen diesbezüglich keine Erkenntnisse vor. Aus diesem Grund wurde der Frage nach der eventuellen Bedeutung von Wurzelexsudaten der Zuckerrübe für die P-Mobilisierung in der Rhizosphäre in zwei Teilversuchen nachgegangen :

- Zunächst wurde die Zuckerrübe in einem Quarzsandkulturversuch auf etwaige Wurzelexsudation organischer Säuren geprüft (Versuch 1).

- In einem anschließenden Experiment erfolgten, den Ergebnissen des vorherigen Versuches folgend, P-Desorptionsuntersuchungen an einem Boden mittleren P-Versorgungsgrades mit organischen Säuren entsprechend der qualitativen Zusammensetzung der Wurzelexsudate der Zuckerrübe (Versuch 2).

① *Exsudation organischer Säuren durch die Zuckerrübenwurzel bei differenziertem P-Ernährungszustand*

Material und Methoden

Anzucht der Pflanzen

Die Anzucht der Zuckerrüben (cv Reka) erfolgte in Kunststoffgefäßen (3 l) in der Klimakammer bei einem Tag/Nacht-Rhythmus von 16/8 Stunden, einer Temperatur von $20/15^{O}C$ und einer relativen Luftfeuchte von 80 %, wobei die photosynthetisch aktive Strahlung während der Tag-Periode 240 $\mu E * m^{-2} * s^{-1}$ betrug. Als Substrat diente gewaschener Quarzsand. Phosphor wurde gestaffelt in Mengen von 0, 3, 8 und 12 mg/kg Substrat als Mischung aus KH_2PO_4 und $Na_2HPO_4 * 2 H_2O$ verabreicht. Die Zufuhr anderer Makro- und Mikronährelemente erfolgte in jeweils gleicher, das Pflanzenwachstum nicht begrenzender Menge. Der Wassergehalt wurde auf 70 % der maximalen Wasserkapazität eingestellt und durch tägliches Wiegen kontrolliert. Es wurden 10 Pflanzen pro Gefäß angezogen, wobei jede P-Stufe in 6-facher Wiederholung angelegt war.

Ernte und Aufbereitung der Pflanzen

Die Ernte erfolgte 20 Tage nach dem Auflaufen, wobei die Pflanzen zunächst vorsichtig aus dem Quarzsand ausgewaschen wurden. Die Pflanzen eines Gefäßes wurden dann, je nach Größe des Wurzelsystems, in 100 oder 300 ml Erlenmeyerkolben mit 2 mM $CaCl_2$-Lösung überführt und die Kolben mit Alufolie umwickelt. Anschließend wurden die Pflanzen in den Kolben für 16 Stunden in der Klimakammer belassen. Nach Ablauf von 16 Stunden wurden die Pflanzen aus der Exsudationslösung entnommen und Sprosse und Wurzeln getrennt. Die Ermittlung der Wurzellänge erfolgte nach der von NEWMAN (1966) beschriebenen Methode. Die P-Konzentration im Sproß wurde nach Säureaufschluß des Pflanzenmaterials nach SCHEFFER und PAJENKAMP (1952) bestimmt

Aufbereitung der Exsudate und Saureanalytik

Die Exsudationslösungen wurden zunächst durch eine 0,45 μm Membran filtriert und anschließend durch Festphasenextraktion mit stark sauren Anionenaustauschern (quarternäre Amine auf Kieselgel - Bakerbond spe 7091-1) auf ein Volumen von 1 ml aufkonzentriert. Danach erfolgte die quantitative Bestimmung der organischen Sauren in den Eluaten mittels HPLC

Ergebnisse und Diskussion

In qualitativer Hinsicht konnte festgestellt werden, daß die Zuckerrube unabhangig vom P-Ernährungszustand Oxalsaure, Oxalessigsäure und Citronensaure uber die Wurzel an die umgebende Losung abgab Wie die folgende Abb 1 zeigt, war aber der Efflux aller genannten Carbonsauren bei P-Mangel in statistisch signifikanter Weise deutlich erhoht

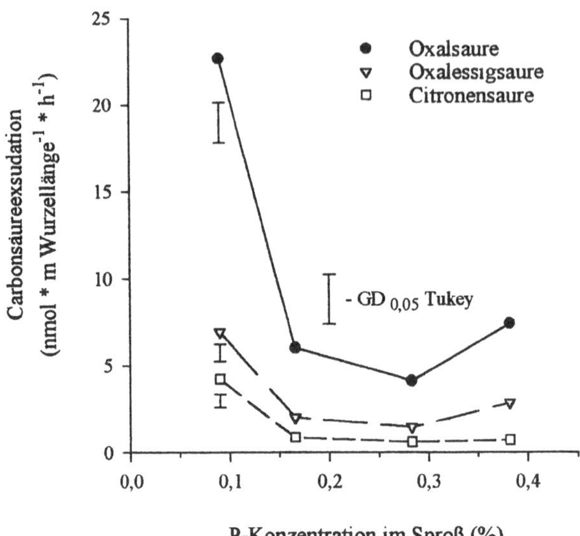

Abb 1 :   Exsudation organischer Säuren durch 20 Tage alte Zuckerrubenwurzeln in Abhängigkeit von der P-Konzentration im Sproß (% P in der Trockenmasse)

Als dominierende Carbonsaure erwies sich die Oxalsaure, die in 5 bis 7-fach höherer Rate von der Wurzel abgegeben wurde als Oxalessig- bzw Citronensäure. In weiteren, hier nicht dargestellten Exsudationsversuchen mit in Nahrlösung angezogenen Zuckerrubenpflanzen wurden sehr ahnliche Resultate erzielt. Das bedeutet, daß eventuelle Verletzungen von Wurzelzellen beim Auswaschen aus dem Quarzsand, und damit "erhohte Exsudationsraten", keine große Rolle gespielt haben dürften

Zuckerrube zeigt demzufolge, wie auch Raps (HOFFLAND et al., 1989), Weiße Lupine (GARDNER et al., 1983, DINKELAKER et al., 1989, GERKE et al., 1994), Luzerne (LIPTON et al., 1987) und andere Leguminosenarten (GERKE, 1995) eine durch P-Mangel bedingte deutlich erhohte Exsudation von organischen Säuren durch die Wurzel

Der qualitative und quantitative Vergleich der eigenen Ergebnisse mit in der Literatur beschriebenen Resultaten ist zum Teil recht schwierig, da die hier verwendete Methode zur Bestimmung organischer Säuren mittels Festphasenextraktion und HPLC bisher kaum angewandt wurde. Lediglich GERKE (1995) arbeitete mit der gleichen Methode, wobei er eine im wesentlichen pflanzenartspezifische quantitative Zusammensetzung der exsudierten Carbonsäuren nachweisen konnte Hierbei zeigten Rotklee, Weißklee und Luzerne eine vom P-Status der Pflanzen abhängige Ausscheidung von Citronensaure und Oxalessigsaure, wohingegen Chinakohl Oxalsäure, Oxalessigsäure, Citronensäure und Äpfelsäure über die Wurzel abgab.

Der vom genannten Autor ebenfalls geprüfte Spinat zeigte, wie die im vorliegenden Versuch untersuchte Zuckerrübe, die Ausscheidung von Oxalsäure, Oxalessigsäure und Citronensäure, wobei auch in quantitativer Hinsicht Exsudationsraten wie bei der Zuckerrübe gemessen werden konnten. Diese Übereinstimmung erscheint bemerkenswert, ist aber aufgrund der Tatsache, daß beide Pflanzen zur Familie der Chenopodiaceen gehören, nicht weiter verwunderlich.

Die im obigen Versuch gewonnenen Erkenntnisse zur Exsudation organischer Säuren durch die Zuckerrübenwurzel wurden genutzt, um im anschließenden Experiment die Bedeutung der ausgeschiedenen Carbonsäuren für die P-Mobilisieung in einem Boden zu erfassen.

- *Phosphatdesorption in einem Lehmboden durch organische Säuren bzw. pH-Absenkung durch HCL*

Material und Methoden

Boden

Der verwendete Boden (Auenlehm - tU, Leineniederung bei Göttingen) eines P-Langzeitversuches des Instituts für Agrikulturchemie wies einen P-Gehalt von 7,5 mg/1000 ml Boden (H_2O-Extraktion) auf, was nach Angaben der LWK Hannover einem mittleren Versorgungsgrad (Gehaltsklasse B) entspricht. Der pH-Wert ($CaCl_2$) lag bei 7,2.

Der Boden wurde zunächst mit steigenden Mengen eines Säuregemisches aus Oxalsäure, Oxalessigsäure und Citronensäure versetzt, wobei das molare Verhältnis dieser Säuren, entsprechend der durchschnittlichen Zusammensetzung der Wurzelexsudate der Zuckerrübe (Versuch 1), in jeder Stufe auf 1 (Oxalsäure) : 0,35 (Oxalessigsäure) : 0,15 (Citronensäure) eingestellt war. Die Zugabe an Oxalsäure (und der anderen Säuren im vorher genannten Verhältnis) war hierbei mit 0, 5, 10, 20, 30, 50 und 100 µmol/g Boden sehr weit abgestuft.

Durchführung

Jeweils 20 g lufttrockneter, auf 2 mm gesiebter Boden wurde in 500 ml Schüttelflaschen mit 50 ml eines Säuregemisches der oben genannten Konzentrationsabstufung in 0,04 M NaCl-Matrix versetzt und für 16 Stunden auf dem Überkopfschüttler geschüttelt. Nach Filtration und Messung der pH-Werte der Filtrate wurde die P-Konzentration im Filtrat nach Säureaufschluß ermittelt.

Ergebnisse und Diskussion

Wie Abb. 2 zeigt, hatte die sukzessive Erhöhung der Zufuhr organischer Säuren (auf der Abszisse als Summe der zugeführten Carboxylgruppen aus Oxal-, Oxalessig- und Citronensäure dargestellt), einen beinahe exponentiellen Anstieg der P-Freisetzung von der Festphase des Bodens zur Folge.

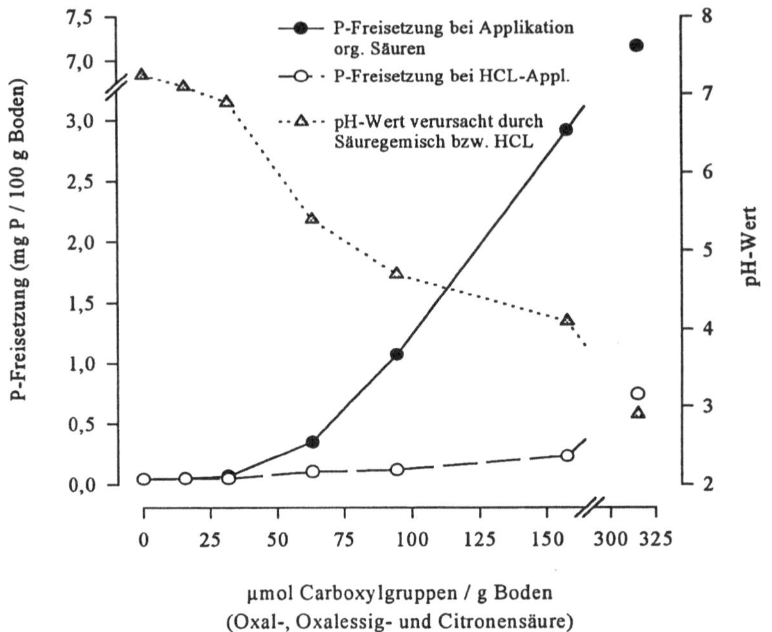

Abb. 2 : Einfluß eines Säuregemisches aus Oxalsäure, Oxalessigsäure und Citronensäure (molares Verhältnis 1 : 0,35 : 0,15) auf den pH-Wert und die P-Freisetzung des Bodens sowie die P-Freisetzung bei Einstellung der entsprechenden pH-Werte durch HCL

Da mit steigender Zufuhr organischer Säuren auch der pH-Wert der Gleichgewichtslösung abfiel, ist ein Anstieg der P-Konzentration in der Lösung durch die Auflösung von Ca-Phosphaten denkbar.

Um den pH-Effekt vom möglichen Effekt des Ligandenaustausches durch Anionen der dissoziierten organischen Säuren zu trennen, sind in parallel durchgeführten P-Desorptionsexperimenten pH-Wert-Absenkungen mit HCL auf die entsprechenden, durch die Carbonsäuren bedingten pH-Werte vorgenommen worden. Wie die P-Desorptionskurve durch HCL-Anwendung in Abb. 2 zeigt, ist eine ausschließlich durch die pH-Wert-Absenkung bedingte Steigerung der P-Freisetzung von der Bodenfestphase erst ab einem pH-Wert der Gleichgewichtslösung unter 4 deutlich feststellbar.

Die P-Mobilisierung als Folge des Ligandenaustausches von an Fe- und Al-Oxiden gebundenem Phosphat gegen die organischen Säureanionen (STUMM, 1986; GERKE, 1992; GERKE et al.; 1994) ist demzufolge quantitativ bei dem hier verwendeten Auenlehmboden als wesentlich bedeutender einzustufen als die Erhöhung der P-Löslichkeit durch ausschließliche pH-Wert-Absenkung. Die durch die Absenkung des pH-Wertes bedingte Zunahme der Löslichkeit von Ca-Phosphaten fiel hier vergleichsweise gering aus.

Grundsätzlich ist jedoch festzuhalten, daß die P-mobilisierende Wirkung von Carbonsäuren bzw. Protonen von der im Boden dominierenden P-Fraktion abhängig ist. Das Carboxylatanion wirkt deshalb nicht zwangsläufig auf die P-Löslichkeit. So zeigten LOPEZ-HERNANDEZ et al. (1979), daß die Zugabe von Citronensäure und Äpfelsäure zu einem Kalkboden mit einem pH-Wert von 7,8 die P-Löslichkeit nur in dem Maße erhöhte, wie auch der pH-Wert abnahm. Parallel durchgeführte Extraktionen mit auf denselben pH-Wert eingestellten KCL-Lösungen wirkten hinsichtlich der P-Löslichkeit genauso wie Carbonsäure-Lösungen. Bei dem beschriebenen Kalkboden dürfte demzufolge die P-Löslichkeit von der Fraktion der Ca-Phosphate bestimmt worden sein.

Schlußfolgerungen

Die Diskrepanz zwischen gemessener und mittels Modell errechneter Phosphataufnahme bei Zuckerrübe im Feldversuch (CLAASSEN, 1990) dürfte im wesentlichen auf die P-mobilisierende Wirkung der von der Zuckerrübenwurzel in die Rhizosphäre ausgeschiedenen organischen Säuren zurückzuführen sein.

Zusammenfassung

Pflanze
Die Zuckerrübe scheidet unabhängig vom P-Ernährungszustand Oxalsäure, Oxalessigsäure und Citronensäure über die Wurzel aus, wobei die Exsudationsrate bei P-Mangel deutlich erhöht war. Quantitativ größte Bedeutung erlangte hierbei die Oxalsäure, die mit einer Rate von maximal 23 nmol $*$ m Wurzellänge^{-1} $*$ h^{-1} ausgeschieden wurde.

Boden
Die sukzessive Erhöhung der Zufuhr der drei organischen Säuren, im Verhältnis 1 : 0,35 : 0,15 wie sie von der Zuckerrübe exsudiert wurden, war bei einem Auenlehmboden mittleren P-Versorgungsgrades (7,5 mg P/1000 ml Boden, P-H_2O-Methode) von einem beinahe exponentiellen Anstieg der P-Freisetzung von der Bodenfestphase begleitet.

Die P-Mobilisierung durch organische Säureanionen war im verwendeten Boden quantitativ wesentlich bedeutender als die Erhöhung der P-Löslichkeit durch ausschließliche pH-Wert-Absenkung mittels HCL Für die P-Mobilisierung wird vorrangig der Austausch von an Fe/Al-Oxiden adsorbierten Phosphationen durch die organischen Säureanionen verantwortlich gemacht.

Literatur

BHAT, K.K.S ; NYE, P H., BALDWIN, J.P . Diffusion of phosphate to plant roots in soil. IV The concentration distance profile in the rhizosphere of roots with root hairs in a low-P soil. Plant and Soil **44**, 63-72, (1976)

CLAASSEN, N.: Nährstoffaufnahme höherer Pflanzen aus dem Boden - Ergebnis von Verfügbarkeit und Aneignungsvermögen. Severin Verlag, Göttingen, (1990).

DINKELAKER, B.; ROMHELD, V , MARSCHNER, H.. Citric acid excretion and precipitation of calcium citrate in the rhizosphere of white lupin (Lupinus albus L.) Plant Cell Environment **12**, 285-292, (1989).

GARDNER, W.K.; BARBER, D.A.; PARBERY, D G.. The acquistion of phosphorus by Lupinus albus L. III. The probable mechanism by which phosphorus movement in the soil/root interface is enhanced. Plant and Soil **70**, 107-124, (1983).

GERKE, J.. Phosphate, aluminium and iron in the soil solution of three different soils in relation to varying concentrations of citric acid. Z. Pflanzenernähr. Bodenk. **155**, 339-343, (1992)

GERKE, J. Chemische Prozesse der Nährstoffmobilisierng in der Rhizosphäre und ihre Bedeutung für den Übergang vom Boden in die Pflanze. Cuvillier Verlag, Göttingen, (1995), im Druck.

GERKE, J.; RÖMER, W , JUNGK, A.· The excretion of citric and malic acid by proteoid roots of Lupinus albus L. effects on soil solution concentration of phosphate, iron and aluminium in the proteoid rhizosphere in samples of an oxisol and a luvisol. Z Pflanzenernähr Bodenk. **157**, 289-294, (1994)

HOFFLAND, E.; FINDENEGG, G.R., NELEMANS, J A.. Solubilization of rock phosphate by rape II Local root exudation of organic acids as a response to P-starvation. Plant and Soil **113**, 161-165, (1989)

HORST, W J ; WASCHKIES, C Phosphatversorgung von Sommerweizen (Triticum aestivum L) in Mischkultur mit Weißer Lupine (Lupinus albus L.). Z Pflanzenernähr Bodenk. **150**, 1-8, (1987)

LIPTON, D ; BLANCHAR, R., BLEVINS, D.. Citrate, malate and succinate concentrations in exudates from P-deficient and P-stressed Medicago sativa L seedlings. Plant Physiol. **85**, 315-317, (1987)

LOPEZ-HERNANDEZ, D , FLORES, D , SIEGERT, G , RODRIGUEZ, J The effect of some organic anions on phosphate removal from acid and calcerous soils Soil Sci **128**, 321-326, (1979)

NEWMAN, E J A method of estimating the total length of root in a sample J Appl. Ecol **3**, 133-145, (1966)

ROMHELD, V pH-Veranderungen in der Rhizosphäre verschiedener Kulturpflanzen in Abhängigkeit vom Nahrstoffangebot. Kali-Briefe **18**, 13-30, (1986)

SCHEFFER, F , PAJENKAMP, H . Phosphatbestimmung in Pflanzenaschen nach der Molybdan-Vanadin-Methode Z f. Pflanzenernahr , Dungung, Bodenkd **56**, 2-8, (1952)

STUMM, W Coordinative interactions between soil solids and water - an aquatic chemists point of view Geoderma **38**, 19-30, (1986)

Die vorgestellten Ergebnisse sind Teil eines Projekts, das im Rahmen des Graduiertenkollegs "Landwirtschaft und Umwelt" von der Deutschen Forschungsgemeinschaft gefördert wurde

4

Stoffaufnahme und Stoffumsatz durch Pflanzenwurzeln

NITRAT- UND PHOSPHATAUFNAHMERATEN VERSCHIEDENER WURZELZONEN VON MAIS IN ABHÄNGIGKEIT VON WURZELALTER UND KOHLENHYDRATSTATUS DER PFLANZEN

REIDENBACH, G., und W. J. HORST

Institut für Pflanzenernährung der Universität Hannover

Herrenhäuserstr. 2

30419 Hannover

1.   EINLEITUNG

Zum besseren Verständnis der Prozesse der Nährstoffversorgung von Pflanzen werden seit etwa drei Jahrzehnten mathematische Modelle entwickelt. Diese reichen von einfachen Transportmodellen bis hin zu komplexen Modellen, die die Nährstofftransportvorgänge im Boden mit morphologischen und physiologischen Pflanzeneigenschaften kombinieren. Gemeinsam ist diesen Modellen ein mechanistischer Ansatz, wodurch je nach Komplexität des Modells mehr oder weniger vereinfachende Annahmen zugrunde gelegt werden müssen. So wird in den Modellen meist ausgegangen von (a) einer gleichmäßigen Verteilung von Wurzeln und Nährstoffen im Boden, (b) einem vollständigen Wurzel-Boden-Kontakt, (c) einer Unabhängigkeit der Nährstoffaufnahme vom Wurzelalter und (d) einer über den Tagesverlauf konstanten Nährstoffaufnahmerate.

Die starke Vereinfachung, die in diese Annahmen eingeht, könnte nach WIESLER u. HORST (1994) die Ursache dafür sein, daß die durchgeführten Modellrechnungen nicht in Übereinstimmung mit den im Feldversuch erzielten Ergebnissen standen. So ließ sich der bei Mais aufgezeigte positive Einfluß der Durchwurzelungsintensität auf die Nitratverarmung im Boden nicht mittels Berechnungen mit dem Modell von BALDWIN et al. (1973) erklären. Die Autoren vermuten, daß insbesondere die Annahme des Modells, wonach alle Wurzeln Nitrat mit gleicher Rate aufnehmen, nicht zutreffend ist. So deuten die Ergebnisse der Untersuchung darauf hin, daß sich alte und junge Wurzeln in ihrer Fähigkeit zur Nitrataufnahme unterscheiden. Untersuchungen, die sich eingehender mit dem Einfluß des Wurzelalters auf die Nitrataufnahmerate älterer Pflanzen beschäftigt haben, liegen jedoch bislang nicht vor.

Ziel der vorliegenden Arbeit war es daher, eine Methode zu entwickeln, mittels der die Nitrataufnahmeraten unterschiedlich alter Wurzelzonen während der gesamten Entwicklung von Mais gemessen werden können. Darüber hinaus sollte untersucht werden, inwieweit die Annahme der Simulationsmodelle von konstanten Nährstoffaufnahmeraten über den Tagesverlauf zutreffend ist. So gibt es zwar zahlreiche Arbeiten, in denen der Tag-Nacht-Rhythmus in der Nährstoffaufnahmerate gesamter Wurzelsysteme untersucht worden ist, es liegen jedoch keine Untersuchung vor, in denen die diurnale Rhythmik einzelner Wurzelzonen gemessen wurde.

2.   MATERIAL UND METHODEN

2.1   Messung der Nitrataufnahmerate verschiedener Wurzelzonen junger Maispflanzen

Die Ermittlung der Nitrataufnahmerate verschiedener Wurzelzonen erfolgte an in Nährlösung kultivierten Maispflanzen (*Zea mays* L., Sorte "Regent"). Bis zum Alter von 12 Tagen wurden die Pflanzen einheitlich angezogen, danach wurde die Hälfte der Pflanzen für 2 Tage in Nährlösung ohne Nitrat überführt, während die übrigen Pflanzen in der vollständigen Nährlösung verblieben.

Zur Messung der Nitrataufnahme verschiedener Wurzelzonen wurde die Primärwurzel für 8 Stunden mit Agarosestreifen (0,6 % (w/v); 3 • 0,75 • 0,4 cm; 1 mM NO_3^--N) bedeckt. Die Nitrataufnahmerate konnte aus der Nitratverarmung der Agarosestreifen und der Oberfläche der entsprechenden Wurzelabschnitte berechnet werden (Agarose-Nitrat-Verarmungsmethode).

Zur Bestimmung der mittleren Nitrataufnahmeraten wurden Maispflanzen in Gefäße mit 300 ml Nährlösung (1 mM NO_3^--N) überführt und die Nitratverarmung nach 8 Stunden ermittelt.

2.2   Messung der Nitrataufnahmerate verschiedener Wurzelzonen von Maispflanzen im Verlauf der Vegetationsperiode

Die Untersuchung wurde an Maispflanzen (*Zea mays* L., Sorte "Zentis") durchgeführt, die jeweils einzeln in Großrhizotronen (150 • 50 • 10 cm) kultiviert wurden.
Die Messung der Nitrataufnahme verschiedener Wurzelzonen erfolgte nach der Agarose-Nitrat-Verarmungsmethode während der gesamten Vegetationsperiode. Dazu wurde im Abstand von einigen Tagen unter unverzweigte Wurzelabschnitte Gazestücke gelegt (4 • 4 cm). Dadurch konnte an dieser Stelle ein Einwurzeln der sich entwickelnden Seitenwurzeln in den Boden verhindert werden. Die Gazestücke wurden vor der Messung gegen eine Folienunterlage ausgetauscht. Auf dieser Folie wurden die Wurzelabschnitte mit Agarosestreifen (0,8 % (w/v); 2 • 1 • 0,8 cm; 1 mM NO_3^--N) für sechs Stunden bedeckt.

Die Nitrataufnahmerate der einzelnen Wurzelzonen ließ sich aus der Nitratverarmung der Agarosestreifen und der Oberfläche der entsprechenden Wurzelabschnitte berechnen.

2.3.   Messung der Nitrat- und Phosphataufnahmerate im Tagesverlauf

Die Untersuchung wurde an 17 Tage alten Maispflanzen (*Zea mays* L., Sorte "Zentis") durchgeführt, die in Nährlösung kultiviert wurden. Über eine Zusatzbelichtung konnte eine Mindesteinstrahlung von 200 µmol cm^{-2} s^{-1} PAR in Pflanzenhöhe sichergestellt werden. Zwei Tage vor dem Meßtermin wurde die Hälfte der Pflanzen schattiert (Reduktion der PAR auf 25 %), während die restlichen Pflanzen weiterhin belichtet wurden.

Ermittelt wurden die mittleren Nitrat- und Phosphataufnahmeraten sowie die Nitrat- und Phosphataufnahmeraten verschiedener Wurzelzonen am Tag und in der Nacht. Dabei wurden die Pflanzen während der Messungen am Tag belichtet und in der Nacht verdunkelt. Zusätzlich wurden die Aufnahmeraten von zur Vorkultur belichteten Pflanzen ermittelt, die während der Messung am Tag verdunkelt und in der Nacht belichtet wurden.

Die Messung der Nitrataufnahmerate verschiedener Wurzelzonen erfolgte nach der Agarose-Nitrat-Verarmungsmethode. Die Phosphataufnahmeraten unterschiedlicher Wurzelzonen ließ sich über die Phosphatverarmung der Agarosestreifen (1 mM PO$_4$-P) ermitteln.

Zur Bestimmung der mittleren Nitrat- und Phosphataufnahmeraten wurden Maispflanzen in Gefäße mit 300 ml Nährlösung (1 mM NO$_3^-$-N, 1 mM PO$_4^{3-}$-P) überführt und die Nitrat- und Phosphatverarmung nach 8 Stunden ermittelt. An entsprechend kultivierten Maispflanzen erfolgte zusätzlich ein Nachweis wasserlöslicher Kohlenhydrate mit dem Antron-Färbereagenz (UMBREIT et al., 1972)

3.   ERGEBNISSE

3.1   Einfluß des Wurzelalters auf die Nitrataufnahmerate von Maiswurzeln

In Abb. 1 sind die Nitrataufnahmeraten in Abhängigkeit von der Nitrat-Vorernährung der Pflanzen dargestellt. Sowohl die mittleren Nitrataufnahmeraten als auch die Nitrataufnahmeraten verschiedener Wurzelzonen lassen erkennen, daß der N-Mangel zu einer deutlichen Erhöhung der Nitrataufnahmerate geführt hatte. Unabhängig von der Nitrat-Vorernährung unterschieden sich dabei die einzelnen Wurzelzonen. So lagen im apikalen, unverzweigten Wurzelbereich deutlich höhere Nitrataufnahmeraten vor als im basalen, verzweigten Wurzelabschnitt, in dem die Nitrataufnahmeraten etwa in Höhe der mittleren Nitrataufnahmeraten lagen.

150

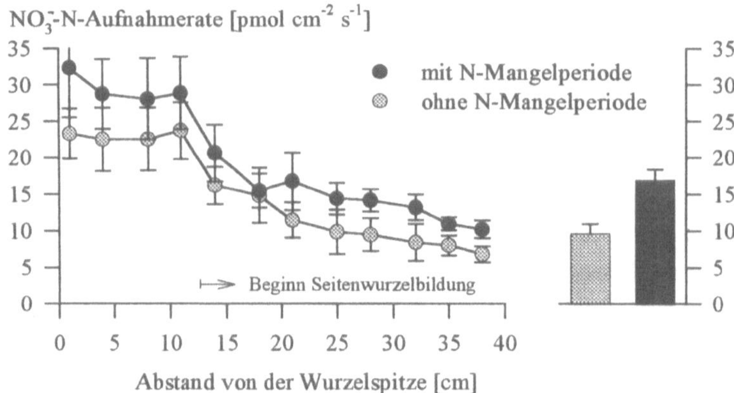

Abb. 1: Nitrataufnahmeraten unterschiedlicher Wurzelzonen (links) und mittlere Nitrataufnahmeraten des gesamten Wurzelsystems (rechts) in Abhängigkeit von der Nitratvorernährung von 14 Tage alten Maispflanzen.

Auch die Messungen an älteren, in Großrhizotronen kultivierten Maispflanzen lassen erkennen, daß sich die Wurzelzonen in der Nitrataufnahmerate unterschieden (Abb.2). So lagen zum 3-Blatt-Stadium und zur Blüte an der Wurzelspitze deutlich höhere Nitrataufnahmeraten vor als in den älteren Wurzelabschnitten. In dem älteren Wurzelbereich wiesen die Wurzeln darüber hinaus eine starke Heterogenität bezüglich der Nitrataufnahmerate auf. So reichte die Nitrataufnahmerate von Wurzeln gleichen Alters vom leichten Efflux bis hin zum Influx mit hoher Rate.

Obwohl die Messungen zum 3-Blatt-Stadium und zur Blüte einen Rückgang der Nitrataufnahmerate mit zunehmendem Wurzelalter erkennen lassen, zeigen die Messungen zur Reife, daß auch alte Wurzeln noch in der Lage sind, Nitrat aufzunehmen.

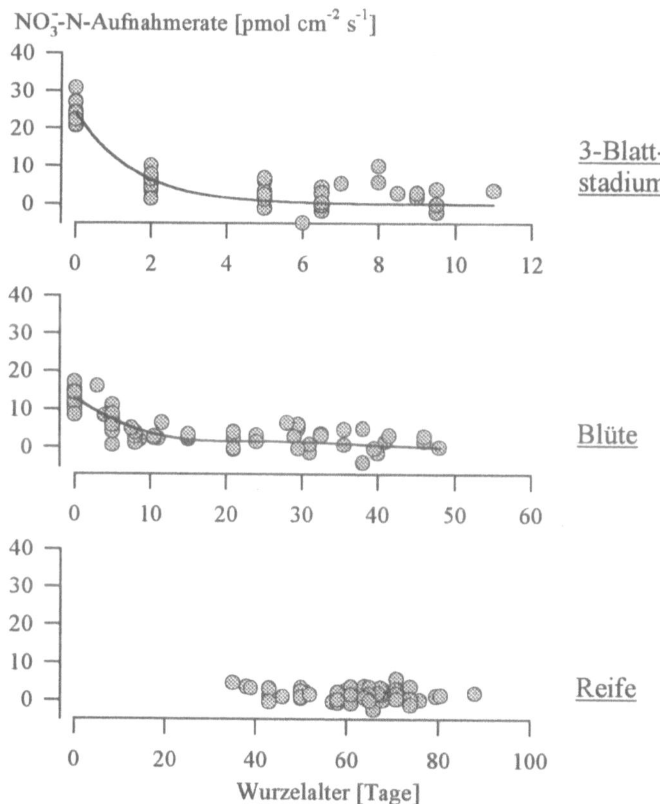

Abb. 2: Nitrataufnahmeraten in Abhängigkeit vom Wurzelalter und Entwicklungsstadium von Maispflanzen.

3.2 Einfluß der Tageszeit auf die Nitrat- und Phosphataufnahmerate

Bei den Pflanzen, die zur Vorkultur ständig belichtet wurden, traten keine Unterschiede in der Nitrat- und Phosphataufnahmerate zwischen Tag und Nacht auf (Ergebnisse nicht dargestellt). Die Nitrataufnahmeraten verschiedener Wurzelzonen unterschieden sich dabei nur gering. Auch bezüglich der Phosphataufnahme wiesen nur die Wurzelspitzen eine gegenüber dem restlichen Wurzelsystem erhöhte Aufnahmerate auf.

Bei den zur Vorkultur schattierten Pflanzen trat hingegen ein deutlicher diurnaler Rhythmus in der Nitrat- und Phosphataufnahmerate auf (Abb. 3). So waren die mittleren Nitrataufnahmeraten wie die Nitrataufnahmeraten verschiedener Wurzelzonen in der Nacht wesentlich geringer als am Tag. In der Nacht nahm dabei die Nitrataufnahmerate mit zunehmendem Abstand von der Wurzelspitze stark ab.

Auch bei Phosphat waren sowohl die mittleren als auch die Aufnahmeraten verschiedener Wurzelzonen in der Nacht wesentlich geringer als am Tag. Dabei unterschieden sich die einzelnen Wurzelzonen nur gering in der Phosphataufnahmerate. Lediglich direkt an der Wurzelspitze traten höhere Phosphataufnahmeraten auf als in dem restlichen Wurzelsystem.

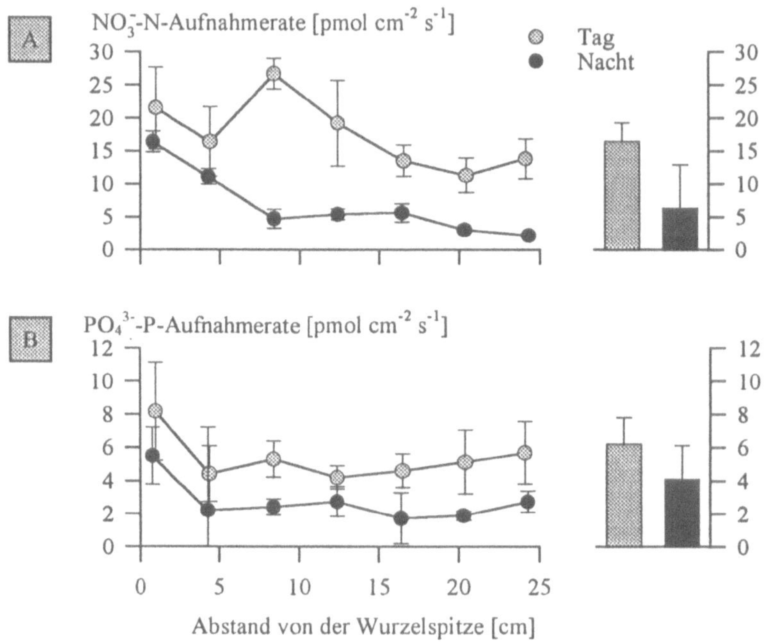

Abb. 3: (A) Nitrat- und (B) Phosphataufnahmeraten unterschiedlicher Wurzelzonen (links) und des gesamten Wurzelsystems (rechts) am Tag und in der Nacht von zur Vorkultur schattierten 17 Tage alten Maispflanzen.

Die diurnale Rhythmik der Nitrat- und Phosphataufnahmerate stand in Beziehung zu der Assimilatversorgung der Pflanzen (Abb. 4). So lag für beide Nährstoffe zwischen den Kohlenhydratgehalten in den Wurzeln und den Aufnahmeraten ein enger Zusammenhang in Form einer Sättigungsbeziehung vor. Die in der Nacht aufgetretene unzureichende Kohlenhydratversorgung der zur Vorkultur schattierten Pflanzen ist daher vermutlich verantwortlich für den Rückgang der Aufnahmerate zu dieser Tageszeit.

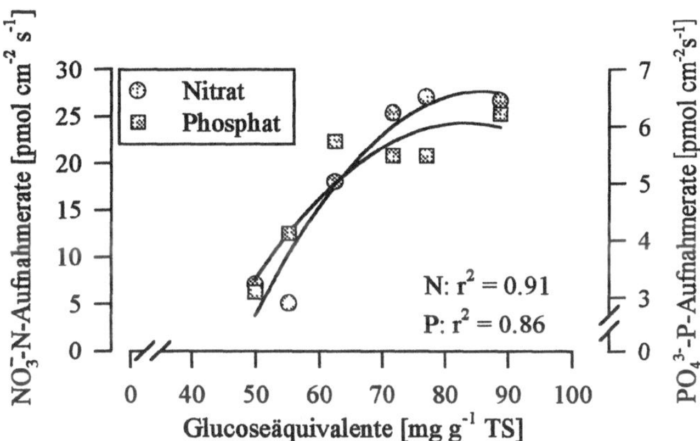

Abb. 4: Beziehung zwischen den Gehalten an wasserlöslichen Kohlenhydraten in den Wurzeln und der Nitrat- und Phosphataufnahmerate von 17 Tage alten Maispflanzen.

4. DISKUSSION

In Simulationsmodellen zur Nährstoffaufnahme wird davon ausgegeangen, daß die Nitrataufnahmerate vom Wurzelalter unabhängig ist. Die vorliegenden Untersuchungen haben jedoch in Übereinstimmung mit LAZOF et al. (1992) gezeigt, daß sich die verschiedenen Wurzelzonen bereits bei jungen Maispflanzen in der Nitrataufnahmerate unterscheiden. So war ein Rückgang der Nitrataufnahmerate mit zunehmendem Abstand von der Wurzelspitze zu erkennen, der insbesondere bei suboptimaler Belichtung ausgeprägt war. Auch die Messungen an älteren Maispflanzen haben deutlich gemacht, daß die verschiedenen Wurzelzonen Nitrat mit unterschiedlicher Rate aufnahmen. So ging einerseits die Nitrataufnahmerate mit zunehmendem Wurzelalter zurück, andererseits wiesen Wurzeln ähnlichen Alters eine deutliche Variabilität in der Höhe der Nitrataufnahmerate auf.

Insgesamt haben die Untersuchungen somit gezeigt, daß die Annahme der Simulationsmodelle von vom Wurzelalter unabhängigen Nitrataufnahmeraten nur zum Teil zutreffend ist. So bleibt zwar die Fähigkeit zur Nitrataufnahme auch bei alten Wurzeln bestehen, die verschiedenen Wurzeln eines Wurzelsystems unterscheiden sich jedoch zum Teil deutlich in der Höhe der Nitrataufnahmerate.

Bezüglich der Phosphataufnahmerate war dagegen bei den jungen Maispflanzen nur ein geringer Einfluß des Wurzelalters zu erkennen. Lediglich direkt an der Wurzelspitze traten höhere Aufnahmeraten auf als im restlichen Wurzelsystem. Dieses Ergebnis steht in Übereinstimmung

154

zu der Untersuchung von ERNST et al. (1989), in der ebenfalls gezeigt werden konnte, daß die Phosphataufnahmerate bis zu der 15 Tage alten Wurzelzone weitgehend konstant blieb.

In Hinblick auf die Annahme der Simulationsmodelle von im Tagesgang konstanten Aufnahmeraten haben die vorliegenden Untersuchungen gezeigt, daß dies nur bei optimaler Belichtung der Pflanzen zur Vorkultur der Fall war. Bei suboptimaler Belichtung und somit unzureichender Assimilatversorgung der Pflanzen lag ein deutlicher diurnaler Rhythmus in der Nitrat- und Phosphataufnahmerate vor.

Insgesamt haben die Untersuchungen somit gezeigt, daß die Annahmen der Simulationsmodelle zur Nährstoffaufnahme von konstanten Aufnahmeraten nur zum Teil zutreffend sind. Die Berücksichtigung unterschiedlicher Aufnahmeraten könnte somit zu einer Verbesserung bestehender Modelle beitragen.

5. SUMMARY

A method is described which allows the determination of nitrate and phosphate uptake capacity by different root zones of maize grown in solution culture and in soil in situ. Along the primary root of young maize plants grown in nutrient culture nitrate uptake was highest in the apical root sections and decreased steadily in the zone of side root formation. Phosphorus uptake was highest in the root apex but then remained constant. The same pattern of nitrate uptake of root sections could also be measured with maize plants grown until maturity in rhizotrons.
At suboptimal but not at optimal light conditions, the nitrate und phosphorus uptake where generally lower during the night than during the day which could be related to the water soluble carbohydrate concentrations of the roots.

6. LITERATURVERZEICHNIS

BALDWIN, I.P.; NYE, P.H.; TINKER, P.B.: Uptake of solutes by multiple root systems from soil. III. A model for calculating the solute uptake by a randomly dispersed root system developing in a finite volume of soil. Plant and Soil 38, 621-635 (1973).

ERNST, M.; RÖMHELD, V. und MARSCHNER, H.: Estimation of phosphorus uptake capacity by different zones of the primary root of soil-grown maize (*Zea mays* L.). Z. Pflanzenern. Bodenk. 152, 21-25 (1989).

LAZOF, D.B.; RUFTY, T.W. Jr.; REDINBAUGH, M.G.: Localisation of nitrate absorption and translocation within morphological regions of the corn root. Plant Physiol. 100, 1251-1258 (1992).

UMBREIT, W.W.; BURRIS, R.H.; STANFER, J.F.: Manometric biochemical techniques. Burges Publishing Company, Minneapolis (1972).

WIESLER, F.; HORST, W.J.: Root growth and nitrate utilization of maize cultivars under field conditions. Plant and Soil 163, 267-277 (1994).

ZEITLICH UND RÄUMLICH HOCHAUFLÖSENDE BODENWASSERPOTENTIAL-MESSUNGEN (TENSIOMETRIE) IM FREILANDEXPERIMENT UND LABORVERSUCH

GÖTTLEIN, A.; DIEFFENBACH, A.

Lehrstuhl f. Bodenökologie
Universität Bayreuth, BITÖK
95440 Bayreuth
☎ 0921/55-5612; E-mail: axel.goettlein@bitoek.uni-bayreuth.de

Einleitung

Der Bodenwasserhaushalt ist neben den chemischen Eigenschaften von Bodenlösung und Bodenfestphase einer der bestimmenden Faktoren für die Nährstoffaufnahme und das Wachstum von Pflanzen. Klima, d.h. Häufigkeit und Intensität von Niederschlagsereignissen, und Bodenstruktur bestimmen die zeitliche und räumliche Variabilität der Wasserverteilung bzw. -verfügbarkeit im Bodenprofil. Das Auftreten von "bevorzugten Fließwegen", in denen ein rascher Transport von Wasser in tiefere Bodenschichten erfolgt (DEMUTH u. HILTPOLD 1993) ist hierbei von besonderer Bedeutung.
Kleinst-Tensiometer erlauben punktförmige Messungen des Matrixpotentials bis ca. 800 hPa. Bislang wurden einzelne Kleinst-Tensiometer im Laborexperiment für tensiometrische Untersuchungen an Einzelaggregaten (TÜRK et al. 1991) oder zur Beobachtung des Bodenmatrixpotentials von Wurzelkästen (VETTERLEIN et al. 1993) eingesetzt. Ziel der vorliegenden Untersuchung war es, in der Konstruktion optimierte Mikro-Tensiometer auch zur Erfassung räumlicher Heterogenitäten des Bodenmatrixpotentials sowohl im Freiland als auch direkt an der Pflanzenwurzel im Rhizotronversuch einzusetzen.

Konstruktion der Mikro-Tensiometer

Zum Bau der Mikro-Tensiometer wurden keramische P80-Kapillaren der Fa. KPM (Berlin) verwendet, wie sie bereits von TÜRK et al. (1991) zum Bau von Kleinst-Tensiometern eingesetzt wurden. Die Länge der wirksamen Zelle beträgt 5 mm, der Außendurchmesser 1 mm. Die keramischen Mikrozellen wurden am vorderen Ende über einem Bunsenbrenner mit Glas verschmolzen. Abweichend zur Konstruktion von Türk et al. (1991) wurden diese in eine 5 cm lange HPLC-Kapillare aus Polyetheretherketon (PEEK) mit einem Innendurchmesser von

0,75 mm geklebt (vgl. GÖTTLEIN et al. 1995). Durch die Verwendung von HPLC-Kapillaren steht ein nahezu totvolumenfreies und druckstabiles Leitungssystem zur Verfügung.

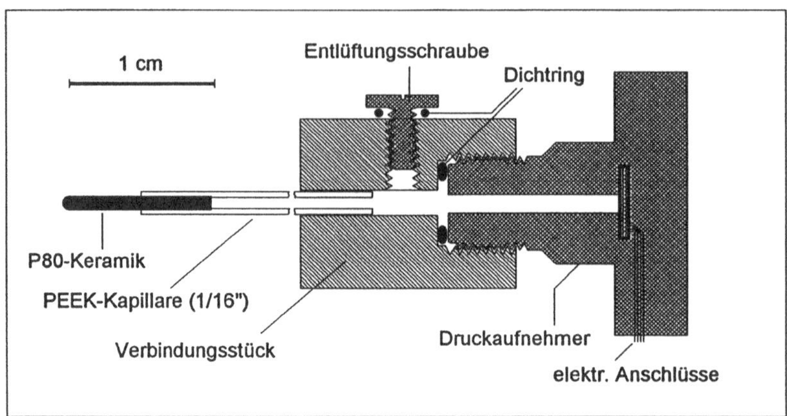

Abb.1: Konstruktionsskizze eines Mikro-Tensiometers

Freilandeinsatz

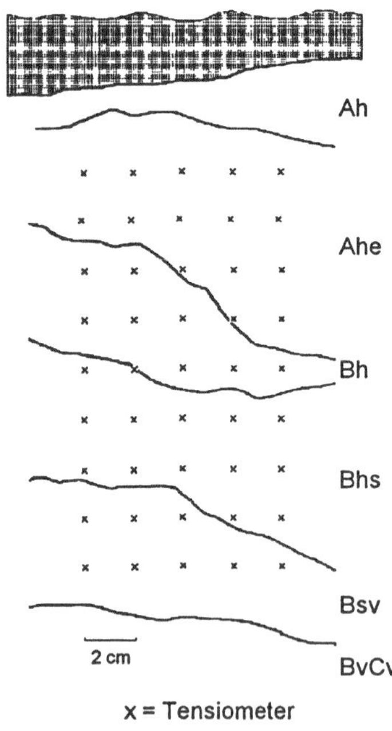

Abb.2: Profil-Horizontierung und Installationsschema der Mikro-Tensiometer

45 Mikro-Tensiometer wurden in einer Profilgrube im Fichtelgebirge am Standort Waldstein (Podsol-Braunerde aus Granit) in Matrixform eingebaut, so daß alle wesentlichen Bodenhorizonte überdeckt wurden (Abb.2). Die Aufnahme der Tensiometerdaten erfolgte mit einem Datenlogger (Delta-T Devices, Burwell England), wobei die in einminütigem Abstand aufgenommenen Datenpunkte zu Zehnminuten-Mittelwerten zusammengefaßt und abgespeichert wurden.

Abb.3 zeigt die Saugspannungsverteilungen am 14. und 15.7.94, wo zwei Niederschlagsereignisse vergleichbarer Menge, aber deutlich verschiedener Dauer stattfanden. Am 14.7. fielen 10,4 mm Niederschlag in 20 Minuten. Bei diesem Ereignis brach im gesamten Profil die Saugspannung innerhalb kurzer Zeit zusammen, wobei keine von oben fortschreitende Befeuchtungsfront festzustellen war. Im Gegensatz hierzu bewirkte das Niederschlagsereignis vom 15.7.94 (9,8 mm Niederschlag in 110 min) in der oberen Tensiometerreihe ein schnelles, in der untersten Tensiometerreihe ein langsames und zeitlich versetztes Abfallen der Saugspannungswerte. Hier ließ sich bei kartographischer Darstellung der Meßwerte eine deutlich fortschreitende Befeuchtungsfront erkennen.

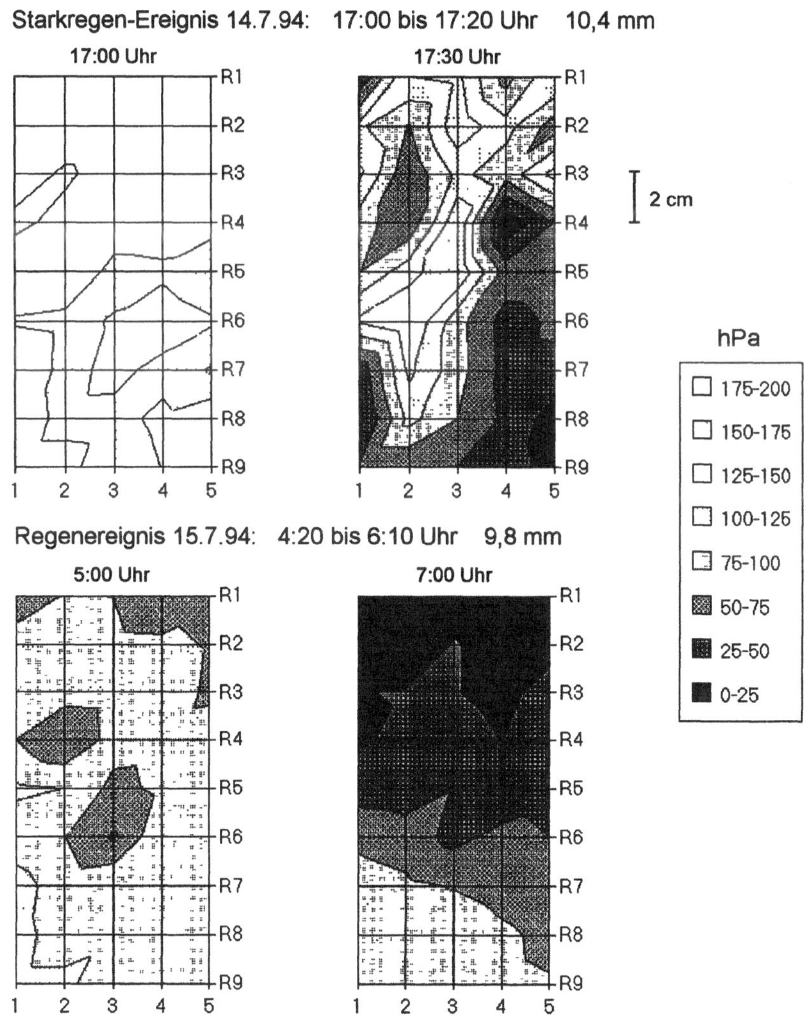

Abb.3: Saugspannungsverteilung zu Beginn und am Ende zweier Regenereignisse vergleichbarer Niederschlagsmenge, aber unterschiedlicher Dauer

Laborversuch

Abb.4 zeigt das verwendete Rhizotron in Front- und Seitenansicht. Es wird mit einer Neigung von ca. 35° aufgestellt, so daß die Wurzeln bevorzugt an der Plexiglasscheibe entlangwachsen

158

und somit sichtbar sind. Zwischen Plexiglasscheibe und Boden ist eine dünne Plastikfolie eingelegt, um am drehbaren Teil der Scheibe die Dichtigkeit des Systems zu gewährleisten. Durch eine Aussparung im drehbaren Teil der Plexiglasscheibe sind die Wurzeln für Manipulationen und Messungen zugänglich. Bohrungen im 5 mm-Raster auf der Rückseite des Rhizotrons ermöglichen den Einbau von Mikro-Tensiometern und/oder Mikro-Lysimetern. Diese werden mit der keramischen Zelle bis an die Plexiglasscheibe geschoben, so daß sowohl die Position der Wurzel als auch die Position der Mikro-Tensiometers bzw. -Lysimeter bekannt ist.

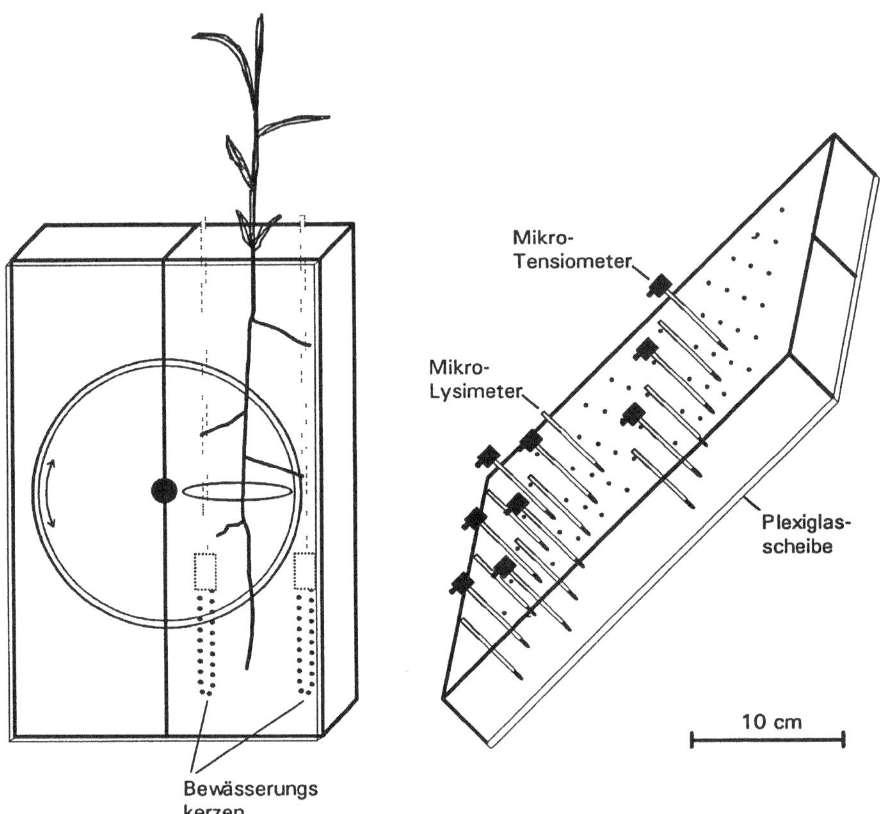

Abb.4: Rhizotron in Front- und Seitenansicht

In unmittelbarer Nähe zur Primärwurzel einer 10 Tage alten Maispflanze (Zea mays, L. cv. Magister), ca. 7 cm hinter der Wurzelspitze, wurden wie oben beschrieben drei Mikro-Tensiometer installiert. Gleichzeitig fanden in dieser Wurzelzone Turgormessungen mit der Zelldrucksonde statt (siehe FRENSCH und DIEFFENBACH im gleichen Band). Um hierfür Zugang zur Wurzel zu erhalten, wurde direkt über T1 eine ca. 5 x 5 mm² Aussparung in die Schutzfolie geschnitten. Der Boden an dieser Stelle reagierte auf die hierdurch geschaffene

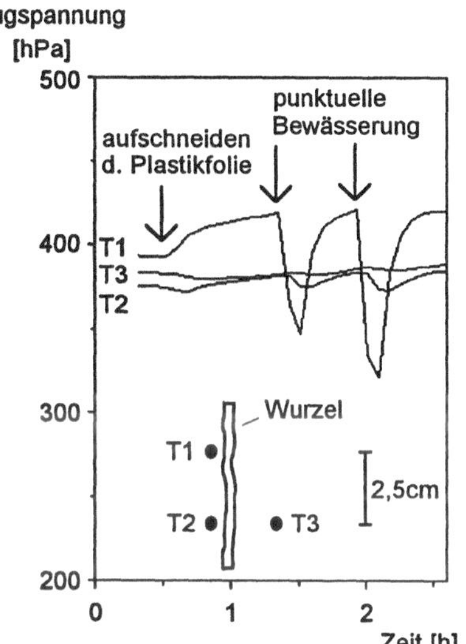

Abb.5: Reaktion der Mikro-Tensiometer auf punktuelle Bewässerung bei T1

Verdunstungsmöglichkeit mit einem deutlich sichtbaren Anstieg des Matrixpotentials um ca. 27 hPa (Abb.5). Weniger deutlich und mit geringer zeitlicher Verschiebung reagierte auch das nächstgelegene Tensiometer T2, wogegen an der Position von T3 keine Veränderung des Matrixpotentials festgestellt wurde. Um die Reaktion der Wurzel auf eine schnelle Wiederbefeuchtung zu untersuchen, wurden direkt an T1 zweimal je ein Tropfen Wasser (je ca. 15 µl) auf die Wurzel gegeben und der Verlauf der Saugspannung im Boden verfolgt. T1 reagierte auf die Bewässerung mit einem sofortigen Saugspannungsabfall von 71,8 bzw. 99,7 hPa. Zeitlich versetzt und weniger deutlich (5,9 bzw. 10,4 hPa) reagierte auch T2, während bei T3 praktisch keine Auswirkungen mehr festzustellen waren. Nach ca. 35 Minuten zeigten sowohl T1 als auch T2 wieder einen Saugspannungswert wie kurz vor dem Bewässerungsereignis an, was bedeutet, daß die zugegebene, geringe Wassermenge schnell von der Wurzel und dem unmittelbar umgebenden Boden aufgenommen wurde.

Zusammenfassung

→ Die hier vorgestellten Mikro-Tensiometer erlauben eine hochauflösende Installation auf mikroskaligem Niveau, d.h. im Zentimetermaßstab, und zeichnen sich durch gute Handhabbarkeit, geringe einbaubedingte Gefügestörungen und gutes Ansprechverhalten aus.

→ Mit räumlich und zeitlich hochaufgelöster Tensiometrie lassen sich im Freiland die Auswirkungen einzelner Niederschlagsereignisse auf die Bodensaugspannung detailliert erfassen. Intensive Starkregenereignisse können im hier verwendeten Boden zu einem raschen Zusammenbruch der Saugspannung im gesamten Profil, ohne erkennbare Befeuchtungsfront, führen.

→ Die vorgestellte Rhizotron-Konstruktion ermöglicht die Erfassung des Bodenwasserpotentiales und die Gewinnung von Bodenlösung in hoher räumlicher Auflösung bei gleichzeitig optimaler Beobachtungsmöglichkeit des Wurzelwachstums.

Summary

Micro-tensiometers, like the ones used in this study, allow high resolution measurements on the centimeter scale, are easy to handle and show a quick response to changes in soil matric potential. In a field experiment single precipitation events and their effect on soil matric potential were investigated with a high spatial and temporal resolution. Strong rain events may cause the matric potential in the whole soil profile to break down, without discernible infiltration front, whereas with weaker rain events an infiltration front was observed. In specially designed rhizotrones, micro-tensiometers can be used for water potential measurements in the direct vicinity of plant roots.

Literatur

DEMUTH, N.; HILTPOLD, A.: "Preferential Flow": eine Übersicht über den heutigen Kenntnisstand. Z. Pflanzenernähr. Bodenk. **156**, 479-484 (1993)

GÖTTLEIN, A., HELL, U., BLASEK, R.: A system for microscale tensiometry and lysimetry. Geoderma (1995, im Druck).

TÜRK, T., MAHR, A., HORN, R.: Tensiometrische Untersuchungen an Aggregaten in homogenisiertem Löß. Z. Pflanzenernähr. Bodenk. **154**, 361-368 (1991)

VETTERLEIN, D.; MARSCHNER, H.; HORN, R.: Microtensiometer technique for in situ measurement of soil matric potential and root water extraction from a sandy soil. Plant a. Soil **149**, 263-273 (1993).

Die Arbeiten wurden vom Bundesministerium für Bildung, Wissenschaft, Forschung und Technologie (BMBF) unter Vorhaben Nr. BEO 51-0339476A finanziert. Wir danken den Werkstätten der Universität Bayreuth für die ausgezeichnete technische Unterstützung.

HYDRAULISCHE UND OSMOTISCHE REAKTION PRIMÄRER MAISWURZELN AUF BODENAUSTROCKNUNG IM RHIZOTRONVERSUCH

FRENSCH, J.[1], DIEFFENBACH, A.[2]

[1] Lehrstuhl für Pflanzenökologie
Universität Bayreuth
95440 Bayreuth
☎ (0921) 552572; e-mail: jurgen.frensch@uni-bayreuth.de

[2] Lehrstuhl für Bodenökologie
Universität Bayreuth, BITÖK
95440 Bayreuth

Der Wassertransport in der Pflanze wird im wesentlichen von osmotischen und hydrostatischen Druckgradienten angetrieben. Osmotische Druckgradienten zwischen der Bodenlösung und dem Xylem bewirken z.B. den radialen Wasserfluß in die Wurzel und den Xylemdruck ("Wurzeldruck") unter nicht-transpirierenden Bedingungen. Das Wasserpotentialgefälle zwischen dem Boden und der Atmosphäre erzeugt hydrostatische Druckgradienten in der Pflanze unter transpirierenden Bedingungen und verursacht nach der Kohäsionstheorie negative Drücke (Spannungen) im Xylem. Direkte Messungen negativer Drücke sind extrem schwierig und konnten bisher nur vereinzelt erfolgreich durchgeführt werden (BALLING u. ZIMMERMANN 1990; HEYDT u. STEUDLE 1991; ZIMMER-MANN et al. 1993). Die Ergebnisse werden konträr diskutiert. HEYDT u. STEUDLE (1991) interpretieren den gefundenen Zusammenhang zwischen Xylemdruckreaktion und Transpirationsänderung als eine Bestätigung der Kohäsionstheorie. Dieser Zusammenhang wird in den Experimenten der übrigen Autoren nicht immer gefunden, was als Argument gegen die Gültigkeit der weithin akzeptierten Kohäsionstheorie angeführt wird, obwohl die Zuverlässigkeit der Meßmethode in diesen Experimenten nicht zweifelsfrei demonstriert wurde. Aufgrund der fundamentalen Bedeutung der Kohäsionstheorie für den Wasserhaushalt der Pflanzen sind weitere Druckmessungen im Xylem in Abhängigkeit von Wasserversorgung und -bedarf nötig.

Der Ort und die Rate der Wasseraufnahme in die Wurzel wird außer von Wasserpotentialgradienten auch von hydraulischen Widerständen des Systems Boden-Pflanze bestimmt (FRENSCH u. STEUDLE 1989). Hydraulische Barrieren der Wurzel (z.B.

Endodermis, Exodermis) entstehen während der Entwicklung durch genetisch bedingte Differenzierungsprozesse. Die Effektivität dieser Barrieren kann zusätzlich von den chemischen und physikalischen Eigenschaften des Bodens modifiziert werden (CLARKSON 1993). Die Folge der komplexen Anordnung paralleler und serieller Widerstände in der Wurzel führt zu einer Zonierung der Wasseraufnahme entlang der Wurzel (SANDERSON 1983; HÄUSSLING et al. 1988; FRENSCH et al. 1995), deren Bedeutung für die Wasser- und Nährstoffversorgung von Pflanzen in zunehmend trockenerem Boden weitestgehend unbekannt ist. Daher werden in dieser Arbeit erstmals hydraulische und osmotische Messungen an einer im Boden gewachsenen Pflanze mit hoher räumlicher Auflösung durchgeführt. Vergleichende Messungen an Pflanzen in feuchtem und trockenem Boden sollen Aufschluß geben über die osmotische Anpassungsfähigkeit entlang der sich differenzierenden Wurzel.

Material und Methoden

Mais (*Zea mays*, L. cv. Magister) wurde nach einer dreitägigen Vorkeimzeit auf feuchtem Filterpapier in Rhizotrone (Substrat lehmiger Schluff) umgesetzt und unter kontrollierten Bedingungen (14/10 h Tag/Nachtrhythmus, 250 μmol m^{-2} s^{-1} PAR, 20 bis 24 ^{0}C Lufttemperatur, 40 bis 70% Luftfeuchte) kultiviert. Die Turgormessungen wurden an 3 bis 21 Tage alten Primärwurzeln in unterschiedlichen Positionen entlang der Achse durchgeführt. Eine Konstruktionsskizze der Pflanzkästen und Beschreibung der gleichzeitig vorgenommenen Messungen mit den Mikrotensiometern befindet sich in dem Beitrag von Göttlein und Dieffenbach in diesem Band.

Bedingt durch die Schräglage der Pflanzbehälter wuchsen die Primärwurzeln weitestgehend entlang der durchsichtigen Vorderseite, die für den Einsatz der Zelldrucksonde (siehe weiter unten) besonders präpariert wurde. Eine kreisförmige Ausnehmung (Durchmesser ca. 18 cm) in der Frontscheibe, die sich fast über die gesamte Breite des Kastens erstreckte, wurde durch eine weitere, drehbar gelagerte Plexiglasscheibe vollständig abgedeckt. Ein ca. 1 cm breiter Schlitz in der beweglichen Scheibe ermöglichte den Zugang zur Wurzel von außen. Zwischen der Frontscheibe und der Bodenoberfläche im Kasteninneren befand sich weiterhin eine durchsichtige Schutzfolie. Aus dieser Folie wurde unmittelbar vor der Zelldrucksondenmessung eine ca. 5 x 5 mm² große Fläche mit einem Skalpell herausgeschnitten. Ein feuchtes Filterpapier in unmittelbarer Nähe zu diesem Meßfenster erhöhte die Luftfeuchtigkeit und erniedrigte dadurch Wasserverluste des Bodens und der Wurzel an die umgebende Atmosphäre. Mikrotensiometermessungen bestätigten, daß die Erniedrigung des Bodenwasserpotentials durch das Freilegen des Meßfensters minimal war und vernachlässigt werden konnte.

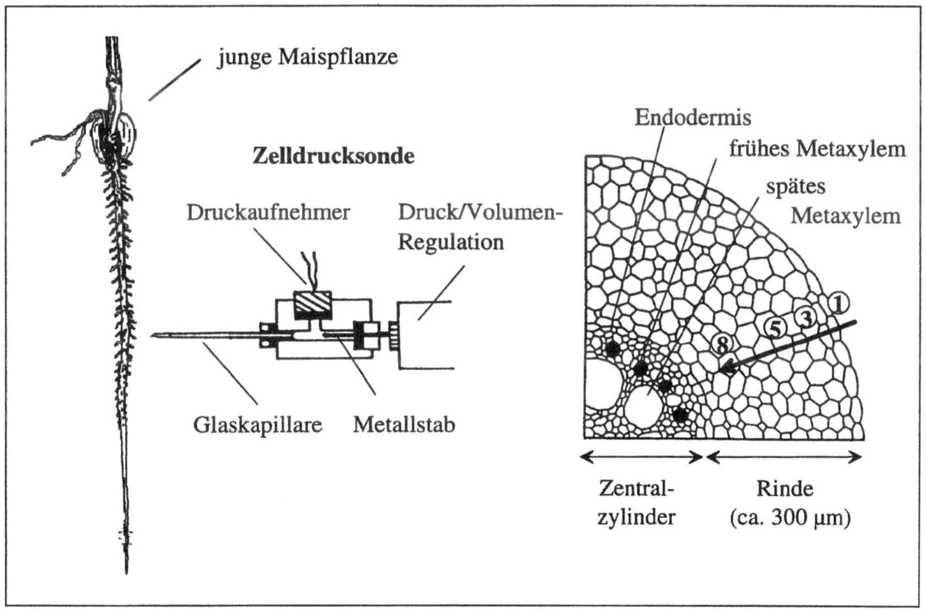

Abb. 1: Schematische Darstellung der Zelldrucksondenmessung an einer jungen Maiswurzel. Der Turgor einzelner Zellen wurde mit der Sonde in der Rinde und im Zentralzylinder entlang der sich differenzierenden Primärwurzel gemessen. Der Pfeil in der Querschnittszeichnung symbolisiert die Glaskapillare bei einer Messreihe in unterschiedlichen Zellschichten (siehe Abb. 2).

Entlang der Primärwurzel wurden hydrostatische Druckmessungen in Zellen der Rinde und des Zentralzylinders durchgeführt (Abb. 1). Die dazu eingesetzte Zelldruckmeßsonde (HÜSKEN et al. 1978) war auf einem Mikromanipulator befestigt, der die Meßspitze der Sonde auf wenige μm genau positionieren konnte. Der Durchmesser der Glaskapillare an der Spitze betrug zwischen 3 und 8 μm. Nach dem Anstechen einer Zelle der ersten Zellschicht trat Zellsaft in die mit Silikonöl gefüllte Kapillare ein und bildete mit dem Öl eine Grenzschicht (Meniskus). Druckänderungen in der Sonde wurden durch Verschieben des

Metallstabes induziert, wodurch die Bewegung des Menikus kontrolliert werden konnte. War der Meniskus nahe an der Zelloberfläche fixiert und stellte sich ein stationärer Druck in der Sonde ein, entsprach dieser dem Turgordruck der angestochenen Zelle. Das Anstechen der Zelle sowie die Regulation des Meniskus wurde unter einem Stereomikroskop bei 80 facher Vergrößerung durchgeführt. Der hydrostatische Druck wurde kontinuierlich gemessen und auf einem Schreiber aufgezeichnet. Die Kalibrierung des Druckaufnehmers im positiven und negativen Druckbereich zeigte einen linearen Zusammenhang zwischen dem angelegten Druck und dem Ausgangssignal des Sensors.

Mit Ausnahme der ersten Zellschicht kann das Anstechen weiterer Zellen im Gewebe nicht direkt beobachtet werden. Vor jedem Weiterschieben in eine neue Zelle wurde der Druck in der Sonde reduziert, um eine Kontamination des Gewebes mit Öl einzuschränken. Das Anstechen einer neuen Zelle wurde dann durch eine erneute Verschiebung des Meniskus in Richtung Sonde aufgezeigt. Bei jeder Turgormessung wurde die Einstichtiefe bestimmt, indem Verschiebungen von Farbmarkierungen auf der Kapillaraußenseite vermessen wurden. Dennoch blieb die exakte Zuordnung der Druckmessungen zu ihren Zellen im Zentralzylinder (z.B. frühes oder spätes Metaxylem) schwierig. Die großen Zellen des späten Metaxylems (Abb. 1), die noch in einer Entfernung von 200 mm hinter der Wurzelspitze turgeszent waren, wurden aufgrund des positiven hydrostatischen Druckes und der großen Volumenänderung in der Kapillare beim Anstechen identifiziert. Dagegen war eine direkte Identifizierung des leitenden (toten) frühen Metaxylems nicht möglich, weil deren Druck unterhalb des Atmosphärendruckes lag und sich kein Meniskus in der Kapillare bildete. Daher können die gemessenen, nicht-positiven Drücke (d.h. solche außerhalb des Protoplasten) lediglich dem Apoplasten zugeordnet werden, der sich aus leitendem Xylem und dem Zellwandraum der übrigen Zellen zusammensetzt.

Ergebnisse und Diskussion

In Abhängigkeit von der Position entlang der Wurzel (longitudinales Profil) und quer zum Wurzelzylinder (radiales Profil) wurde der Turgor (P_c) in der Rinde bestimmt. Die radialen Turgormessungen einer im feuchten Boden (Ψ_{soil} = -0.008 MPa = -80 hPa) angezogenen Pflanze zeigten, daß P_c für eine gegebene Position entlang der Achse nahezu konstant war

(Abb. 2A). Von diesem einheitlichen Profil ausgenommen waren lediglich die Zellen der Rhizodermis, deren Turgor häufig niedriger war als der in den inneren Zellschichten. Im Unterschied zu den gleichmäßigen Turgorwerten der Rindenzellen in feuchtem Boden stieg in trockenem Substrat (Ψ_{soil} = -0.3 bis -0.45 MPa) P_c innerhalb der Rinde von außen nach innen an. Die Abbildung 2B zeigt zwei radiale Turgorprofile ca. 170 mm hinter der Wurzelspitze mit extremen Druckanstiegen zwischen der 5. und 7. bzw. der 4. und 5. Zellschicht. Nimmt man an, daß die Rindenzellen in engem hydraulischem Kontakt zueinander stehen, dann deuten diese Gradienten auf große Konzentrationsunterschiede osmotisch aktiver Substanzen innerhalb der Rinde hin.

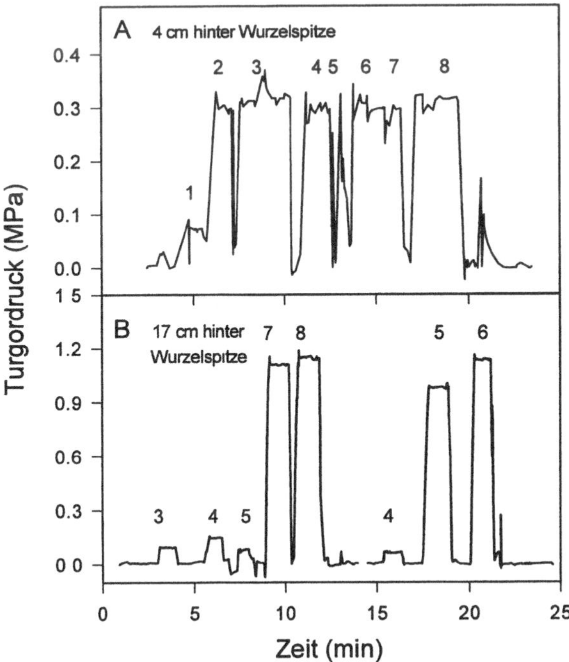

Abb. 2: Radiale Turgorprofile in der Rinde an zwei verschiedenen Längspositionen. Feuchter Boden (Ψ_{soil} = -0.008 MPa) in (A), trockener Boden (Ψ_{soil} ca. -0.4 MPa) in (B). Die Nummern kennzeichnen die radiale Position (Zellschicht) in der Rinde.

Längs der Wurzel nahm P_c von der Spitze bis zur Basis ab (Abb. 3A). In der Kontrolle (Ψ_{soil} = -0.008 MPa) betrug der Mittelwert der Turgormessungen in den apikalen 10 mm der Streckungszone 0.52 MPa und war damit deutlich höher als im basal davon gelegenen, differenzierten Gewebe. Zwischen den Positionen 100 mm und 225 mm verringerte sich der Turgor abermals von 0.3 MPa auf 0.1 MPa. Die geringen radialen Turgordifferenzen in der

Rinde führten zu kleinen Standardabweichungen der Mittelwerte (n = 4 bis 15 Einzelmessungen an einer Position) entlang der gesamten Wurzel.

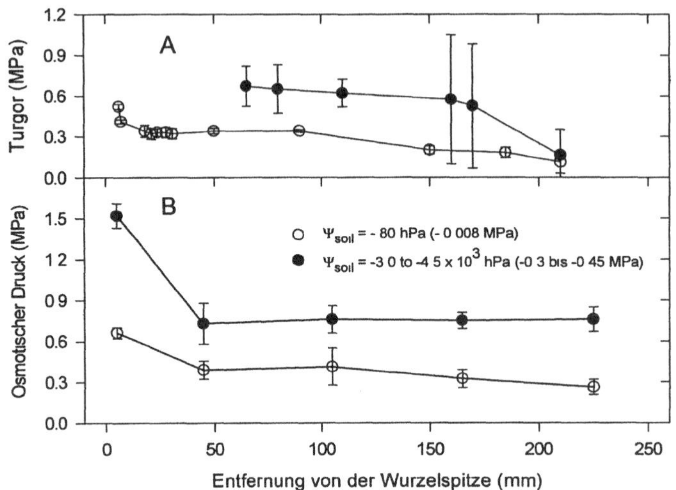

Abb. 3: Längsprofil des Turgors (**A**) und osmotischen Druckes (**B**) in der Rinde. Meßpunkte sind Mittelwerte ± SD (4 bis 15 Einzelmessungen in (**A**), 2 bis 6 Einzelmessungen in (**B**)).

Der Wasserhaushalt der Wurzeln im trockenen Boden unterschied sich von dem im feuchten Boden durch zwei wesentliche Merkmale. Die Turgormittelwerte betrugen 0.5 bis 0.75 MPa (65 bis 170 mm hinter der Wurzelspitze) und waren damit um 0.3 bis 0.4 MPa höher als die Werte in den vergleichbaren Zonen der Pflanzen im feuchten Boden (Abb. 3A). Große Standardabweichungen als Folge der radialen Turgorgradienten in der Rinde traten insbesondere zwischen den Positionen 150 und 200 mm auf. Die drastische Turgorabnahme an der Position 225 mm war auf das Verschwinden hoher Turgordrücke in der inneren Rinde zurückzuführen.

Parallel zu den Turgormessungen wurden osmotische Drücke in Preßsäften aus 1-cm langen Wurzelsegmenten (Rinde plus Zentralzylinder), unter vergleichbaren Bedingungen angezogenen Pflanzen bestimmt. Turgorprofile und osmotische Druckprofile längs der Wurzel waren in den Kontrollpflanzen in feuchtem Boden (Ψ_{soil} = -0.008 MPa) ähnlich (Abb. 3B). Unterschiede in den Absolutwerten (osmotischer Druck 0.1 bis 0.2 MPa höher als P_c) lassen auf höhere osmotisch wirksame Konzentrationen im Zentralzylinder schließen. Vor allem in der Streckungszone war der osmotische Druck der Wurzeln in trockenem Boden mit 1.4 MPa extrem hoch, während in den übrigen Wurzelzonen die osmotischen Werte zwischen 0.7 und 0.8 MPa lagen.

Pflanzen kompensieren eine Erniedrigung des Bodenwasserpotentials durch Anreicherung osmotisch aktiver Substanzen, wodurch der Turgorverlust in den Zellen verhindert und die Aufrechterhaltung physiologischer Prozesse ermöglicht wird. Unsere Ergebnisse zeigen, daß die osmotische Reaktion der Maiswurzel nicht nur zu einer Turgorstabilisierung führte, sondern darüber hinaus eine Anreicherung osmotisch aktiver Substanzen stattfand, so daß der mittlere Turgor deutlich über dem Niveau des an Wurzeln in feuchtem Boden gemessenen Turgors lag. Derzeit stattfindende chemische Analysen sollen klären, welche Substanzen an der osmotischen Reaktion beteiligt sind.

Die Turgormessungen in verschiedenen Tiefen der Rinde und entlang der Wurzel lassen den Schluß zu, daß die Verlagerung von (vermutlich) Nährstoffen aus den oberflächennahen Zellschichten in das Wurzelinnere ein Merkmal des Alterns der Rinde ist. Die Verlagerung führt zum Absterben der Wurzel, beginnend von der Basis zur Wurzelspitze und von der Peripherie zum Wurzelzentrum. Bei den Pflanzen in trockenem Boden manifestierte sich dieser Prozeß in großen radialen Turgorgradienten innerhalb der Rinde.

Innerhalb des Zentralzylinders wurde die Zelldrucksonde mit dem Ziel eingesetzt, negative Drücke im Xylem (Apoplasten) in Abhängigkeit vom Bodenwasserpotential zu messen. Erste Ergebnisse dazu sind in der Abbildung 4 dargestellt. In der oberen Graphik wurden zunächst in zwei Rindenzellen (250 und 300 mm Entfernung von der Wurzeloberfläche) positive Drücke von jeweils 1.0 MPa gemessen. Beim Weiterschieben der Kapillare um 60 µm (d.h. eine Position innerhalb der Endodermis) stellte sich schlagartig ein negativer Druck von -0.5 MPa relativ zum Atmosphärendruck (= -0.4 MPa unterhalb des Drucknullpunktes) in der Sonde ein. Für die Dauer von 3 Minuten wurde diese Spannung gehalten, bevor ein spontaner Druckanstieg das Reißen der Flüssigkeit und die Bildung einer Gasblase in der Kapillare ("Kavitation") anzeigte. Im weiteren Verlauf dieser Messung wurde die Kapillare aus dem Gewebe herausgezogen (Druckanstieg auf 0 MPa) und die hydraulische Leitfähigkeit der Kapillarspitze überprüft. Die Halbwertzeit der Druckrelaxation betrug weniger als 1 s und

168

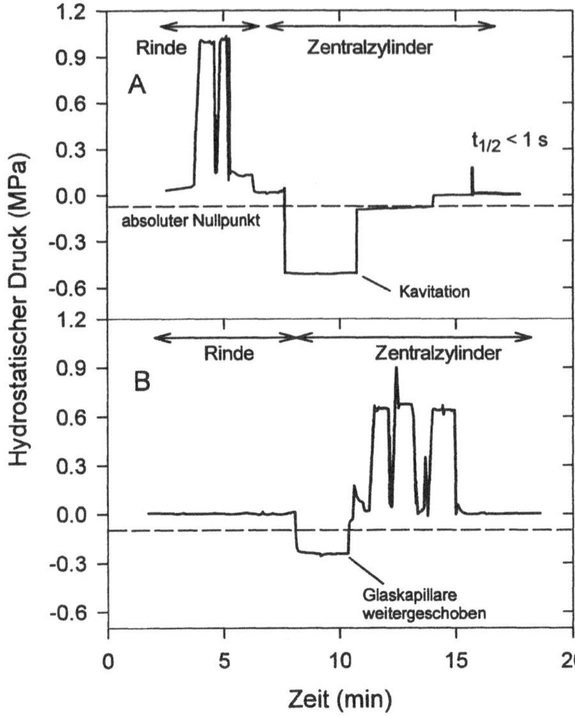

Abb. 4: Messung positiver und negativer hydrostatischer Drücke in der Rinde und im Zentralzylinder. Entfernung der Meßposition zur Wurzelspitze ca. 150 mm, Ψ_{soil} ca. -0.4 MPa.

bestätigte, daß Sonde und Pflanze während der vorangegangenen Messung in engem hydraulischen Kontakt standen. In der Abbildung 4B wurde ein negativer Druck von - 0.32 MPa im Apoplasten des Zentralzylinders gemessen. Ein Verschieben der Meßspitze von lediglich 20 µm führte zum erfolgreichen Anstechen einer benachbarten, lebenden Zelle, deren Turgor 0.65 MPa betrug. Zwei weitere Turgormessungen im Zentralzylinder lieferten ähnlich hohe Turgorwerte. Die Ergebnisse zeigen, daß in der Wurzel über die Endodermis hinweg hydrostatische Druckgradienten von bis zu 1.5 MPa auftreten können. Inwiefern sich diese mechanische Belastungen auf die Wurzelmorphologie auswirken, ist unbekannt. Wir vermuten jedoch, daß die Differenzierung der Endodermis, insbesondere die Bildung der tertiären Zellwand, zukünftig stärker unter dem Aspekt der mechanischen Stabilität zu diskutieren sein wird.

Summary

Effects of root development and reduced water availability on the water and nutrient status were studied in soil-grown maize roots. Radial turgor across the cortex was rather uniform throughout roots exposed to wet soil. With decreasing soil water content, turgor increased and steep turgor gradients across the cortex established in older root zones. The gradients were presumably due to the translocation of nutrients from the root periphery to the center. Therefore, the results reflect processes of root development and aging on a cellular level. Within the stele (xylem), negative pressures as low as - 0.5 MPa below atmospheric pressure were measured. They demonstrate the potential of the pressure probe to test the Cohesion Theory in intact plants under natural conditions, i.e. to determine water potential gradients in the soil-plant-atmosphere continuum.

Literatur

BALLING, A.; ZIMMERMANN, U.: Comparative measurements of the xylem pressure of *Nicotiana* plants by means of the pressure bomb and probe. Planta **182**, 325-338 (1990)

CLARKSON, D.T.: Roots and the delivery of solutes to the xylem. Phil. Trans. R. Soc. Lond. B **341**, 5-17 (1993)

FRENSCH, J.; STEUDLE, E.: Axial and radial hydraulic resistance to roots of maize. Plant Physiol. **91**, 719-726 (1989)

FRENSCH, J.; HSIAO, T.C.; STEUDLE, E.: Water and solute transport along developing maize roots. Planta, in press (1995)

HÄUSSLING, M.; JORNS, C.A.: LEHMBECKER, G.; HECHT-BUCHHOLZ, C.; MARSCHNER, H.: Ion and water uptake in relation to root development in Norway spruce (*Picea abies* (L.) Karst.). J Plant Physiol. **133**, 486-491 (1988)

HEYDT, H.; STEUDLE, E.: Measurement of negative pressure in the xylem of excised roots: effects on water and solute relations. Planta **184**, 389-396 (1991)

HÜSKEN, ; STEUDLE, E.; ZIMMERMANN, U.: Pressure probe technique for measuring water relations of cells in higher plants. Plant Physiol **61**, 158-163 (1978)

SANDERSON, J.: Water uptake by different regions of the barley root. Pathways of the radial flow in relation to the development of the endodermis. J Exp Bot **34**, 240-253 (1983

ZIMMERMANN, U.: Mechanisms of long-distance water transport in plants: a re-examination of some paradigms in the light of new evidence. Phil. Trans. R. Soc. Lond. B **341**, 19-31 (1993)

STICKSTOFFAUFNAHME BEI TOMATE IN EINEM GESCHLOSSENEN HYDROPONISCHEN SYSTEM IN ABHÄNGIGKEIT VOM STICKSTOFFANGEBOT

SCHWARZ, D., und R. KUCHENBUCH

Institut für Gemüse- und Zierpflanzenbau, Großbeeren/Erfurt e V.,
Theodor-Echtermeyer-Weg 1, D-14979 Großbeeren

EINFÜHRUNG

Die Stickstoffaufnahme über die Pflanzenwurzel in hydroponischen Systemen steht in Beziehung zum Stickstoffangebot in der Nährlösung. Zum Einfluß von N- und anderen Ionen mit hohen Konzentrationen im Angebot (Na^+, Cl^+, Mg^{2+} und SO_4^{2-}) existieren umfangreiche Untersuchungen (Übersicht in KAFKAFI, 1991). Als Folge steigender Ionenkonzentrationen in der Nährlösung wurden u.a. ein induzierter Wasserstreß (EHRET und HO, 1986), die Reduktion der Wurzelmasse und -länge (PRIOR u.a., 1992; SMITH u.a., 1992), die Reduktion der NO_3^- -Aufnahme (KAFKAFI u.a., 1982) sowie ein Ertragsrückgang (CARO u.a., 1991; SOLIMAN und DOSS, 1992) nachgewiesen.

Die meisten der genannten Ergebnisse wurden durch unterschiedliche Zugaben von NaCl-, KCl- oder $CaCl_2$-Salzen zu einer Basisnährlösung erzielt. Untersuchungen zur Steigerung der N-Konzentration erfolgten im Bereich bis zu 30 mmol NO_3^- je 1 l Nährlösung. Der vorliegende Versuch diente daher dazu, die Auswirkung hoher N-Angebote (>30 mmol l^{-1}) auf die Wasser- und Nährstoffaufnahme bei der Tomate zu erfassen. Die Erhöhung des N-Angebotes sollte über die Steigerung der Nährlösungskonzentration bei unveränderter Zusammensetzung erfolgen

MATERIAL UND METHODEN

Versuchspflanze: Tomate (*Lycopersicon lycopersicum* L., cv Counter).

Pflanzung: 6.3.1994 (50 d nach Aussaat) in Nährfilmtechnik (NFT), Erntebeginn 20.5.1994, Versuchsdauer 196 Tage, Stahl-Glas-Thermo-Gewächshaus.

Anbaufläche: 1350 m² Bruttofläche, 1200 m² Nettofläche (entspricht 21.000 Pflanzen·ha^{-1}) in Doppelreihen (41 m lang, je 204 Pflanzen)

Faktor: Stickstoff-Angebot bei Nährlösungskonzentration EC-Wert 1,6; 5,3 und 7,1 dS m^{-1}, je 3 Wiederholungen, randomisiert.

Nährlösung: über Mischanlage wurde Herstellung (Konzentrat, Regenwasser und Drain) sowie Applikation (je Gabe 20 ml/Pflanze) in Abhängigkeit von der Einstrahlung (20 bis 140 Einzelgaben pro Tag) gesteuert. Rezept nach SONNEVELD u. STRAVER (1988); pH-Wert: 4,5 bis 5,6.

Pflanzenentnahme: je Variante 6 Pflanzen an 7 Terminen (jeweils nach 28 Tagen).

Messungen:
- Trockenmasse Sproß D_{sp} (g·Pfl.$^{-1}$) und Wurzel D_{rp} (g·Pfl.$^{-1}$)
- N-Gehalte nach Standardmethoden N_{out} (g·g^{-1})
- spezifische Wurzellänge je Einheit -trockenmasse (TENNANT, 1975) L_{rw} (m·g^{-1})
- Anteil roter Wurzeln nach Vitalfärbung mit 2,3,5-Triphenyltetrazoliumchlorid (TTC) nach LARCHER (1969)
- mittlerer Wurzeldurchmesser $2R_r$ (mm) aus 10 randomisierten Proben

Berechnungen:
- Wurzeloberfläche A_{ra} (m^2·ha^{-1}):

$$A_{rp} = 2 \cdot R_r * \pi * L_{rw} * D_{rp} \tag{1}$$

- N-Aufnahmerate U_N (kg·d^{-1}·ha^{-1}):

$$U_N = \Delta N_{out} * (D_{sp} + D_{rp}) * (\Delta t)^{-1} \tag{2}$$

- N-Influx F_N (mmol·m^{-2}·d^{-1}):

$$F_N = U_N * (\Delta A_{rp})^{-1} \tag{3}$$

- Statistik: Anova mit Tukey-Test bei p=0,05.

ERGEBNISSE

Sproßwachstum

Nach 196 Anbautagen betrug die mittlere Sproßtrockenmasse der verwendeten Tomatensorte 'Counter' 588 g·Pfl.$^{-1}$. Sie wurde nicht signifikant vom N-Angebot beeinflußt. Der Ertrag bei der niedrigsten Nährlösungskonzentration EC 1,6 war mit 6540 g·Pfl.$^{-1}$ signifikant am höchsten gegenüber 4370 g·Pfl.$^{-1}$ (EC 5,3) und 3580 g·Pfl.$^{-1}$ (EC 7,1).

Wurzelwachstum

Das Wurzelwachstum war bis zum Erntebeginn durch eine zunehmende Wurzelmasse charakterisiert. Diese wurde durch das N-Angebot signifikant während des gesamten Untersuchungszeitraumes beeinflußt (Abb. 1A).

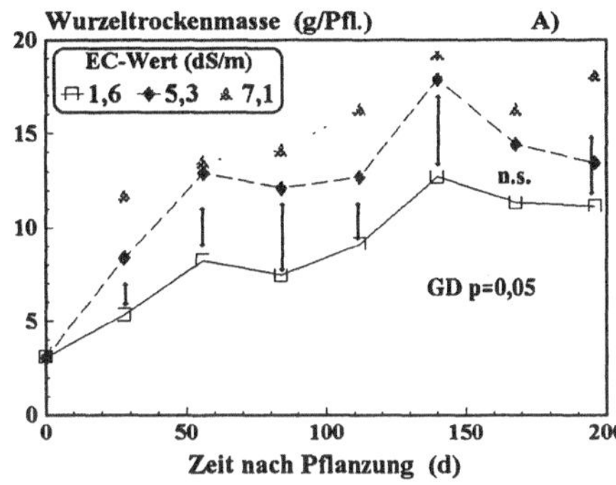

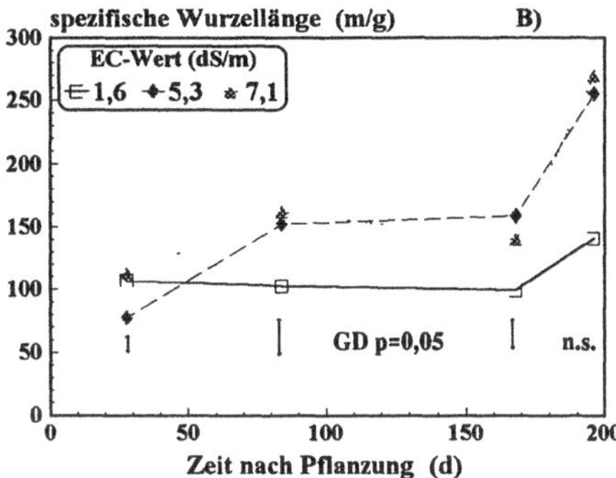

Abb. 1. Entwicklung **A)** der Wurzeltrockenmasse je Pflanze und **B)** der Wurzellänge je Einheit Wurzeltrockenmasse von Tomate während 196 Anbautagen in Abhängigkeit vom N-Angebot.

Die durchschnittliche absolute Wachstumsrate der Wurzel war ebenfalls in Abhängigkeit vom N-Angebot differenziert. Sie lag in den ersten 28 Tagen nach der Pflanzung am höchsten, bei EC 1,6 0,31 g·d·Pfl.$^{-1}$; das entspricht einer relativen Rate von 10 %. Da es nach 140 Tagen nach der Pflanzung bis zum Ende des Versuches zu einer Reduzierung der Wurzelmassen kam, hatten die Wachstumsraten negative Werte bis zu -0,12 g·d·Pfl.$^{-1}$ (EC 5,3).

Der N-Einfluß auf die Wurzelmorphologie zeigte sich am Meßwert der spezifischen Wurzellänge (L_{rw}, Abb. 1B). Während die L_{rw} bei dem EC-Wert 1,6 fast über die gesamte Anbauzeit bei 100 m·g^{-1} lag, erhöhte sie sich bei den EC-Werten 5,3 und 7,1 bis auf maximal 270 m·g^{-1}. Dagegen nahm der mittlere Wurzeldurchmesser mit zunehmendem EC-Wert ab, im Durchschnitt der Untersuchungszeit von 0,39 mm auf 0,32 mm.

Auf Grund der unterschiedlichen Werte der Trockenmasse, der spezifischen Länge und des mittleren Durchmessers unterschied sich auch die Wurzeloberfläche gesichert (Abb. 2A). Sie betrug im Mittel der Anbauzeit bei EC 7,1 A_{rp} = 3,0 m^2·Pfl.$^{-1}$, davon 71 % bei EC 5,3 und 37 % bei EC 1,6.

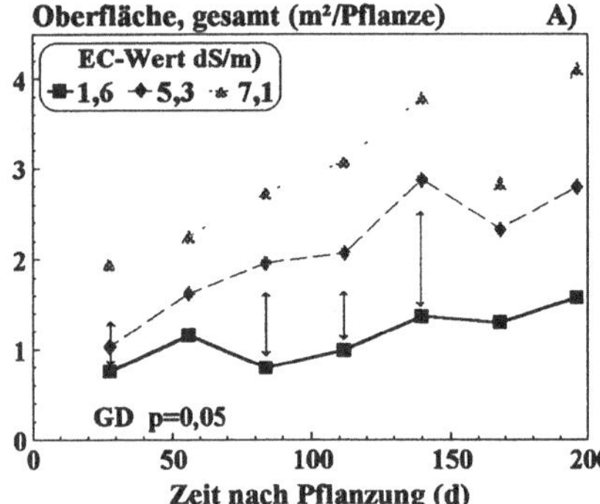

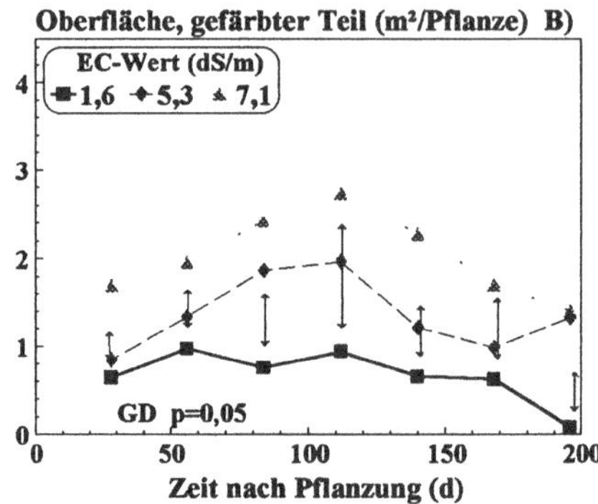

Abb. 2: Entwicklung **A)** der Wurzeloberfläche insgesamt und **B)** der nach Tetrazoliumchlorid-Behandlung gefärbten Wurzeloberfläche bei Tomate in Abhängigkeit vom N-Angebot.

Mit den angegebenen Meßwerten für die Wurzeloberfläche wird das gesamte Wurzelsystem quantifiziert. Die energieabhängige N-Aufnahme erfolgt aber nur in stoffwechselaktiven Wurzeln. Dieser Anteil wurde mit Hilfe einer Behandlung mit 2,3,5-Triphenyltetrazoliumchlorid ermittelt (LARCHER, 1969). Es ergab sich, daß die für die N-Aufnahme zur Verfügung stehende Wurzeloberfläche reduziert war, abhängig vom Alter der Tomatenpflanzen. Sie betrug 85 % der Gesamtoberfläche bis zum 100. Tag nach der Pflanzung und verringerte sich dann bis auf maximal 26 % nach 196 Anbautagen. Auf dieser Grundlage erfolgte eine Neuberechnung der Wurzeloberfläche, die für die N-Aufnahme maximal zur Verfügung steht (Abb. 2B). Der Einfluß des N-Angebotes auf den Anteil stoffwechselaktiver Wurzeln war nicht signifikant.

Stickstoffaufnahme

Die N-Aufnahme betrug im Mittel der Untersuchungszeit zwischen 4,7 mmol·Pfl.$^{-1}$·d^{-1} beim niedrigsten EC-Wert 1,6 und 6,4 mmol Pfl.$^{-1}$·d^{-1} beim höchsten EC-Wert 7,1 (Abb. 3A). Sie nahm bis zum Erntebeginn kontinuierlich bis auf maximal 11,4 mmol Pfl.$^{-1}$ d^{-1} (EC-Wert 5,3)zu und blieb dann bis 150 d nach Pflanzbeginn auf einem etwa konstanten Niveau. Mit Verringerung der Strahlungsintensität nahm die N-Aufnahme ab.

Der N-Influx, bezogen auf die stoffwechselaktive Wurzeloberfläche, lag beim geringsten N-Angebot am höchsten, bedingt durch die signifikant kleinere Wurzeloberfläche. Der durchschnittliche Wert während des Untersuchungszeitraumes betrug hier F_N = 5,7 mmol·m^{-2}·d^{-1} (Abb. 3B). Eine auffällige Abnahme des N-Influx erfolgte zum Ende des Versuches trotz ebenfalls stark reduzierter Wurzeloberfläche.

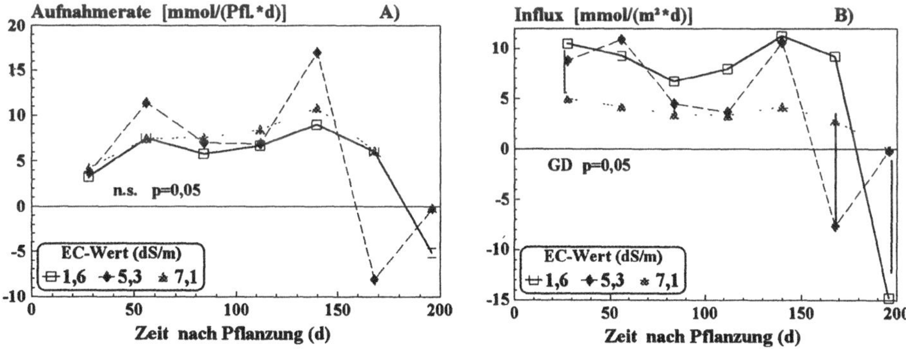

Abb. 3: N-Aufnahmeraten während der Anbauzeit von 196 d bei Tomate bezogen auf
A) die gesamte Pflanze und B) die stoffwechselaktive Wurzeloberfläche.

DISKUSSION UND SCHLUßFOLGERUNGEN

Die Masse und Morphologie der Tomatenwurzel wurde durch das Stickstoffangebot gesichert beeinflußt. Dagegen blieb die Menge an produzierter Trockenmasse gleich. Ursache dafür ist eine Erhöhung des Trockenmassegehaltes, insbesondere bei den Früchten, die mit ca. 60 % an der Biomassebildung beteiligt sind. Der Trockenmassegehalt lag bei dem höchsten N-Angebot (EC 7,1) bei 9 % und betrug bei dem niedrigsten Angebot (EC 1,6) 5,5 %. Ähnliche Ergebnisse eines steigenden Trockenmassegehaltes mit steigendem N-Angebot fanden KOONER und RANDHAVA (1990) sowie VERKERKE u.a. (1993). Die im Ergebnisteil beschriebene Erhöhung der Wurzelmasse mit steigendem N-Angebot steht im Widerspruch zu den Ergebnissen von PRIOR u.a. (1992) sowie SMITH u.a. (1992). Sie ermittelten eine Reduktion der Wurzelmasse und -oberfläche je Pflanze. Das ist möglicherweise auf eine andere Applikation der Nährlösung bzw. auf ein anderes Wurzelraummilieu zurückzuführen. Im vorliegenden Versuch erfolgte die Applikation der Nährlösung strahlungsabhängig, diskontinuierlich, wogegen in den anderen Versuchen eine kontinuierliche Ausbringung der Nährlösung erfolgte. Eine genaue Ursachenanalyse dieser unterschiedlichen Ergebnisse ist vorgesehen.

Die stoffwechselaktive Wurzeloberfläche betrug zwischen 0,7 $m^2 Pfl.^{-1}$ und 2,0 $m^2 Pfl.^{-1}$. Dieser Wert liegt unter dem von DE WILLIGEN und VAN NOORDWIJK (1987) kalkulierten Minimum einer Wurzeloberfläche von 2,7 $m^2 Pfl.^{-1}$, die notwendig wäre, um die N-Aufnahme einer Tomatenpflanze bei einer Wachstumsrate von $9 g d^{-1} Pfl.^{-1}$ Trockenmasse zu realisieren. Die internen Regulationsmechanismen der Pflanze führten bei einem niedrigeren EC-Wert mit kleinerer Wurzeloberfläche zu einem Anstieg des N-influxes. Dieser sowie eine reduzierte absolute N-Aufnahme je Pflanze glichen die größere Wurzeloberfläche bei dem höheren EC-Wert aus. Wie weit dieser Ausgleich geht, ohne eine Reduktion der Biomasse bzw. des Ertrages hervorzurufen, soll in weiteren Versuchen geklärt werden.

Aus anderen Untersuchungen (Übersicht in VAN NOORDWIJK und BROUWER, 1991) sind weitaus höhere Wurzelmassen je Pflanze bekannt, als in vorliegendem Versuch nachgewiesen wurde. Trotzdem war eine Limitierung der N-Aufnahme auf Grund der Trockenmasseproduktion nicht festzustellen. Allerdings lag eine Erhöhung des Trockenmassegehaltes bei den höheren EC-Werten vor. Die Wasseraufnahme war nach den Ergebnissen dieses Versuches nicht signifikant unterschiedlich. Andere Autoren (EHRET und HO, 1986) berichten dagegen von einem induzierten Wasserstreß. Der Nachweis für eine reduzierte Wasseraufnahme mit steigendem N-Angebot und eine Quantifizierung bleibt Aufgabe weiterer Versuche.

ABSTRACT

A closed recirculating hydroponic system, a modified Nutrient Film Technique (NFT) was used to investigate nitrogen uptake and root efficiency of tomatoes (*Lycopersicon lycopersicum* L., cv. Counter) in dependence on nitrogen supply We supplied 3 steps of N amounts in the nutrient solution of EC 1 6, 5 3 and 7.1 $dS m^{-1}$ with the same composition of nutrient ions. Measured dry weight of plants did not differed in dependence on increased EC-level but fruit fresh weight was reduced to maximum 50 %. Root dry weight, specific root length and root surface increased with increasing EC-level, latter to maximum 4 $m^2 Pfl.^{-1}$ (EC 7.1). The used root surface for N uptake was measured as the part dyed with 2,3,5-Triphenyltetrazolium-chlorid (TTC). It decreased with increasing plant age from 85 % to 26 %. The nitrogen uptake rate was determined on average with 6,4 $mmol Pfl.^{-1} d^{-1}$ for EC 7.1. It decreased with decreasing EC level. But the nitrogen uptake per unit dyed root surface increased caused by the smaller root surface. The highest influx by EC 1.6 amounted on average 5.7 mmol $m^{-2}d^{-1}$. The plants grown with a low N supply were able to compensate the N uptake by a higher root efficiency

LITERATUR

CARO, V. J., CRUZ, M;T. CUATERO und M C. BOALRIN, 1991: Salinity tolerance of normal-fruited and cherry tomato cultivars Plant and Soil **136**, 2, 249-255

DE WILLIGEN, P., und M. V AN NOORDWIJK 1987. Roots, plant production and nutrient use efficiency. Doctoral Thesis, Wageningen (NL) 282 p.

EHRET, D.L., und L.C. HO, 1986. Effects of osmotic potential in nutrient solution on diurnal growth of tomato fruit. Journal of experimental Botany **37** , 182, 1294-1302.

KAFKAFI U , N VALORAS und J. LETEY, 1982 Chloride interaction with nitrate and phosphate nutrition in tomato. Journal Plant Nutrition **5**, 1369-1385.

KAFKAFI,U.,1991 : Root growth under stress. In: Plant roots. The hidden half. (Eds.: Waisel, Y , A. Eshel and U. Kafkafi). Marcel Dekker Inc., New York, Basel, Hong Kong.

KOONER, K.S., und K.S. RANDHAVA ,1990: Effect of varying levels and sources of nitrogen on yield and processing qualities of tomato varieties. Acta Horticulturae **267**, 93-99

LANCKOW, J., 1989. Modernes Produktionsverfahren Gewächshaustomate. iga-Ratgeber, Markkleeberg. Acta Horticulturae **267**, 93-99.

LARCHER, W ,1969. Anwendung und Zuverlassigkeit der Tetrazoliummethode zur Feststellung von Schäden an pflanzlichen Geweben. Mikroskopie **25**, 207-218

PRIOR, L.D; A.M. GRIEVE; P.G. SLAVICH und B.R CULLIS, 1992. Sodium chloride and soil texture interactions in irrigated field grown sultana grapevines. III. Soil and root system effects. Australian Journal of Agricultural Research **43**, 1085-1 100.

SMITH, M A L , L A. SPOMER, R.A SHIBLI und S.L KNIGHT, 1992: Effects of NaCl salinity on miniature dwarf tomato 'micro-Tom'· II Shoot and root growth responses, fruit production, and osmotic adjustment. Journal of Plant Nutrition **15**, 1 1, 2329-2341.

SOLIMANN, M S., und M DOSS, 1992 Salinity and mineral nutrition effects on growth and accumulation of organic and inorganic ions in two cultivated tomato varieties Journal of Plant Nutrition **15**, 12, 2789-2799.

SONNEVELD, C., und N.STRAVER, 1988·Voedingsoplossing voor groenten en bloemen in water of substraten Consulentschap voor de Tiunbouw Preofstation voor Tuinbouw onder Glas, Naaldwijk, 1 1

TENNANT, D., 1975 A test of a modified line intersect method of estimating root length. J. Ecology. **63** ,995-1001

VAN NOORDWIJK, M., und G BROUWER, 1991. Review of quantitative root length data in agriculture In. Plant roots and their environment Eds B.L. McMichael, H Persson, Elsev Sc. Publ B **V**. 515-525

VERKERKE, W., W GIELESEN und R ENGELAAN, 1993 Lenger houdbaar door stevigere schil. Groenten en Fruit, 22-23.

EINFLUß ORGANISCHER SCHADSTOFFE (PAK, PCB) AUF DIE LÖSLICHKEIT UND VERFÜGBARKEIT VON SCHWERMETALLEN UND DEREN AKKUMULATION IN DER ROGGENWURZEL

DORN, J. und METZ, R.

Landwirtschaftlich Gärtnerische Fakultät der Humboldt Universität zu Berlin

FG Ackerbausysteme

Dorfstraße 9

13051 Berlin

Einleitung

Rieselfeldböden sind kombiniert-schadstoffbelastete Ökosysteme. Schwermetalle, Polycyclische aromatische Kohlenwasserstoffe (PAK) und Polychlorierte Biphenyle (PCB) stehen als ökotoxikologisch gefährliche Stoffgruppen im Mittelpunkt vieler Untersuchungen. Im Hinblick auf Stofftransport, insbesondere Boden-Pflanze-Transfer sind diese Gefahrstoffe häufig nur einzeln beschrieben (GRÖßMANN, 1992; LÜBBEN und SAUERBECK, 1991; METZ und WILKE, 1993). Es ist stets zu vergegenwärtigen, daß ein Schadstoff selbst in geringer Einzelkonzentration nicht isoliert, sondern in einer Mischung mit anderen Stoffen vorkommt und sich damit synergistische Effekte einstellen können (DRESCHER-KADEN, BRÜGGEMANN, MATTHIES und MATTHES, 1990). So ist die Ursache für Ertragsdepressionen auf belasteten Flächen eine Komplexwirkung verschiedener Bodeninhaltsstoffe. Die mit höheren Schwermetallbodengehalten ansteigenden Pflanzengehalte auf Rieselböden beruhen auf der Wechselwirkung der Schwermetalle untereinander oder mit anderen Faktoren. Im Rahmen eines Verbundprojektes, gefördert durch das BMBF, wurde Roggen (*Secale cereale*) im Gefäßversuch auf einem schwach belasteten Rieselfeldboden R und dessen stoffspezifischen Anreicherungsvarianten geprüft, um die kombinierte Wirkung ausgewählter organischer Schadstoffe (Benzo-a-pyren und 2,2',5,5' Tetrachlorbiphenyl) und Schwermetalle (Cadmium und Kupfer) auf die Schwermetallmobilität im Boden und deren Akkumulation in der Pflanzenwurzel aufzutrennen.

Material und Methoden

Physikalische und chemische Kennwerte des Versuchsbodens R sind in der Tabelle 1 zusammengefaßt.

Tab. 1: Kennwerte des Versuchsbodens R

			R
Körnung:	Sand	(Gew. %)	92,6
	Ton		3,1
	Schluff		4,3
pH		(0,01 M CaCl$_2$)	5,33
C$_{org}$		(Gew. %)	1,66
N$_t$		(Gew. %)	0,17
Cd[1]		(mg/kg TS)	4,9
Cu[1]		"	61,6
BaP[2]		"	0,12
PCB 52[3]		"	0,02

[1] Gesamtgehalte Königswasseraufschluß
[2] Extraktion mit Wasser/Aceton/Dichlormethan und HPLC-Messung*
[3] Extraktion mit Wasser/Aceton/Dichlormethan und GC mit ECD*

Die Anreicherung von R erfolgte sowohl einzeln mit Benzo-a-pyren (BaP), 2,2',5,5' Tetrachlor-biphenyl (PCB 52 nach BALLSCHMITER und ZELL, 1980), Cd und Cu als auch mit Kombinationen dieser Gefahrstoffe jeweils in Höhe der entsprechenden Gehalte eines hochbelasteten Rieselfeldbodens GB (siehe Tabelle 2), auf dem schon in früheren Gefäßversuchen (METZ und WILKE, 1993) eine geringe Biomassebildung und hohe Schwermetallgehalte bei verschiedenen Versuchspflanzen nachgewiesen werden konnten.

Tab. 2: Schadstoffgehalte des GB-Bodens

		GB
Cd[1]	(mg/kg TS)	51,5
Cu[1]	"	526,0
BaP[2]	"	0,9
PCB 52[3]	"	0,3

[1] Gesamtgehalte Königswasseraufschluß
[2] Extraktion mit Wasser/Aceton/Dichlormethan und HPLC-Messung*
[3] Extraktion mit Wasser/Aceton/Dichlormethan und GC mit ECD*

* Analytik der organischen Schadstoffe erfolgte durch TU Berlin, Institut für Landschaftsbau

178

Die organischen Schadstoffe wurden mit Aceton auf 1 kg Seesand verteilt und dieser anschließend in die jeweilige Menge R eingemischt, die Zugabe der Schwermetalle erfolgte in Acetatform. So enstanden insgesamt 14 Versuchsvarianten (Tabelle 3).

Tab. 3: Bezeichnung und Erläuterung der Versuchsvarianten

Variante	Boden	Anreicherung mit (auf GB-werte)
1	R	-
2	R	PCB 52
3	R	BaP
4	R	Cd
5	R	Cu
6	R	PCB 52 + Cd
7	R	PCB 52 + Cu
8	R	BaP + Cd
9	R	BaP + Cu
10	R	PCB 52 + Cd und Cu
11	R	BaP + Cd und Cu
12	R	PCB 52 + BaP + Cd und Cu
13	R	PCB 52 + BaP + Cd
14	R	PCB 52 + BaP + Cu

Von den einzelnen Varianten erfolgte die Bestimmung der königswasserlöslichen Schwermetallgehalte sowie der mobilen und leicht nachlieferbaren Schwermetallfraktionen (stufenweise Extraktion mit 1 M NH_4NO_3- und 1 M NH_4-Acetatlösung nach ZEIEN und BRÜMMER, 1989) mittels AAS-Flammentechnik. Diese wurden den Schwermetallgehalten von Roggen im Gefäßversuch auf den 14 Versuchsvarianten (6 Liter-Mitscherlichgefäße; Feuchteversorgung etwa 60 % Wasserkapazität; Mineraldüngung: 1 g N als NH_4NO_3, 0,5 g P als KH_2PO_4 und 1 g K, teils in KH_2PO_4 enthalten, sowie Rest als K_2SO_4 je Gefäß) gegenübergestellt. Die Analyse der Schwermetallpflanzengehalte wurde organspezifisch durchgeführt (2 g Pflanzenmaterial nach Veraschung mit 20 ml 1 M HNO_3 aufgeschlossen und Flammen-AAS).

Ergebnisse und Diskussion

Die Anreicherung von R mit den organischen Schadstoffen PCB 52 und BaP (Organika) sowie mit Cd in Höhe der jeweiligen Gehalte im hochbelasteten Rieselfeldboden GB hatte keinen signifikanten Ertragseinfluß bei Roggen. Dagegen führte die Kontamination von R mit Cu auch in Kombination mit Organika und Cd zu einer gesicherten Ertragsminderung der Versuchspflanzen (Abbildung 1). Aufgrund ähnlicher Ergebnisse sind sowohl in Abbildung 1 als auch in nachfolgenden Tabellen Versuchsvarianten zur vereinfachten Darstellung zusammengefaßt (Anreicherung mit Organika sind mit PCB 52 oder BaP und mit beiden Stoffen aufdotierte Varianten, zum Beispiel R + Cd, Organika = Varianten 6 + 8 + 13, siehe Tabelle 3).

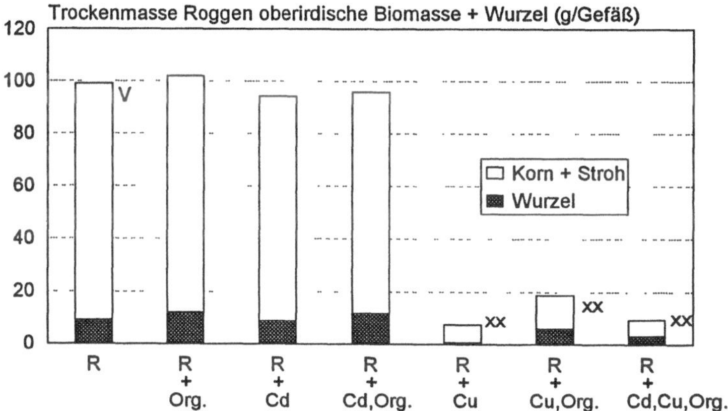

Abb. 1: Ertrag von Roggen auf R und dessen künstlichen Anreicherungsvarianten
(Org. = Organika; xx signifikant zu V bei GD 5 % und GD 1 %)

Der künstlich erhöhte Cd- bzw. Cu-Bodengehalt führte erwartungsgemäß zu höheren Cd- bzw. Cu- Pflanzengehalten, da bei erhöhter Zufuhr von Schwermetallionen in der Regel auch deren ökologisch wirksamer Anteil zunimmt. Deutlich höher liegen diese Pflanzengehalte jedoch auf den Versuchsvarianten, die mit Cd bzw. Cu in Kombination mit Organika angereichert wurden. Auch auf den Varianten, wo nur organische Schadstoffe zugeführt wurden, konnten erhöhte Cd- und Cu-Pflanzengehalte nachgewiesen werden. Ein Vergleich der mobilen und leicht nachlieferbaren Schwermetallanteile in den Versuchsvarianten (ökologisch wirksame Fraktion) zeigte, daß diese erhöhten Cd- bzw. Cu-Gehalte von Roggen mit einer gesteigerten Mobilität bzw. Pflanzenverfügbarkeit der Schwermetalle im Boden durch Zusatz von Organika korrelieren (siehe Tabelle 4). Worauf die Löslichkeitserhöhung durch PCB 52 und BaP beruht, ist fraglich und wird Gegenstand weiterer Untersuchungen sein Denkbar wäre hier die Bildung löslicher metallorganischer Komplexe oder eine Verdrängung von Schwermetallen aus den Sorptionsplätzen.

Tab. 4: NH_4NO_3- und NH_4-Acetat-extrahierbare Cd- bzw. Cu-Anteile im Boden der Versuchsvarianten und mittlerer Cd- bzw. Cu-Gehalt von Roggen auf diesen Varianten

	Cd extrahierbar[1] (%)[2]	Cd-Gehalt (mg/kg TS)	Cu extrahierbar[1] (%)[2]	Cu-Gehalt (mg/kg TS)
R	18,4	2,92	1,8	13,06
R + Org.	19,5	3,22	2,0	16,29
R + Cd	33,8	32,27	1,8	13,32
R + Cd, Org.	35,3	37,60	2,2	15,26
R + Cu	24,6	5,62	11,9	67,07
R + Cu, Org.	26,6	8,67	13,0	158,70
R + Cd, Cu, Org.	41,5	123,03	13,3	186,07

[1] Summe der Schwermetallanteile in der NH_4NO_3- und NH_4OAc-Fraktion
[2] vom Gesamtbodengehalt

Die gegenüber der Kontrollvariante R erhöhten Cd-Pflanzengehalte auf allen Cu-Anreicherungs-
varianten beruhen ebenfalls auf einer Mobilisierung von Cd im Boden, die wieder deutlich stärker
bei kombinierter Aufdotierung mit Organika war (vergleiche Cd-Gehalt in Tabelle 4, Variante
R + Cu mit R + Cu, Org.). Cu in höherer Konzentration führte zur Erhöhung der Mobilität und
Verlagerung von Cd in niedriger Konzentration, bei gleichzeitiger Zugabe der organischen
Schadstoffe wurde noch mehr Cd pflanzenverfügbar.

Der Transfer der Schwermetalle vom Boden in die Pflanzenwurzel war auf allen Versuchsvarianten deutlich höher als derjenige von der Wurzel in den Sproß. Es erfolgte eine Akkumulation von
Cu und Cd in der Roggenwurzel über den Gehalt im Boden hinaus (Transferkoeffizienten Boden-
Wurzel > 1, siehe Tabelle 5). Die Wurzel stellt offenbar eine Barriere dar, welche die Schwerme-
tallaufnahme in den Sproß vermindert. Denkbar wäre aber auch, daß die hohen Wurzelgehalte auf
ein Anhaften der Schwermetallionen an den Zellwänden der Wurzelrindenzellen beruhen und ein
Übertritt ins Wurzelinnere nur in geringem Umfang stattfindet. Der Schwermetallgehalt im Sproß
wäre dann aufgrund dieser verringerten Schwermetallanteile im Wurzelinnern ohnehin geringer,
der eigentliche Weitertransport aus dem Wurzelinnern in den Sproß könnte aber trotzdem unge-
hindert ablaufen.

Cd gelangte gegenüber Cu in höherem Ausmaß zur oder in die Wurzel; hier ist die Filterwirkung
offensichtlich nicht mehr in der Lage, die gegenüber Cu vergleichsweise höhere Verlagerung in
den Sproß zu verhindern, oder der Transport von Cd ins Wurzelinnere ist deutlich leichter als der
von Cu.

Tab. 5: Boden-Wurzel- und Wurzel-Sproß-Transferkoeffizienten* für Cd bzw. Cu bei Roggen auf den Versuchsvarianten

Transferkoeffizienten	Boden-Wurzel Cd	Wurzel-Sproß Cd	Boden-Wurzel Cu	Wurzel-Sproß Cu
R	2,87	0,13	1,60	0,05
R + Org.	3,02	0,12	1,73	0,05
R + Cd	3,17	0,11	1,50	0,05
R + Cd, Org.	3,21	0,17	1,70	0,07
R + Cu	2,03	0,54	1,04	0,03
R + Cu, Org.	5,21	0,27	2,24	0,02
R + Cd, Cu, Org.	5,69	0,36	2,91	0,03

* Transferkoeffizient Boden-Wurzel = Gehalt in der Wurzel / Gesamtgehalt im Boden
Transferkoeffizient Wurzel-Sproß = Gehalt im Sproß / Gehalt in der Wurzel

Die durch Zusatz der organischen Schadstoffe (R + Org.) erhöhte Mobilität der Schwermetalle im Boden korreliert mit entsprechend höheren Wurzelgehalten gegenüber der Vergleichsvariante R. Der Weitertransport in den Sproß liegt dagegen in derselben Größenordnung. Mit höherem Cd-Bodengehalt (R + Cd) akkumuliert die Roggenwurzel mehr Cd, bei gleichzeitiger Zufuhr von Organika (R + Cd, Org.) wird der Transfer in die Wurzel noch größer und die Verlagerung in den Sproß nimmt zu. Dagegen liegt bei Erhöhung des Cu-Bodengehaltes (R + Cu) der Cu-Gehalt der Roggenwurzel in Höhe des Bodengehaltes (TF = 1,04), nur bei gleichzeitiger Zugabe von Organika (R + Cu, Org.) erfolgt eine Akkumulation weit über den Gehalt im Boden hinaus. Die Verlagerung in den Sproß verhält sich ähnlich wie auf der Kontrollvariante R. Dieser Sachverhalt unterstützt die Aussage, daß Cd leichter als Cu transportiert wird. Die beobachteten Ertragsdepressionen auf allen Cu-Anreicherungsvarianten stehen im engen Zusammenhang mit erhöhten Cd-Wurzelgehalten (R + Cu, Org.) aber auch mit einem deutlich höheren Cd-Sproßtransfer (R + Cu). Das Cu ist wahrscheinlich nicht alleinige Ursache für die Wuchs- und Ertragsstörungen von Roggen auf diesen Varianten, sondern eher dessen synergistische Wechselwirkung mit Cd oder Zn im Boden. Sowohl die erhöhten Cd-Gehalte (Grenzbereich für toxische Cd-Wirkungen bei Pflanzen nach SAUERBECK, 1983: 5-10 mg/kg TS) als auch erhöhte Zn-Gehalte von Roggen auf allen Cu-Anreicherungsvarianten (deutlich über dem Grenzwert für das Auftreten von Zn-Toxizitätssymptomen mit 300 mg/kg TS nach ALT, PETERS und GAUS, 1994) lassen darauf schließen. Denkbar wäre, daß Cu die Zn-Löslichkeit im Boden erhöht und durch die antagonistische Wechselwirkung von Zn und Cd darauffolgend die Cd-Mobilität und Pflanzenverfügbarkeit ansteigt. Hier sind noch weitere Untersuchungen geplant.

Zusammenfassung

Roggen (*Secale cereale*) wurde im Gefäßversuch auf einem niedrig belasteten Rieselfeldboden mit der Bezeichnung R und dessen stoffspezifischen Anreicherungsvarianten geprüft. R wurde sowohl einzeln mit 2,2',5,5' Tetrachlorbiphenyl (PCB 52), Benzo-a-pyren (BaP), Cadmium und Kupfer als auch mit Kombinationen dieser organischen Schadstoffe und Schwermetalle in Höhe der jeweiligen Gehalte eines hochbelasteten Rieselfeldbodens kontaminiert. Der Roggen zeigte auf den PCB 52- und BaP-Anreicherungsvarianten erhöhte Cd- und Cu-Gehalte gegenüber der Kontrollvariante R. Diese beruhen auf einer höheren Mobilität bzw. Pflanzenverfügbarkeit der Schwermetalle im Boden durch Zusatz der organischen Schadstoffe. Cd wurde gegenüber Cu in höherem Ausmaß zur oder in die Pflanzenwurzel transportiert und in den Sproß verlagert. Die signifikanten Ertragsdepressionen von Roggen auf allen Cu-Anreicherungsvarianten beruhen sowohl auf einer erhöhten Cu-Löslichkeit als auch auf der synergistischen Wechselwirkung von Cu und Cd im Boden. Die erhöhten Cd-Pflanzengehalte auf diesen Varianten lassen darauf schließen. Cu in höherer Konzentration im Boden führte zur Erhöhung der Mobilität und Verlagerung von Cd in niedriger Konzentration. Bei gleichzeitiger Zugabe von Cu mit organischen Schadstoffen zur Kontrollvariante R wird noch mehr Cd pflanzenverfügbar.

Summary

Rye was cultivated in pots on weakly polluted sewage field soil R and artifically polluted variants of this soil. R was contaminated with 2,2',5,5'-tetrachlorbiphenyl (PCB 52), Benzo-a-pyren (BaP), cadmium or copper as well as with combinations of this organic pollutants an heavy metals at a height of respectively contents in an extremely polluted sewage field soil. Rye cultivated on enriched variants by PCB 52 or BaP showed higher heavy metal contents as rye on reference soil R. These higher contents are founded on higher mobility respectively availability for plants of heavy metals in the soil by addition of organic pollutants. Cd was transported on a larger scale to or into the plant root and transfered to the sprout as Cu. The significant yield reductions of rye on all enriched variants by Cu based on a higher availability of copper in the soil as well as on interactions or synergistic effects of copper with cadmium. Higher cadmium contents of rye on these variants point to this fact. Copper in a higher concentration in the soil led to increasing mobility and transfer of cadmium in lower concentration in the soil. By addition of copper in combination with organic pollutants to reference soil R cadmium was better available for plants.

Literatur

ALT, D., I. PETERS und S. GAUS (1994): Die CaCl$_2$/DTPA-Methode zur Untersuchung gärtnerischer Erden auf Mengen und Spurenelemente, 7. Mitteilung: Zink. Agribiol. Res. 47,1, 75-83

BALLSCHMITER, K., und M. ZELL (1980): Analysis of polychlorinated biphenyls (PCB) by glass capillary gas chromatography. Fresenius Z. Anal. Chem. 302, 20-31

DRESCHER-KADEN, U. , R. BRÜGGEMANN, M. MATTHIES und B. MATTHES (1990): Organische Schadstoffe im Klärschlamm: Vorkommen, Bewertung, Vorschriften. 1. Auflage aus: G. Rippen (Hrsg.), Handbuch Umweltchemikalien

GRÖßMANN, G. (1992): Polycyclische aromatische Kohlenwasserstoffe in Böden und Pflanzen. Ein Beitrag zur Gefährdungsabschätzung bei Altlasten. Kommunalverband Ruhrgebiet (KVR), Essen

LÜBBEN, S., und D. SAUERBECK (1991): Transferfaktoren und Transferkoeffizienten für den Schwermetallübergang Boden-Pflanze. In: D. Sauerbeck und S. Lübben (Hrsg.), Auswirkungen von Siedlungsabfällen auf Böden, Bodenorganismen und Pflanzen. Berichte aus der Ökologischen Forschung 6, 180-223

METZ, R., und B. - M. WILKE (1993): Anbau verschiedener Nutzpflanzen zur Dekontamination schadstoffbelasteter Rieselfeldböden. In: F. Arendt, G. J. Annokkee, R. Bosmann und W. J. van den Brink (Hrsg.), Altlastensanierung '93, 969-970, Kluwer Academic Publishing. Netherlands

SAUERBECK, D. (1983): Welche Schwermetallgehalte in Pflanzen dürfen nicht überschritten werden, um Wachstumsbeeinträchtigungen zu vermeiden. Landwirtsch. Forsch. Sh. 39, 108-129

ZEIEN, H., und G. W. BRÜMMER (1989): Chemische Extraktionen zur Bestimmung von Schwermetallbindungsformen in Böden. Mitteilgn. Dtsch. Bodenkundl. Gesell. 59, 505-509

ERHÖHUNG DES BODEN-PH DURCH DECARBOXYLIERUNG ORGANISCHER ANIONEN

F. YAN[1], K. MENGEL[2] und S. SCHUBERT[1]

1 Universität Hohenheim, Institut für Pflanzenernährung, Fruwirthstraße 20, 70599 Stuttgart.

2 Justus-Liebig-Universität, Institut für Pflanzenernährung, Südanlage 6, 35390 Gießen.

Einleitung

Ein pH-Anstieg des Bodens kurz nach der Düngung mit Pflanzenmaterial wurde wiederholt festgestellt (HUE und AMIEN 1989, KRETSCHMAR et al. 1991, BESSHO und BELL 1992, BAREKZAI und MENGEL 1993). Die Erklärungen für den pH-Anstieg sind aber bisher nicht einstimmig. Eine davon lautet, daß die Kationen wie Ca^{2+}, Mg^{2+} und K^+ des Pflanzenmaterials die sauer wirkenden Kationen wie H^+ und Al^{3+} des Bodens austauschen und somit den pH-Wert des Bodens erhöhen können (BESSHO und BELL 1992). HUE und AMIEN (1989) machten die reduktiven Bedingungen nach der Düngung mit Pflanzenmaterial für den pH-Anstieg verantwortlich. Sie wiesen weiter darauf hin, daß ein Liganden-Austausch zwischen der Hydroxylgruppe der Aluminiumhydroxide und den organischen Anionen wie Malat oder Citrat aus dem Pflanzenmaterial den Boden-pH erhöhen kann. Ammonifikation des gedüngten organischen Stickstoffs könnte auch eine Erhöhung des Boden-pH verursachen (HOYT und TURNER 1975). BAREKZAI und MENGEL (1993) wiesen darauf hin, daß der pH-Anstieg nach der Düngung mit Pflanzenmaterial auf eine Decarboxylierung der organischen Anionen aus dem Pflanzenmaterial zurückzuführen sein sollte. Ziel der vorliegenden Arbeit war, zu untersuchen, welche Prozesse im Boden für den pH-Anstieg nach der Düngung mit Pflanzenmaterial von Bedeutung sind.

Material und Methoden

Ein Boden mit pH 6,00 wurde aus der Oberschicht eines Lößbodens verwendet. Der Boden hatte einen Tongehalt von 16% und einen Kohlenstoffgehalt von 2%. Um den Effekt verschiedener organischer Verbindungen auf den pH-Wert des Bodens zu untersuchen, wurde der Boden mit Malat, Glycin und Glucose als repräsentative Substanzen für organische Anionen, Aminosäuren und Zucker vermischt. Alle applizierten Substanzen wurden zuerst in Wasser gelöst und der pH-Wert der Lösungen wurde auf 6.00 eingestellt. Die verwendete Konzentration jeder Substanz war 5 g kg[-1] Boden. Unter kontrollierten Bedingungen wurde der Boden bei 25 °C und 70% maximaler Wasserkapazität inkubiert. Die Boden-Proben wurden zu verschiedenen Terminen für

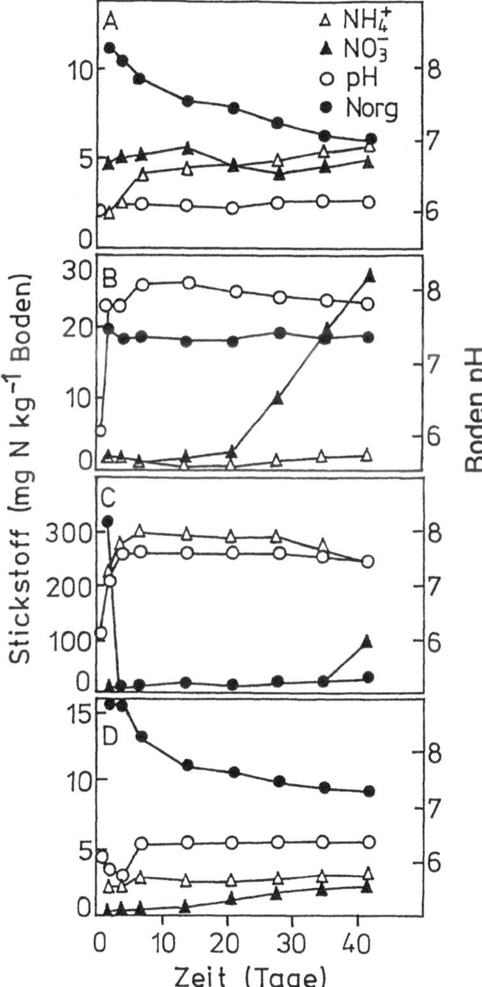

Abb. 1. Einfluß verschiedener organischer Verbindungen auf den pH-Wert und die Konzentration des Stickstoffs des Bodens. (A) Kontrolle, (B) Natrium-Malat, (C) Glycin und (D) Glucose. Die applizierte Menge jeder Substanz betrug 5 g kg^{-1} Boden. Die Inkubation wurde bei 25 °C mit 70% maximaler Wasserkapazität durchgeführt.

die Bestimmung des pH-Wertes und des Stickstoffs entnommen. In einem weiteren Experiment wurde die Beziehung zwischen der pH-Änderung und der Freisetzung des Kohlendioxids durch Zugabe von Na_2SO_4, Malat, Citrat, Glucose und Glycin untersucht. Die Bestimmung der Freisetzung von CO_2 wurde nach der Arbeitsvorschrift von SCHINNER et al. (1991) durchgeführt. In einer geschlossenen Glasflasche wurde das aus dem Boden freigesetzte CO_2 in Lauge aufgenommen. Nach der Beendigung des Versuches wurde die Menge an CO_2 durch Rücktitration mit Säure bestimmt. Die Bestimmung des Boden-pH erfolgt mit einer pH-Elektrode in 0.01 M $CaCl_2$ Boden-Extraktionslösung. Die Ergebnisse wurden mit dem t-Test statistisch ausgewertet.

Ergebnisse und Diskussion

Im Vergleich zur Kontrolle wurde der pH-Wert des Bodens durch die Zugabe von Malat und Glycin signifikant erhöht (Abb. 1. B. C.). Ein rapider pH-Anstieg war bereits nach zweitätiger Inkubation festzustellen. Im Gegensatz hierzu zeigte der pH-Wert in der Behandlung mit Glucose einen leichten Abfall (Abb. 1. D.). In einem anderen Experiment wurde festgestellt, daß diese pH-Erhöhung durch Malat und Glycin auf einen biologischen Vorgang zurückzuführen ist (nicht publiziert). Malat ist ein organisches Anion, dessen Carboxylgruppe bei pH 6,0 deprotoniert vorliegt. Im Boden wird Malat von

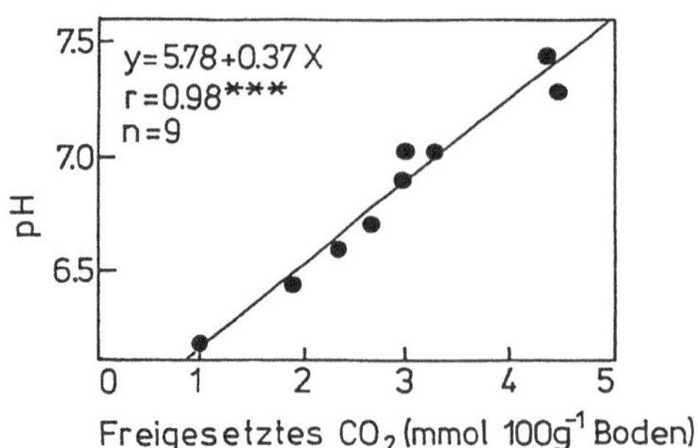

Abb. 2. Beziehung zwischen dem Boden-pH und der CO_2-Freisetzung nach der Düngung mit Malat bzw. Citrat. Die applizierte Mengen an Malat waren 5, 10, 15, 20 mmol kg^{-1} Boden; Citrat 2,5, 5, 7,5, 10 mmol kg^{-1} Boden. Die Messung des Boden-pH und der CO_2-Freisetzung erfolgte nach eintätiger Inkubation bei 25 °C mit 70% maximaler Wasserkapazität.

Mikroorganismen abgebaut, wobei Protonen bei der Decarboxylierung verbraucht werden (BAREKZAI und MENGEL 1993). Ein paralleler Anstieg von pH-Wert und $NH_4{}^+$-Konzentration des Bodens durch die Behandlung mit Glycin zeigte, daß eine enge Korrelation zwischen Ammonifikation und pH-Anstieg besteht (Abb. 1. C.). Dies ist sehr wahrscheinlich der Grund für die Auffassung, daß Ammonifikation einen pH-Anstieg des Bodens verursacht (HOYT und TURNER 1975). Glycin ist eine Aminosäure mit Amino- und Carboxylgruppe. Bei pH 6,0 liegt die Aminogruppe protoniert und die Carboxylgruppe deprotoniert vor. Bei dem Abbau werden beide Gruppen parallel freigesetzt (GONZALEZ-PRIETO et al. 1991). Theoretisch verbraucht die Ammonifikation einer protonierten Aminogruppe keine Protonen, während die Decarboxylierung einer deprotonierten Carboxylgruppe Protonen verbraucht.

Deswegen ist der pH-Anstieg durch die Behandlung mit Glycin sehr wahrscheinlich auf die Decarboxylierung der Carboxylgruppe zurückzuführen. Eine saubere Trenung zwischen den Effekten der Ammonifikation und der Decarboxylierung auf den pH-Wert bedarf noch weiterer Untersuchungen. Eine weitere Unterstützung für die Theorie, daß Decarboxylierung zu einem pH-Anstieg führt, erbrachte die Bestimmung der CO_2-Freisetzung nach der Behandlung mit verschiedenen organischen Substanzen (Tab. 1). Im Vergleich zur Kontrolle zeigten alle Behandlungen eine signifikante Erhöhung der CO_2-Freisetzung. Ein signifikanter pH-Anstieg wurde aber nur bei den Behandlungen mit solchen Substanzen festgestellt, die eine Carboxylgruppe trugen. Interessantweise zeigte die Zugabe von Glucose zwar eine signifikante Erhöhung der CO_2-Freisetzung, aber der pH-Wert des Bodens sank ab. Dies ist sehr wahrscheinlich auf Glycolyse zurückzuführen, wobei Glucose sich zuerst in organische Säure umwandelt und den Boden versauert. Mit der fortschreitenden Inkubation wurde die so produzierte organische Säure wieder abgebaut und deswegen ging der pH-Wert des Bodens wieder auf das Ausgangsniveau zurück (Abb. 1. D.).

Tabelle 1. Effekt von verschiedenen organischen Substanzen auf Boden-pH und CO_2-Freisetzung (mmol CO_2 100 g^{-1} Boden). Die applizierte Menge an verschiedenen Substanzen betrug 10 mmol kg^{-1} Boden. Die Inkubation wurde bei 25°C mit 70% maximaler Wasserkapazität für 24 Stunden durchgeführt (n=5).

	Kontrolle	Na_2SO_4	Malat	Zitrat	Glucose	Glycin
pH	6.16	6.16	7.02***	7.03***	6.05***	6.76***
CO_2	0.90	1.03*	3.29***	3.02***	2.44***	2.26***

Signifikanter Unterschied bei 5% (*) und 0 1% (***)

In einem Experiment mit unterschiedlichen Mengen an Malat bzw. Citrat zeigte sich eine sehr enge Korrelation zwischen CO_2-Freisetzung und dem Boden-pH (Abb. 2). Das ist logischerweise zu erwarten, denn nach der Vorstellung von BAREKZAI und MENGEL (1993) wird ein organisches Anion wie folgt decarboxyliert:

$$R\text{-}CO\text{-}COO^- + H^+ \dashrightarrow R\text{-}CHO + CO_2$$

Eine gute Beziehung zwischen dem pH-Anstieg und der CO_2-Freisetzung nach der Zugabe von Malat und Citrat ist ein zusätzlicher Hinweis darauf, daß der pH-Anstieg nach Düngung mit organischen Anionen auf Decarboxylierung der deprotonierten Carboxylgruppe zurückzuführen ist.

Der Befund, daß Decarboxylierung organischer Anionen zu einem pH-Anstieg führt, ist in der Praxis von Bedeutung. So führt der Anbau der Leguminosen zu einer Bodenversauerung dadurch, daß Protonen aus der Wurzelzellen durch die Aktivität der im Plasmalemma lokalisierten H^+-ATPase aktiv ausgeschieden werden. Als Konsequenz bleibt OH^- im Cytosol der Zelle zurück. Um den pH-Wert im Cytosol konstant zu halten, wird die Synthese organischer Anionen stimuliert, wobei OH^- verbraucht wird. Das ist einer der wichtigsten Mechanismen für die pH-Regulation in Pflanzenzellen (DAVIES 1986). Die so im Pflanzenmaterial akkumulierten organischen Anionen stellen potentielle Alkalität dar, die den Boden-pH erhöhen kann, wenn die organischen Anionen mit dem Pflanzenmaterial dem Boden zurückgegeben und decarboxyliert werden. Die ökologische Bedeutung hiervon ist, daß das Pflanzenmaterial der Leguminosen möglichst dem Boder zurückgegeben werden sollte, um die Bodenversauerung durch den Anbau der Leguminosen zu vermeiden (MENGEL 1994).

Schlußfolgerungen

Die Ergebnisse stützen die Vorstellung, daß der pH-Anstieg nach der Düngung mit Pflanzenmaterial unter aeroben Bedingungen auf Decarboxylierung der organischen Anionen zurückgeht. Abbau der Aminosäure kann ebenfalls den Boden-pH erhöhen, dieser Effekt ist aber nur kurzfristig, denn sobald Nitrifikation stattfindet, sinkt der pH-Wert des Bodens wieder ab. Langfristig gesehen hat Zucker keinen nennenswerten Effekt auf den Boden-pH.

Literatur

BAREKZAI, A., and MENGEL, K. (1993): Effect of microbial decomposition of mature leaves on soil pH. Zeitschrift für Pflanzenernährung und Bodenkunde 156, 93-94.

BESSHO, T., and BELL, L. C. (1992): Soil solid and solution phase changes and mung bean response during amelioration of aluminium toxicity with organic matter. Plant and Soil 140, 183-196.

DAVIES D. D. (1986): The fine control of cytosolic pH. Physiologia Plantarium 67, 702-706.

GONZALEZ-PRIETO, S. J.; CARBALLAS, M.; and CARBALLAS T. (1991): Mineralisation of a nitrogen-bearing organic substrate model ^{14}C, ^{15}N-glycine in two acid soils. Soil Biology & Biochemistry 23, 53-63.

HOYT, P. B., and TURNER, R. C. (1975): Effect of organic materials added to very acid soils on pH, aluminium, exchangeable NH_4, and crop yields. Soil Science 119, 227-237.

HUE, N. V., and AMIEN, I. (1989): Aluminium detoxification with green manures. Communication in Soil Science and Plant Analysis 20, 1499-1511.

KRETZSCHMAR, R. M.; HAFNER, H.; BATIONO, A.; and MARSCHNER H. (1991): Long- and shortterm effect of crop residues on aluminum toxicity, phosphorus availability and growth of pearl millet in an acid soil. Plant and Soil 136, 215-223.

MENGEL, K. (1994): Symbiotic dinitrogen fixation - its dependence on plant nutrition and its ecophysiological impact. Zeitschrift für Pflanzenernährung und Bodenkunde 157, 233-241.

SCHINNER, F., ÖHLINGER, R., and KANDELER, E. (1991): Bodenatmung CO_2-Freisetzung. In: Bodenbiologische Arbeitsmethoden pp 78-83. Springer-Verlag Berlin Heidelberg New York London Paris Tokyo Hong Kong Barcelona.

ENTWICKLUNG DER AM N-UMSATZ BETEILIGTEN MIKROORGANISMEN-GRUPPEN IN DER RHIZOSPHÄRE DER TOMATE IN HYDROPONISCHER KULTUR IN ABHÄNGIGKEIT VOM EC-WERT DER NÄHRLÖSUNG

RUPPEL, S. und SCHWARZ, D.

Institut für Gemüse- und Zierpflanzenbau Großbeeren/Erfurt e.V.
Theodor-Echtermeyer-Weg 1
14979 Großbeeren

Problemstellung

Salzkonzentration und Stickstoffangebot beeinflussen in Abhängigkeit von der Temperatur signifikant das Pflanzenwachstum und die Ertragsbildung der Tomate in hydroponischer Kultur unter Glas (SCHWARZ et al., 1994). Beide Faktoren beeinflussen jedoch möglicherweise ebenso die Mikroflora der Nährlösung und der Rhizosphäre der Tomate. Bisher liegen nur wenige Erkenntnisse zum Bakterienbesatz der Nährlösung und der Rhizosphäre der in hydroponischer Kultur angezogenen Pflanzen vor (BERKELMANN, 1992). Über die Wirkung erhöhter Salzkonzentrationen in gärtnerischer hydroponischer Kultur auf die Mikroflora und speziell auf die am Stickstoffumsatz beteiligten Gruppen, die ammonifizierenden-, nitrifizierenden- und nitratreduzierenden- Mikroorganismen ist bisher nichts bekannt. Aus ersten Untersuchungen zum Stickstoffkreislauf in hydroponischen Kulturverfahren geht hervor, daß bis zu 30 % des zugeführten Stickstoffes gasförmigen Verlusten unterliegen können (ZERCHE, 1993). Diese Hinweise deuten auf eine starke mikrobielle Beteiligung am Stickstoffumsatz in diesen Kultursystemen hin.

Ziel vorliegender Untersuchungen war es, erste Hinweise auf die Besiedlung der Rhizosphäre der Tomate Sorte `Counter` durch Bakterien zu bekommen und deren Populationsentwicklung während der Kulturdauer in Abhängigkeit von der Salzkonzentration der Nährlösung zu bestimmen, die in einem Nährfilmtechnik-System (NFT) unter Glas kultiviert wurde.

Im Rahmen der Untersuchungen zum Stickstoffkreislauf im NFT-System bei gestaffeltem Stickstoffangebot in der Nährlösung interessierte uns die Zusammensetzung und die mögliche

Verschiebung der am N-Kreislauf beteiligten Mikroorganismengruppen besonders, um erste Anhaltspunkte für Ursachen verstärkter gasförmiger N-Verluste zu erhalten.

Material und Methoden

Kultur der Tomate
Die Anzucht der Tomatenjungpflanzen Sorte 'Counter' erfolgte in Mineralwollewürfeln (0,1 * 0,1 * 0,07 m^3) über 55 Tage bei einheitlicher Nährstoffversorgung. Die Pflanzung und somit der Start für die gestaffelte Salz- und Stickstoffkonzentration der Nährlösung erfolgte am 14.3.1994. Von diesem Zeitpunkt beginnend wurden im vierwöchigen Abstand Wurzelproben entnommen bis zum 26.9.1994. Die genaue Versuchsdurchführung ist bei SCHWARZ et al. (1994) beschrieben.

Probenahme und Probenaufbereitung
Die Wurzelproben wurden in zwei Wiederholungen aus den Varianten der EC-Stufen 1,6; 5,3 und 7,1 zu 7 Terminen im Wachstumsverlauf der Tomate als Mischprobe aller Wurzelteile steril entnommen. 10 g Frischmasse dieser Proben wurden gemeinsam mit 30 Glasperlen in 90 mL steriler 0,05 M NaCl -Lösung in einen 500 mL Erlenmeyerkolben 1 h auf dem Horizontalschüttler bei Zimmertemperatur geschüttelt.

Bakterienkeimzahlbestimmungen
Zur Bestimmung der **Bakteriengesamtkeimzahl** in Nährlösung wurde die MPN-Methode modifiziert für Mikrotitertestplatten. Die Verdünnung der Ausgangssuspension bis zur 10^{-10} erfolgte in einem Komplexnährmedium nach HIRTE (1961). 200 µL dieser Verdünnungen wurden in 4 Wiederholungen in sterile Testplatten pipettiert und bei 28 °C eine Woche im Brutschrank inkubiert. Anschließend erfolgte die Bestimmung der bewachsenen Wells am Testplattenreader HT III bei einer Wellenlänge von 405 nm. Die Auswertung erfolgte nach der COCHRAN-Tafel (DUNGER u. FIEDLER 1989).

Die Keimzahl **ammonifizierender Mikroorganismen** wurde in Minimalmedium bestimmt, dem filtersterilisiert Harnstoff als 2 % ige Endkonzentration zugesetzt wurde. Infolge der Ureaseaktivität der ammonifizierenden Mikroorganismen wird in positiven Wells Ammonium gebildet. Der Ammoniumnachweis erfolgte nach 4-tägiger Inkubationszeit photometrisch nach Zusatz von 100 µL 20 % iger Lösung Nesslers Reagens bei 450 nm.

Die **nitrifizierenden (Ammonium-oxidierenden) Mikroorganismen** wurde in Minimalmedium mit Zusatz von 0,05 % Ammoniumsulfat bestimmt. Alle Wells, die Ammonium-oxidierende Mikroorganismen enthalten, weisen nach 8-tägiger Inkubationszeit Nitrat im Medium auf. Der Nachweis von Nitrat erfolgte photometrisch nach Zugabe von 100 µL Diphenylamin. Die Testplatte wurde 5 sec. geschüttelt und bei 640 nm am Testplattenreader gemessen.

Für die Keimzahlbestimmung der **Nitrat- zu Nitrit reduzierenden Mikroorganismen** wurde Nährmedium mit 0,1% Kaliumnitrat genutzt und nach 8-tägiger Inkubation erfolgte photometrisch die Prüfung auf Nitritbildung. Wells, die Nitrit im Medium aufweisen, enthalten Nitrat- zu Nitrit reduzierende Mikroorganismen. Nitrit wurde nach der Zugabe von 20 µL Diazotierungsreagens (0,5 g Sulfanilamid gelöst in 100 mL 2,5 N Salzsäure) und 50 µL Kupplungsreagens (0,3 g N-(1-naphthyl)-ethylendiamin-hydrochlorid gelöst in 100 mL 0,12 N Salzsäure) am Testplattenreader bei 430 nm gemessen.

Die Keimzahlbestimmung **denitrifizierender Mikroorganismen** erfolgte im gleichen Ausgangsnährmedium, jedoch unter anaerober Inkubation in Schraubgläschen mit 3 mL Nährlösung. In die Nährlösung wurden Durhamröhrchen eingesetzt. Nach 8 Tagen galten alle Röhrchen, die kein Nitrat mehr enthielten und bei denen eine Gasbildung nachweisbar war, als positiv. Der Nitratnachweis erfolgte im Tüpfeltest mit Diphenylamin.

Statistische Auswertung
Die statistische Auswertung erfolgte mittels STATISTICA für WINDOWS. Der Mittelwertvergleich wurde im Tukey HSD Test bei einer Irrtumswahrscheinlichkeit von P = 0,05 durchgeführt. Multiple Regressionen wurden linear zweisitig schrittweise rückwärts berechnet und der Korrelationskoeffizient der multiplen Regression mit R angegeben, der Korrelationskoeffizient der einfachen Bestimmung wurde mit r bezeichnet.

Ergebnisse

Einfluß des EC-Wertes der Nährlösung auf den Bakterienbesatz in der Rhizosphäre von Tomate

Zum Zeitpunkt der Pflanzung der Tomate in das NFT-System hatte sich bereits in der Rhizosphäre eine Bakterienpopulation aufgebaut, die in ihrer Keimzahl von $1,8 * 10^7$ deutlich über der zugeführten Nährlösungskontrolle mit $1,9 * 10^2$ Keimen je mL lag.

Diese Anreicherung war in allen untersuchten Populationen außer der Gruppe der nitrifizierenden Mikroorganismen zu beobachten (Tab. 1).

Gemittelt über den Versuchszeitraum ist zu erkennen, daß mit erhöhter Salzkonzentration die Gesamtkeimzahl je Gramm Wurzelfrischmasse reduziert wurde (Abb. 1A). Da jedoch die Wurzelmasse je Pflanze mit steigender Salzkonzentration zunahm, ist die Reduktion der Gesamtkeimzahl pro Pflanze nur noch in der höchsten EC Stufe signifikant nachweisbar (Abb. 1B).

Tab. 1: Bakterienkeimzahlen der untersuchten Populationen in der Rhizosphäre der Tomatenpflanze zum Zeitpunkt der Pflanzung in das NFT-System im Vergleich zur Nährlösungskontrolle (Mittelwertvergleich innerhalb einer Organismengruppe bei einer Irrtumswahrscheinlichkeit von $P \leq 0,05$)

Bakterienpopulation	Rhizosphäre der Tomate log KZ * g Wurzel^{-1}	Nährlösungskontrolle log KZ * mL^{-1}
GKZ	7,58 b	2,78 a
ammonifizierende Mikroorganismen	4,93 b	0,041 a
nitrifizierende Mikroorganismen	2,46 a	2,54 a
nitratreduzierende Mikroorganismen	7,60 b	2,78 a
denitrifizierende Mikroorganismen	3,58 b	2,04 a

192

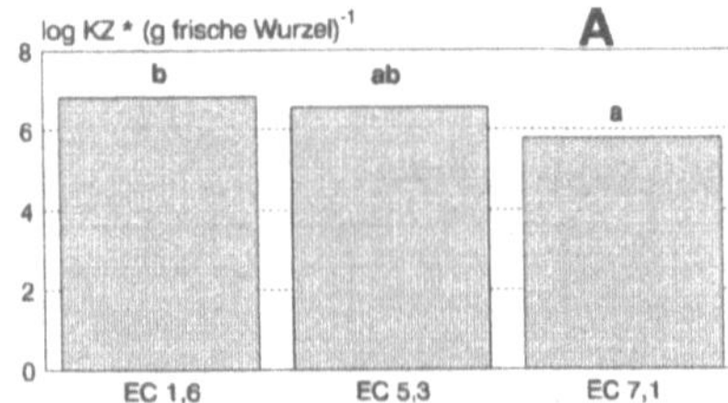

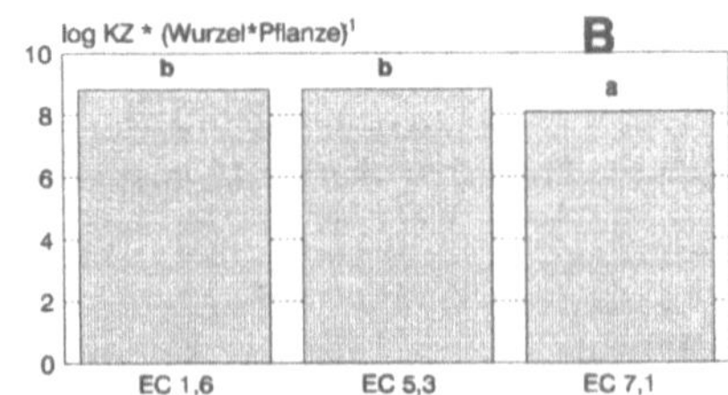

Abb. 1: Gesamtkeimzahl Bakterien an der Tomatenwurzel aus hydroponischer Kultur im Mittel über die Versuchsdauer in Abhängigkeit vom EC-Wert der Nährlösung A: logarithmische Keimzahl der Bakterien je Gramm Wurzelfrischmasse, B: logarithmische Keimzahl Bakterien an der Wurzel berechnet je Pflanze. Unterschiedliche Buchstaben kennzeichnen signifikante Unterschiede zwischen den EC-Stufen bei einer Irrtumswahrscheinlichkeit von $P \leq 0,05$.

Einfluß des EC-Wertes auf die Populationsentwicklung der am N-Kreislauf maßgeblich beteiligten Mikroorganismengruppen

Abbildung 2 zeigt den Einfluß der Salzkonzentration in der NFT-Kultur der Tomate auf die Rhizosphärenpopulationen der ammonifizierenden-, nitrifizierenden-, Nitrat zu Nitrit-reduzierenden- und denitrifizierenden Mikroorganismen je Pflanze.

Im Mittel des Versuchszeitraumes waren die Keimzahlen der ammonifizierenden-, nitrifizierenden- und nitratreduzierenden Mikroorganismen in der höchsten EC-Stufe signifikant vermindert gegenüber der geringen und der mittleren EC-Stufe. Lediglich die Keimzahl denitrifizierender Mikroorganismen war mit steigender Salzkonzentration erhöht ($r = 0,57*$).

Die Population denitrifizierender Mikroorganismen stieg nach der Einstellung der EC-Werte in der Nährlösung (44 Tagen nach Pflanzung) in den Stufen mit hoher Salzkonzentration von 10^3 auf 10^6 Zellen je Pflanze an und blieb im weiteren Wachstumsverlauf der Tomate gleichmäßig hoch, während bei geringer Salzkonzentration (EC-Wert 1,6) lediglich ein Anstieg dieser Population im Juni, Juli und August zu verzeichnen war (Abb. 3).

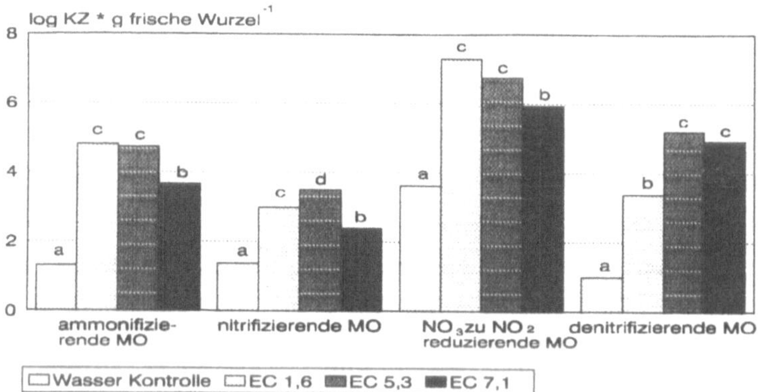

Abb. 2: Keimzahl ammonifizierender-, nitrifizierender, Nitrat zu Nitrit – reduzierender- und denitrifizierender Mikroorganismen an der Wurzel der Tomate in Abhängigkeit vom EC-Wert der Nährlösung im Mittel über die Versuchsdauer.
Mittelwertvergleich je MO-Gruppe zwischen den EC-Stufen, gleiche Buchstaben unterscheiden sich nicht signifikant voneinander, P ≤ 0,05.

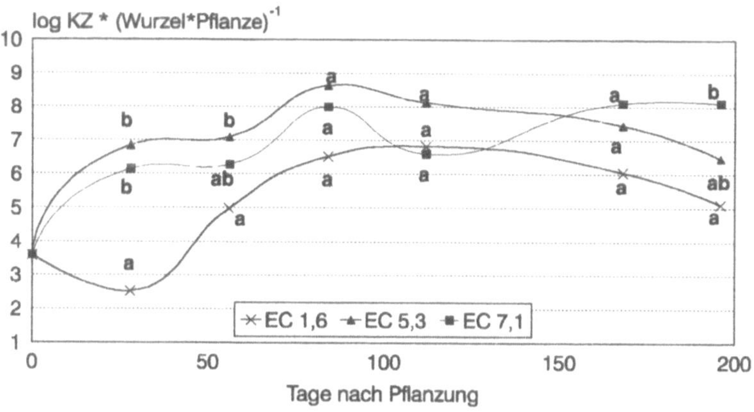

Abb. 3: Populationsentwicklung denitrifizierender Mikroorganismen an der Wurzel der Tomate in Abhängigkeit vom EC-Wert der Nährlösung. Mittelwertvergleich je Termin zwischen den EC-Stufen, gleiche Buchstaben unterscheiden sich nicht signifikant bei P ≤ 0,05.

Korrelationsanalysen zeigten jedoch keine gesicherte Beziehung der Keimzahl denitrifizierender Mikroorganismen zur Temperatur und zum Nitratgehalt und nur eine schwache positive Beziehung zum EC-Wert und zur Größe der Wurzeloberfläche (Tab. 2). Dies läßt die Vermutung zu, daß sowohl das Pflanzenwachstum als auch die aus der

Wurzelexsudation bereitgestellten C-Verbindungen in ihrer Menge und Zusammensetzung entscheidenden Einfluß auf die Populationsentwicklung der Denitrifizierer hatten.

Die Korrelationsanalysen (Tab. 2) zeigten außerdem, daß der Stickstoffinflux (N-Aufnahme je Zeit und Einheit Wurzeloberfläche) signifikant anstieg mit erhöhter Keimzahl nitratreduzierender Mikroorganismen und mit steigender Gesamtkeimzahl Bakterien. Die Gesamtkeimzahl und die Keimzahlen der nitrifizierenden und nitratreduzierenden Mikroorganismen waren positiv korreliert zum Anteil stoffwechselaktiver Wurzeln.

Tab. 2: Korrelation abiotischer und biotischer Faktoren zu den Keimzahlen der einzelnen Mikroorganismengruppen und der Gesamtkeimzahl Mikroorganismen an der Wurzel je Pflanze in hydroponischer Kultur. Angabe des Korrelationskoeffizienten r , * signifikante Korrelation bei $P \leq 0,05$. Berechnet über alle Termine und alle EC-Stufen

Variable	GKZ	ammonifiz. MO	nitrifiz. MO	nitratreduz. MO	denitrifiz. MO
EC-Wert	-0,30	-0,05	-0,06	-0,39*	0,57*
Nitratgehalt	-0,15	-0,52*	0,40*	-0,28	0,17
Temperatur	0,24	0,65*	0,07	0,17	0,23
Wurzeloberfläche	-0,50*	-0,12	-0,30	-0,54*	0,49*
% Anteil stoffwechselaktiver Wurzeln	0,53*	0,31	0,52*	0,45*	0,07
N-Influx	0,46*	-0,05	0,24	0,45*	-0,05

Diskussion

Die Untersuchungen zum Bakterienbesatz in der Rhizosphäre der in hydroponischer Kultur angezogenen Tomatenpflanzen ergaben einen signifikanten Einfluß des EC-Wertes der Nährlösung auf die Keimzahlentwicklung der einzelnen Mikroorganismengruppen und der Gesamtkeimzahl Bakterien. Mit steigendem EC-Wert wurde die Bakterienpopulation in der Rhizosphäre der Tomatenpflanzen reduziert. Diese Reduktion der Keimzahl ist in Abhängigkeit vom Entwicklungsstadium der Pflanzen auf einzelne Gruppen der Mikroflora konzentriert. So wurden in der höchsten EC-Stufe am Ende des Versuches fast ausschließlich denitrifizierende Mikroorganismen nachgewiesen ($2,1 * 10^5 *$ g frische Wurzeln^{-1})

Der N-Influx der Tomatenpflanzen war schwach positiv zur Gesamtkeimzahl Bakterien und zur Keimzahl nitratreduzierender Mikroorganismen korreliert. Die Keimzahl denitrifizierender Mikroorganismen stieg mit zunehmender Wurzeloberfläche und mit steigendem EC-Wert der

Nährlösung an. Dieser Zusammenhang läßt auf erhöhte gasförmige Stickstoffverluste mit steigendem EC-Wert schließen.

Diese ersten Ergebnisse zeigen, daß die Kulturführung die Entwicklung der Mikroflora und deren Populationszusammensetzung im Wurzelraum der Kulturpflanze signifikant beeinflußt.

Summary

The effect of nitrogen and salt concentration (EC-value) in the nutrient solution on root growth and yield of a tomato plant (cultivar 'Counter') was analysed in a Nutrient Film Technique (NFT) system in a glashous experiment. Previous experiments with *Dendranthema* showed nitrogen losses (up to 30% of applied nitrogen) in the nutrient solution. Therefore microbiological investigations of population dynamics of ammonifying-, nitrifying-, nitrate reducing- and denitrifying microorganisms should give an first impression of changes in the microbial community on roots dependent on the cultivation conditions.

Results showed a significant effect of the salt concentration on the microbial counts of all investigated populations. The amount of ammonifying-, nitrifying- and nitrate reducing microorganisms was decreased with increasing salt concentration. Only the amount of denitrifying microorganisms was raised with increasing salt concentration.

The nitrogen influx rate (uptake rate per unit root surface) of tomato was significantly correlated to the total amount of bacteria and to the amount of nitrate reducing microorganisms on the roots. The population of denitrifying organisms was increased with an increased root surface.

These first results support the hypothesis of increased gaseous nitrogen losses by denitrification with raised salt concentrations in the nutrient solution of the plants and it seems possible to regulate the composition of bacterial communities on the root by different cultivation conditions of the plants.

Danksagung

Wir danken Frau B. Wernitz und Frau G. Aust für die sehr gute technische Assistenz bei der Durchführung der Experimente.

7. Literaturverzeichnis

BERKELMANN B.: Charakterisierung der Bakterienflora und des antagonistischen Potentials in der zirkulierenden Nährlösung einer Tomatenkultur (*Lucopersicon esculentum* MILL.) in Steinwolle. Geisenheimer Berichte Band **10** Dissertation, Georg-August-Universität Göttingen (1992)

DUNGER, W.; FIEDLER, H.J.: Methoden der Bodenbiologie. VEB Gustav Fischer Verlag Jena, S 22., (1989)

HIRTE, W.F.: Glycerin-Pepton-Agar, ein vorteilhafter Nährboden für bodenbakteriologische Arbeiten. Zbl. Bakt., Abt. II, **114**, S 141-146 (1961).

SCHWARZ, D., SCHRÖDER, F.G.; KUCHENBUCH, R.: Sproß- und Wurzelentwicklung der Tomatensorten 'Counter' und 'Selfesta' im geschlossenen rezirkulierenden NFT-System in Abhängigkeit vom Nährstoffangebot. Versuchsberichte IGZ Nr. 94-1-71 (1994).

ZERCHE, S.; KUCHENBUCH, R: Stickstoff- und Kaliumbilanzen bei Terminkultur - Schnitt von Dandranthema- Grandiflorum Hybriden in Plant Plane Hydroponik in Abhängigkeit von der Jahreszeit und der Steuerstrategie von Nährstoff- und Wassergaben. IGZ Großbeeren Jahresbericht, 1992/1993 S. 51 (1993).

Dr. P. Kuschk, Umweltforschungszentrum (UFZ) Leipzig/Halle GmbH,
Sektion Sanierungsforschung,
Permoserstr. 15 - 04318 Leipzig

Dr. G. Labes, Zentrum für Agrarlandschafts- und Landnutzungsforschung (ZALF) e.V.,
Institut für Mikrobielle Ökologie und Bodenbiologie,
Eberswalder Str. 84 - 15374 Müncheberg

Prof. Dr. W. Merbach, Zentrum für Agrarlandschafts- und Landnutzungsforschung
(ZALF) e.V., Institut für Rhizosphärenforschung und Pflanzenernährung,
Eberswalder Str. 84 - 15374 Müncheberg

Prof. Dr. R. Metz, Humboldt-Universität Berlin , Fachbereich Agrar- und
Gartenbauwissenschaft, Fachgebiet Ackerbausysteme,
Dorfstr. 9 - 13051 Berlin

E. Mirus, Zentrum für Agrarlandschafts- und Landnutzungsforschung (ZALF) e.V.,
Institut für Rhizosphärenforschung und Pflanzenernährung,
Eberswalder Str. 84 - 15374 Müncheberg

Dr. G. Neumann, Universität Hohenheim, Institut für Pflanzenernährung,
Postfach 700562 - 70593 Stuttgart

D. Pultke, FAL Braunschweig, Institut für Produktions- und Ökotoxikologie,
Bundesallee 50 - 38116 Braunschweig

Dr. G. Reidenbach, Universitat Hannover, Institut für Pflanzenernährung,
Herrenhäuser Str. 2 - 30419 Hannover

Dr. B. Ricken, Justus-Liebig-Universität Gießen, Institut für Pflanzenernährung,
Südanlage 6 - 35390 Gießen

Dr. S. Ruppel, Institut für Gemüse- und Zierpflanzenbau e V., Großbeeren/Erfurt,
Theodor-Echtermeyer-Weg 1 - 14979 Großbeeren

Prof. Dr. B. Sattelmacher, Christian-Albrechts-Universitat Kiel, Institut für
Pflanzenernährung und Bodenkunde,
Olshausenstr. 40 - 24118 Kiel

B. Schmincke, Brandenburgische Technische Universität Cottbus, Fakultät
Umweltwissenschaften, Lehrstuhl für Bodenschutz und Rekultivierung,
Postfach 101344 - 03013 Cottbus

Dr. U. Schneider, Brandenburgische Technische Universitat Cottbus, Fakultat
Umweltwissenschaften, Lehrstuhl für Bodenschutz und Rekultivierung,
Postfach 101344 - 03013 Cottbus

Dr. D. Schwarz, Institut für Gemüse- und Zierpflanzenbau e.V Großbeeren/Erfurt,
Theodor-Echtermeyer-Weg 1 - 14979 Großbeeren

B. Snelinski, Zentrum für Agrarlandschafts- und Landnutzungsforschung (ZALF) e V ,
Institut für Rhizosphärenforschung und Pflanzenernährung,
Eberswalder Str. 84 - 15374 Müncheberg

Dr. M. Tauschke, Zentrum für Agrarlandschafts- und Landnutzungsforschung (ZALF) e.V ,
Institut für Mikrobielle Ökologie und Bodenbiologie,
Eberswalder Str 84 - 15374 Müncheberg

Dr. E. Weber, Brandenburgische Technische Universität Cottbus, Fakultät
Umweltwissenschaften, Lehrstuhl für Bodenschutz und Rekultivierung,
Postfach 101344 - 03013 Cottbus

Dr. W. Wiehe, Brandenburgische Technische Universität Cottbus, Fakultät
Umweltwissenschaften, Zentrales Analytisches Labor, Elektronenmikroskopie,
Postfach 101344 - 03044 Cottbus

Dr. A. Wießner, Umweltforschungszentrum (UFZ) Leipzig/Halle GmbH,
Postfach 2 - 04301 Leipzig

J. Wötzel, Christian-Albrechts-Universität Kiel, Institut für Pflanzenernährung und
Bodenkunde,
Olshausenstr. 40 - 24118 Kiel

Dr. F. Yan, Universität Hohenheim, Institut für Pflanzenernährung,
Fruwirthstr 20 - 70599 Stuttgart

Merbach (Hrsg.)
Mikroökologische Prozesse im System Pflanze – Boden

5. Borkheider Seminar zur Ökophysiologie des Wurzelraumes Wissenschaftliche Arbeitstagung in Schmerwitz/Brandenburg vom 26. bis 28. September 1994

Der Pflanzenbewuchs, das dazugehörige Wurzelsystem und der durchwurzelte Bodenraum nehmen eine Schlüsselstellung in terrestrischen Ökosystemen ein. Hier vollziehen sich komplizierte Wechselwirkungen zwischen Pflanzenstoffwechsel und Umweltfaktoren einerseits und (angetrieben durch die C-Lieferung der Pflanzen) zwischen Pflanzenwurzeln, Mikroben, Bodentieren, organischen C- und N-Verbindungen sowie mineralischen Bodenbestandteilen andererseits. Diese haben entscheidende Bedeutung für die Pflanzen- und Bodenentwicklung, die Nettostoff- und Nettoenergieflüsse sowie für die Belastungstoleranz von Pflanzen und Ökosystemen. Ihr Verständnis ist daher eine Voraussetzung für die Prognose, Abpufferung und Indikation von Umweltbelastungen, die Berechnung von Stoffflüssen sowie für ökologisch ausgerichtete Regulationsinstrumentarien. Trotz vieler Einzelkenntnisse sind aber derzeit Wirkungsgefüge und Regulationsmechanismen im Pflanze-Boden-Kontaktraum nur ungenügend bekannt, da in den meisten bisherigen Forschungsansätzen der Mikrobereich als »Nebeneinander« von Einzelelementen (z. B. von Strukurelementen, Nettostoffflüssen zwischen Grenzflächen, Biozönosepartnern) betrachtet wurde und kaum als Netzwerk funktionaler Kompartimente wechselnder Zusammensetzung. Abhilfe kann hier nur eine systemare Betrachtungsweise der Pflanze-Boden-Wechselbeziehungen auf der Basis einer *langfristig und interdisziplinär angelegten ökophysiologischen Forschung schaffen,* die auf die Aufklärung der mikrobiologischen, physiologischen, (bio)chemischen und genetischen Interaktionen im System Pflanze-Wurzel-Boden in Abhängigheit von natürlichen und antrophogenen Einflußfaktoren ausgerichtet ist.

Herausgegeben von
Prof. Dr.
Wolfgang Merbach
ZALF Müncheberg

1995. 180 Seiten mit 57 Bildern.
16,2 x 22,9 cm.
Kart. DM 50,–
ÖS 390,– / SFr 50,–
ISBN 3-8154-3516-1

B. G. Teubner Stuttgart · Leipzig

Hofmann/Rauh/ Heißenhuber/Berg
Umweltleistungen der Landwirtschaft

Konzepte zur Honorierung

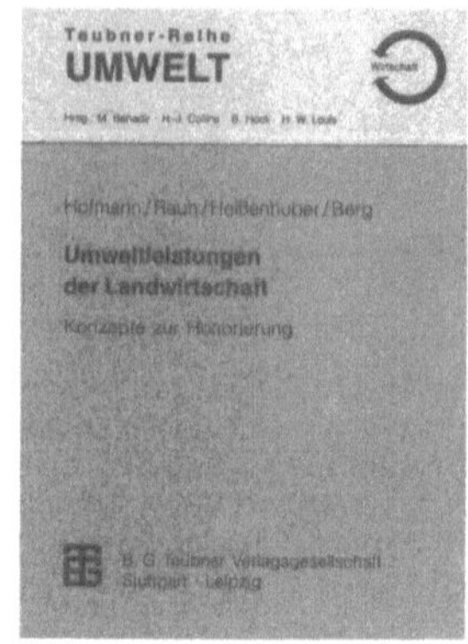

Das positive Erscheinungsbild der Kulturlandschaft und die Qualität anderer Umweltressourcen stellen zu einem wesentlichen Teil ein »kostenloses« Koppelprodukt landwirtschaftlicher Tätigkeit dar. Die gegebenen Rahmenbedingungen führen jedoch dazu, daß bisher kostenlos angefallene Koppelprodukte nicht mehr in dem gesellschaftlich gewünschten Umfang bzw. in der gewünschten Qualität zur Verfügung gestellt werden. Im vorliegenden Buch wird der Frage nachgegangen, inwieweit die Bereitstellung dieser Nebenprodukte eine Umweltleistung darstellt und unter welchen Umständen bzw. auf welche Weise Landwirte dafür honoriert werden sollten.

Von Dr.
Herbert Hofmann
Rudolf Rauh
Dr. **Alois Heißenhuber**
Technische Universität
München
und Prof. Dr.
Ernst Berg
Universität Bonn

1995. 116 Seiten.
16,2 x 22,9 cm.
Kart. DM 32,–
ÖS 237,– / SFr 32,–
ISBN 3-8154-3523-4

(Teubner-Reihe UMWELT)

B. G. Teubner Stuttgart · Leipzig